航天器操控技术丛书

卫星编队飞行与星座控制

Control of Satellite Formation Flying and Constellation

姜 宇 著

国防工业出版社

·北京·

图书在版编目（CIP）数据

卫星编队飞行与星座控制/姜宇著. —北京：国防工业出版社，2023.12
（航天器操控技术丛书）
ISBN 978-7-118-13126-0

Ⅰ.①卫… Ⅱ.①姜… Ⅲ.①卫星摄动－研究 Ⅳ.①V412.4

中国国家版本馆CIP数据核字（2023）第248737号

※

国防工业出版社出版发行
（北京市海淀区紫竹院南路23号　邮政编码 100048）
北京虎彩文化传播有限公司印刷
新华书店经售

*

开本 710×1000　1/16　印张 15¾　字数 282千字
2023年12月第1版第1次印刷　印数 1—1500册　定价 138.00元

（本书如有印装错误，我社负责调换）

国防书店：（010）88540777　书店传真：（010）88540776
发行业务：（010）88540717　发行传真：（010）88540762

国防科技图书出版基金
2019年度评审委员会组成人员

主 任 委 员　吴有生
副主任委员　郝　刚
秘 书 长　郝　刚
副 秘 书 长　刘　华　袁荣亮
委　　　员　（按姓氏笔画排序）
　　　　　　于登云　王清贤　王群书　甘晓华　邢海鹰
　　　　　　刘　宏　孙秀冬　芮筱亭　杨　伟　杨德森
　　　　　　肖志力　何　友　初军田　张良培　陆　军
　　　　　　陈小前　房建成　赵万生　赵凤起　郭志强
　　　　　　唐志共　梅文华　康　锐　韩祖南　魏炳波

致 读 者

本书由中央军委装备发展部**国防科技图书出版基金**资助出版。

为了促进国防科技和武器装备发展，加强社会主义物质文明和精神文明建设，培养优秀科技人才，确保国防科技优秀图书的出版，原国防科工委于1988年初决定每年拨出专款，设立国防科技图书出版基金，成立评审委员会，扶持、审定出版国防科技优秀图书。这是一项具有深远意义的创举。

国防科技图书出版基金资助的对象是：

1. 在国防科学技术领域中，学术水平高，内容有创见，在学科上居领先地位的基础科学理论图书；在工程技术理论方面有突破的应用科学专著。

2. 学术思想新颖，内容具体、实用，对国防科技和武器装备发展具有较大推动作用的专著；密切结合国防现代化和武器装备现代化需要的高新技术内容的专著。

3. 有重要发展前景和有重大开拓使用价值，密切结合国防现代化和武器装备现代化需要的新工艺、新材料内容的专著。

4. 填补目前我国科技领域空白并具有军事应用前景的薄弱学科和边缘学科的科技图书。

国防科技图书出版基金评审委员会在中央军委装备发展部的领导下开展工作，负责掌握出版基金的使用方向，评审受理的图书选题，决定资助的图书选题和资助金额，以及决定中断或取消资助等。经评审给予资助的图书，由国防工业出版社出版发行。

国防科技和武器装备发展已经取得了举世瞩目的成就，国防科技图书承担着记载和弘扬这些成就，积累和传播科技知识的使命。开展好评审工作，使有限的基金发挥出巨大的效能，需要不断摸索、认真总结和及时改进，更需要国防科技和武器装备建设战线广大科技工作者、专家、教授，以及社会各界朋友的热情支持。

让我们携起手来，为祖国昌盛、科技腾飞、出版繁荣而共同奋斗！

国防科技图书出版基金

评审委员会

丛书编写委员会

主　编：

李恒年（宇航动力学国家重点实验室）

副主编：

罗建军（航天飞行动力学技术国家级重点实验室）
高　扬（中国科学院空间应用工程与技术中心）
姜　宇（宇航动力学国家重点实验室）

委　员：

陈　刚（宇航动力学国家重点实验室）
曹鹏飞（北京航天飞行控制中心）
党朝辉（航天飞行动力学技术国家级重点实验室）
马卫华（航天飞行动力学技术国家级重点实验室）
贺波勇（宇航动力学国家重点实验室）
李海阳（国防科技大学）
刘建平（宇航动力学国家重点实验室）
李　勇（宇航动力学国家重点实验室）
沈红新（宇航动力学国家重点实验室）
王明明（航天飞行动力学技术国家级重点实验室）
张天骄（宇航动力学国家重点实验室）
朱　俊（宇航动力学国家重点实验室）
赵树强（宇航动力学国家重点实验室）

丛 书 序

探索浩瀚宇宙，发展航天事业，建设航天强国，是我们不懈追求的航天梦。近年来，中国航天迎来了一个又一个的惊喜和成就："天问一号"迈出了我国自主开展行星探测的第一步；"北斗三号"全球卫星导航系统成功建成；"嫦娥五号"探测器成功携带月球样品安全返回着陆；中国空间站天和核心舱发射成功，我国空间站进入全面运营阶段。这些重要突破和捷报，标志着我国探索太空的步伐越来越大、脚步将迈得更稳更远。

航天器操控技术作为航天科技的核心技术之一，在这些具有重要意义的事件中，无时无刻不发挥着它的作用。目前，我国已进入了航天事业高速发展的阶段，飞行任务和环境日益复杂，航天器操控技术的发展面临着前所未有的机遇与挑战。航天器操控技术包括星座控制、操控任务规划、空间机器人操控、碰撞规避、精密定轨等，相关技术是做好太空系统运行管理的基础。习近平总书记指出，"要统筹实施国家太空系统运行管理，提高管理和使用效益"，"太空资产是国家战略资产，要管好用好，更要保护好"。这些重要指示，为我们进一步开展深入研究与应用工作提供了根本遵循。

航天器操控技术是做好太空交通管理，实现在轨操作、空间控制、交会控制等在轨操控航天任务的基础。随着航天工程的发展、先进推进系统的应用和复杂空间任务的开展，迫切需要发展航天器操控的新理论与新方法，提高航天器操控系统能力，提升我国卫星进入并占据"高边疆"的技术能力。航天器操控理论与技术的发展和控制科学与工程等学科的发展紧密结合，一方面航天器操控是控制理论重要研究背景和标志性应用领域之一，另一方面控制科学与工程学科取得的成果也推动了先进控制理论和方法的不断拓展。经过数十年的发展，中国已经步入世界航天大国的行列，航天器操控理论与技术已取得了长足进步，适时总结航天器操控技术的研究成果很有必要，因此我们组织编写《航天器操控技术丛书》。

丛书由西安卫星测控中心宇航动力学国家重点实验室牵头组织，航天飞行动力学技术国家级重点实验室、国防科技大学等多家单位参与编写，丛书整体分为4部分：动力学篇、识别篇、操控技术篇、规划篇；"动力学篇"部分介绍我国航天器操控动力学实践的最新进展，内容涵盖卫星编队动力学、星座动力学、高轨操控动力学等；"识别篇"部分介绍轨道确定和姿态识别领域的最新研究成果；"操控技术篇"部分介绍了星座构型控制技术、空间操控地面信息系统技术、站网资源调度技术、数字卫星技术等核心技术进展;"规划篇"部分介绍航天任务规划智能优化、可达域、空间机械臂运动规划、非合作目标交会规划、航天器协作博弈规划与控制等领域的研究成果。

总体来看,丛书以航天器轨道姿态动力学为基础,同时包含规划和控制等学科丰富的理论与方法,对我国航天器操控技术领域近年来的研究成果进行了系统总结。丛书内容丰富、系统规范,这些理论方法和应用技术能够有效支持复杂操控任务的实施。丛书所涉相关成果成功应用于我国"北斗"星座卫星、"神舟"系列飞船、"风云""海洋""资源""遥感""天绘""天问""量子"等系列卫星以及"高分专项工程""探月工程"等多项重大航天工程的测控任务,有效保障了出舱活动、火星着陆、月面轨道交会对接等的顺利开展。

丛书各分册作者都是航天器操控领域的知名学者或者技术骨干,其中很多人还参加过多次卫星测控任务,近年来他们的研究拓展了航天器操控及相关领域的知识体系,部分研究成果具有很强的创新性。本套丛书里的研究内容填补了国内在该方向的研究空白,对我国的航天器操控研究和应用具有理论支持和工程参考价值,可供从事航天测控、航天操控智能化、航天器长期管理、太空交通管理的研究院所、高等院校和商业航天企业的专家学者参考。希望本套丛书的出版,能为我国航天事业贡献一点微薄的力量,这是我们"航天人"一直以来都愿意做的事,也是我们一直都会做的事。

丛书中部分分册获得了国防科技图书出版基金项目、航天领域首批重点支持的创新团队项目、国家自然科学基金重大项目、科技创新 2030-新一代人工智能重大项目、173 计划重点项目、部委级战略科技人才项目等支持。在丛书编写和出版过程中,丛书编委会得到国防工业出版社领导和编辑、西安卫星测控中心领导和专家的大力支持,在此一并致谢。

丛书编委会
2022 年 9 月

前言

多颗卫星在执行特定任务时，通常采用编队飞行、组网、星群、星座等形式来协同完成。如何科学地制定编队、组网、星座等的控制策略，有效完成轨道控制任务，是摆在我们面前的重要课题。此外，卫星编队与各类星座任务对编队与星座的构形演化与控制的要求越来越高。特别是蜂群卫星的概念与应用需求的发展，以及巨型星座的部署，对编队与星座的构形演化与控制提出了诸多挑战。其中包括对控制的精度要求越来越高，这就要求我们要对卫星编队与星座的构形演化有更深入的了解，不仅考虑此前文献中研究的中心天体J_2项摄动对编队与星座构形演化的影响，还应考虑日月引力以及更高阶的中心天体非球形摄动项对编队与星座的构形演化的影响。不同的编队与星座，由于轨道不同，用户对精度的需求不同，控制策略也往往有很大不同。本书作者从事卫星编队与星座控制相关领域研究和应用十余年，从工程技术需求中凝练科学问题，部分研究成果应用于我国航天测控领域的轨道控制计算任务实践之中，取得了良好的效果。由于在轨的碎片和卫星越来越多，卫星编队与星座还需要考虑碰撞规避的问题，本书最后一章针对近地太阳同步轨道上部署的卫星较多的实际情况，介绍了太阳同步轨道防碰撞安全区域的计算。

本书重点从工程技术需求和动力学机理的角度介绍作者在卫星编队飞行与星座演化方面的研究成果，介绍从工程应用角度出发的卫星编队飞行与星座控制方法。本书立足于介绍卫星编队飞行与星座动力学的内在机制，侧重考虑在复杂摄动力作用下的编队构形与星座构形漂移，在此基础上介绍作者在卫星编队控制与星座构形维持方面的研究成果。在设计卫星编队构形和星座构形的时候考虑摄动因素，设计尽可能长期稳定的构形，以期解决卫星编队飞行与星座保持的核心问题。

本书内容可应用于卫星编队设计与控制、星座与星群的设计与控制、深空探测器任务轨迹设计，对于太空域感知、太空多目标维修、空间操控、在轨捕获、巨型星座运维等也具有参考价值。本书可作为从事航天任务分析与设计、航天动力学与控制、天体力学、深空探测、导航与制导、卫星操控与长期管理、巨型星座运行维护等专业方向的研究人员、工程技术人员以及高校师生的参考书籍。本书的出版，获得了国防科技图书出版基金、国家自然科学基金（11772356）、"部委级拔尖创新团队"的支持，在撰写过程中得到了西安卫星测控中心和宇航动力学国家重点实验室同事的关心和理解，在此一并表示感谢。

由于作者水平所限，书中难免错误和不足之处，恳请读者不吝赐教。

姜 宇

2020 年 12 月

目录

第1章	绪论	/001
1.1	卫星编队飞行与星座	/001
1.2	编队飞行	/002
1.3	巨型星座	/003
1.4	碰撞风险与规避	/007
1.5	关键技术与发展趋势分析	/008
1.6	本书内容介绍	/013
	参考文献	/014

第2章	卫星编队与星座的构形描述模型	/016
2.1	引言	/016
2.2	地心惯性系中表示的精确模型	/016
2.3	相对轨道动力学模型	/018
	2.3.1 精确的相对轨道动力学模型	/018
	2.3.2 线性化椭圆轨道模型	/020
	2.3.3 非线性圆轨道模型	/020
	2.3.4 C.W.方程模型	/021
2.4	几何模型	/021
	2.4.1 精确的几何模型	/021
	2.4.2 主副星轨道面接近重合	/022
	2.4.3 近距离编队	/023
	2.4.4 近距离近圆轨道编队	/023
	2.4.5 主星近圆轨道的近距离编队	/024
	2.4.6 远距离大椭圆轨道编队	/026
	2.4.7 远距离近圆轨道编队	/027
2.5	卫星星座的构形描述模型	/027

- 2.5.1 Walker 星座模型 / 028
- 2.5.2 Flower 星座模型 / 029
- 2.5.3 玫瑰星座模型 / 030
- 2.5.4 Ω 星座模型 / 030
- 2.5.5 极轨道星座模型 / 030
- 2.5.6 回归轨道星座模型 / 031
- 2.5.7 太阳同步轨道星座模型 / 032
- 2.5.8 倾角偏置（准）太阳同步回归冻结轨道星座模型 / 032
- 2.5.9 大椭圆轨道星座模型 / 033
- 2.6 小结 / 033
- 参考文献 / 034

第 3 章 卫星编队构形设计 / 035

- 3.1 引言 / 035
- 3.2 典型编队构形设计 / 036
  - 3.2.1 串行编队 / 036
  - 3.2.2 星下点轨迹重合编队 / 037
  - 3.2.3 轨道平面内椭圆绕飞编队 / 038
  - 3.2.4 空间圆形编队 / 038
  - 3.2.5 投影圆形编队 / 041
  - 3.2.6 转轮式编队 / 043
  - 3.2.7 钟摆式编队 / 049
- 3.3 使用转轮式编队构形方法设计特殊编队构形 / 050
  - 3.3.1 空间圆形编队与投影圆形编队 / 051
  - 3.3.2 空间正多边形编队 / 052
- 3.4 任意时刻正三角形编队构形设计 / 054
  - 3.4.1 单颗副星的绕飞构形设计 / 054
  - 3.4.2 空间正三角形编队构形的迭代设计方法 / 055
  - 3.4.3 投影正三角形编队构形的迭代设计方法 / 056
  - 3.4.4 迭代设计方法的数值仿真 / 057
- 3.5 卫星圆形编队长期稳定构形设计 / 063
  - 3.5.1 卫星编队构形描述及 J_2 项摄动 / 063
  - 3.5.2 J_2 不变相对轨道条件与圆形编队 / 064
  - 3.5.3 数值仿真 / 067

3.6	小结	/070
参考文献		/070

第4章　卫星星座构形设计　/072

- 4.1 引言　/072
- 4.2 太阳同步轨道星座设计方法　/073
  - 4.2.1 太阳同步轨道星座设计　/073
  - 4.2.2 太阳同步冻结轨道星座设计　/074
  - 4.2.3 太阳同步回归轨道星座设计　/075
  - 4.2.4 太阳同步回归冻结轨道星座设计　/076
  - 4.2.5 准太阳同步轨道星座设计　/077
- 4.3 连续覆盖通信卫星星座设计方法及星座参数描述　/081
- 4.4 连续覆盖通信卫星星座分析　/082
  - 4.4.1 亚丁湾区域连续覆盖通信卫星星座设计优化　/082
  - 4.4.2 亚丁湾区域连续覆盖通信卫星星座的覆盖特性分析　/083
  - 4.4.3 多普勒频移分析　/086
  - 4.4.4 链路余量分析　/086
- 4.5 快速重访对地观测卫星星座设计方法　/087
- 4.6 快速重访对地观测卫星星座参数分析　/089
  - 4.6.1 覆盖性　/089
  - 4.6.2 重访时间　/090
  - 4.6.3 星下点轨迹　/090
  - 4.6.4 侧摆角变化轨迹　/090
  - 4.6.5 太阳光照特性　/091
  - 4.6.6 轨道寿命分析　/093
- 4.7 小结　/093
- 参考文献　/094

第5章　卫星编队稳定性分析与构形演化　/095

- 5.1 引言　/095
- 5.2 编队组成卫星的摄动分析　/096
  - 5.2.1 中心天体非球形摄动　/096
  - 5.2.2 日月引力摄动在运动坐标系的分量　/097
  - 5.2.3 太阳引力摄动对倾角的影响　/100

  5.2.4 太阳引力摄动对升交点赤经的影响 / 103
  5.2.5 月球引力摄动对倾角的影响 / 104
  5.2.6 月球引力摄动对升交点赤经的影响 / 105
  5.2.7 太阳光压摄动分析 / 106
  5.2.8 太阳光压摄动对偏心率矢量的影响 / 107
  5.2.9 编队组成卫星受摄计算 / 108
  5.2.10 日月引力作用下的倾角差漂移速率 / 109
  5.2.11 日月引力作用下的升交点赤经差漂移速率 / 110
  5.2.12 太阳光压作用下的偏心率矢量差漂移速率 / 111
5.3 卫星编队构形描述及摄动 / 112
5.4 J_2 不变相对轨道条件 / 113
  5.4.1 卫星编队漂移及 J_2 不变相对轨道条件 / 113
  5.4.2 不满足 J_2 不变相对轨道条件的编队构形例子 / 114
  5.4.3 数值仿真 / 116
5.5 不同编队构形的稳定性与构形漂移计算 / 119
  5.5.1 转轮式编队的稳定性与构形漂移 / 119
  5.5.2 钟摆式编队的稳定性与构形漂移 / 121
  5.5.3 星下点轨迹重合编队的稳定性与构形漂移 / 122
  5.5.4 一般的近圆轨道编队构形的稳定性与构形漂移 / 124
5.6 小结 / 125
参考文献 / 125

第6章 卫星星座稳定性与构形演化 / 127

6.1 引言 / 127
6.2 星座卫星轨道摄动分析 / 128
6.3 星座摄动分析与构形演化 / 130
  6.3.1 星座摄动分析 / 131
  6.3.2 以初始标称构形为参考基准的星座构形演化方程 / 132
  6.3.3 以当前构形为参考基准的星座构形演化方程 / 135
6.4 地球静止轨道倾角矢量运动 / 137
  6.4.1 摄动运动方程与摄动力 / 137
  6.4.2 各摄动力引起的倾角矢量运动分析 / 138
  6.4.3 摄动力的综合作用 / 143

6.5　Walker 星座稳定性分析与构形演化　　/ 145
6.6　太阳同步轨道星座稳定性分析与构形演化　　/ 146
6.7　倾角偏置太阳同步轨道星座稳定性分析与偏置　　/ 148
　　6.7.1　单次偏置　　/ 149
　　6.7.2　多次偏置　　/ 150
6.8　临界轨道星座稳定性分析与构形演化　　/ 150
6.9　冻结轨道星座稳定性分析与构形演化　　/ 151
6.10　回归轨道星座稳定性分析与偏置　　/ 155
6.11　混合巨型星座构形演化与控制思路　　/ 157
6.12　小结　　/ 157
参考文献　　/ 158

第7章　卫星星座轨道控制　　/ 159

7.1　引言　　/ 159
7.2　倾斜同步轨道卫星群的控制策略　　/ 160
　　7.2.1　轨道摄动分析　　/ 160
　　7.2.2　控制目标分析　　/ 161
　　7.2.3　控制策略　　/ 163
7.3　星座构形捕获控制　　/ 164
　　7.3.1　策略初始计算与优化模型　　/ 164
　　7.3.2　拓扑度理论简介　　/ 165
　　7.3.3　控制策略　　/ 166
　　7.3.4　算例　　/ 168
7.4　全球星座构形长期保持控制策略　　/ 174
　　7.4.1　星座卫星轨道摄动运动分析　　/ 174
　　7.4.2　星座构形漂移运动　　/ 176
　　7.4.3　控制策略计算方法　　/ 177
　　7.4.4　算例　　/ 179
7.5　小结　　/ 182
参考文献　　/ 182

第8章　卫星编队绕飞控制　　/ 184

8.1　引言　　/ 184
8.2　相对运动计算模型　　/ 185
　　8.2.1　相对运动动力学模型　　/ 185

    8.2.2 绕飞角计算 / 187
    8.2.3 绕飞曲率与绕飞挠率 / 187
    8.2.4 编队绕飞控制目标计算 / 188
  8.3 绕飞控制方法 / 189
  8.4 绕飞侦照 / 191
    8.4.1 地球静止轨道绕飞侦照 / 191
    8.4.2 倾斜同步轨道绕飞侦照 / 193
    8.4.3 太阳同步轨道绕飞侦照 / 194
  8.5 绕飞控制策略算例 / 195
  8.6 小结 / 205
  参考文献 / 205

第 9 章 太阳同步轨道防碰撞安全区域计算 / 207

  9.1 引言 / 207
  9.2 （准）太阳同步轨道安全区域计算 / 207
    9.2.1 瞬根数全模型高精度外推 / 210
    9.2.2 瞬根数全模型中精度外推 / 211
    9.2.3 瞬根数不含大气阻力的中精度外推 / 213
    9.2.4 平根数全模型中精度外推 / 214
  9.3 计算结果 / 216
    9.3.1 算例 / 216
    9.3.2 安全区域分析 / 218
  9.4 空间目标进入卫星安全区域的预报算法 / 222
  9.5 小结 / 223
  参考文献 / 223

Contents

Chapter 1 Introduction ·· 001
  1.1 Satellite Formation Flying and Constellations ································ 001
  1.2 Formation Flying ·· 002
  1.3 Mega Constellation ·· 003
  1.4 Collision Risk and Avoidance ··· 007
  1.5 Analysis of Key Technologies and Development Trends ···················· 008
  1.6 Contents of This Book ·· 013
  References ··· 014

Chapter 2 Description Model of Formation and Constellation ············· 016
  2.1 Introduction ·· 016
  2.2 Accurate Model Represented in the Geocentric Inertial System ··········· 016
  2.3 Relative Orbital Dynamics Model ··· 018
      2.3.1 Accurate Relative Orbit Dynamics Model ······································ 018
      2.3.2 Linearized Elliptical Orbit Model ·· 020
      2.3.3 Nonlinear Circular Orbit Model ·· 020
      2.3.4 C.W. Equation Model ·· 021
  2.4 Geometry Model ·· 021
      2.4.1 Accurate Geometric Model ··· 021
      2.4.2 The Primary and Secondary Satellites with Nearly Overlapping Orbital Planes ·· 022
      2.4.3 Close Formation Flying ··· 023
      2.4.4 Close Formation Flying in Near-circular Orbits ···························· 023
      2.4.5 Close Formation Flying with the Near-circular Orbit Chief Satellite ··· 024
      2.4.6 Long-distance Large Elliptical Orbit Formation Flying ··············· 026
      2.4.7 Long-distance Near-circular Orbit Formation Flying ·················· 027
  2.5 Model of Satellite Constellation ··· 027
      2.5.1 Walker Constellation ··· 028
      2.5.2 Flower Constellation ·· 029

2.5.3 Rose Constellation ·········· 030
2.5.4 Ω Constellation ·········· 030
2.5.5 Polar Orbit Constellation ·········· 030
2.5.6 Regression Orbit Constellation ·········· 031
2.5.7 Sun-synchronous Orbit Constellation ·········· 032
2.5.8 Inclination Offset (Quasi) Sun-synchronous Repeat Frozen Orbit Constellation ·········· 032
2.5.9 Large Elliptical Orbit Constellation ·········· 033
2.6 Summary ·········· 033
References ·········· 034

Chapter 3 Configuration Design of Satellite Formation ·········· 035
3.1 Introduction ·········· 035
3.2 Configuration Design of Typical Formation ·········· 036
    3.2.1 Along-track ·········· 036
    3.2.2 Repeat Ground Track Formation ·········· 037
    3.2.3 Ellipse in the Orbital Plane ·········· 038
    3.2.4 Space Circular Formation ·········· 038
    3.2.5 Projecting Circular Formation ·········· 041
    3.2.6 Cartwheel ·········· 043
    3.2.7 Pendulum ·········· 049
3.3 Design of Special Formation Using Cartwheel ·········· 050
    3.3.1 Design of Space and Projecting Circular Formations Using Cartwheel ·········· 051
    3.3.2 Design of Polygon Formations Using Cartwheel ·········· 052
3.4 Design of Equilateral Triangle Formation ·········· 054
    3.4.1 Trajectories Design of a Deputy Satellite ·········· 054
    3.4.2 Iterative Design of Spatial Equilateral Triangle Formation ·········· 055
    3.4.3 Iterative Design of Projection Equilateral Triangle Formation ·········· 056
    3.4.4 Numerical Simulation of Iterative Design Method ·········· 057
3.5 Long-term Stable Configuration Design of Satellite Circular Formation ·········· 063
    3.5.1 Formation Configuration and J_2 Perturbation ·········· 063
    3.5.2 Circular Formation and Invariant J_2 Relative Orbits ·········· 064
    3.5.3 Numerical Simulation ·········· 067
3.6 Summary ·········· 070

References ··· 070

Chapter 4 Configuration Design of Satellite Constellation ················ 072

4.1 Introduction ·· 072
4.2 Design of Sun-synchronous Orbit Constellation ······················ 073
    4.2.1 Sun-synchronous Orbit Constellation ························· 073
    4.2.2 Sun-synchronous Frozen Orbit Constellation ················ 074
    4.2.3 Repeat Sun-synchronous Orbit Constellation ················ 075
    4.2.4 Repeat Sun-synchronous Frozen Orbit Constellation ········ 076
    4.2.5 Quasi-sun-synchronous Orbital Constellation ················ 077
4.3 Design Method of Communication Satellite Constellation for Continuous Coverage and Description of Constellation Parameters ······· 081
4.4 Analysis of Communication Satellite Constellation for Continuous Coverage ··· 082
    4.4.1 Design Optimization of Communication Satellite Constellation for Continuous Coverage in the Gulf of Aden ················ 082
    4.4.2 Analysis of the Coverage Characteristics of the Communication Satellite Constellation for Continuous Coverage in the Gulf of Aden ··· 083
    4.4.3 Analysis of Doppler Frequency Shift ························· 086
    4.4.4 Analysis of Link Margin ······································· 086
4.5 Design Method of Satellite Constellation for Fast Revisit and Reconnaissance ·· 087
4.6 Parameter Analysis of Satellite Constellation for Fast Revisit and Reconnaissance ·· 089
    4.6.1 Coverage ·· 089
    4.6.2 Revisit Time ·· 090
    4.6.3 Ground Track ··· 090
    4.6.4 Track of Roll Angle ··· 090
    4.6.5 Sunlight Characteristics ·· 091
    4.6.6 Orbital Life Analysis ·· 093
4.7 Summary ··· 093
References ··· 094

Chapter 5 Stability Analysis and Configuration Evolution of Formation Flying ······ 095

5.1 Introduction ······ 095
5.2 Perturbation Analysis of Formation ······ 096
    5.2.1 Nonspheric Perturbation of Central Celestial Body ······ 096
    5.2.2 Components of Gravitational Perturbation from the Sun and Moon in the Motion Coordinate System ······ 097
    5.2.3 Influence of Solar Gravitational Perturbation on Inclination ······ 100
    5.2.4 Influence of Solar Gravitational Perturbation on RAAN ······ 103
    5.2.5 Influence of Lunar Gravitational Perturbation on Inclination ······ 104
    5.2.6 Influence of Lunar Gravitational Perturbation on RAAN ······ 105
    5.2.7 Analysis of Solar Radiation Pressure Perturbation ······ 106
    5.2.8 Influence of Solar Radiation Pressure Perturbation on Eccentricity Vector ······ 107
    5.2.9 Calculation of Formation of Satellites ······ 108
    5.2.10 Drift Rate of the Inclination Difference Due to Solar and Lunar Gravity ······ 109
    5.2.11 Drift Rate of the RAAN Difference Due to Solar and Lunar Gravity ······ 110
    5.2.12 Drift Rate of Eccentricity Vector Difference Due to Solar Radiation Pressure ······ 111
5.3 Satellite Formation Configuration Description and Perturbation ······ 112
5.4 Conditions of Invariant J_2 Relative Orbits ······ 113
    5.4.1 Drift of Satellite Formation Flying and Invariant J_2 Relative Orbits ······ 113
    5.4.2 Example of not Meeting the J_2 Invariant Relative Orbit Condition ······ 114
    5.4.3 Numerical Simulation ······ 116
5.5 Calculation of Stability and Configuration Drift of Different Formation Configurations ······ 119
    5.5.1 Stability and Drift Calculation of Wheel ······ 119
    5.5.2 Stability and Drift Calculation of Pendulum ······ 121
    5.5.3 Stability and Drift Calculation of Repeat Ground Track Formation ······ 122

    5.5.4 Stability and Drift Calculation of General Near-circular Orbit Formation Configuration ············ 124
  5.6 Summary ············ 125
  References ············ 125

Chapter 6 Stability and Evolution of Constellation ············ 127
  6.1 Introduction ············ 127
  6.2 Analysis of Constellation Satellite Orbit Perturbation ············ 128
  6.3 Analysis of Constellation Perturbation and Configuration Evolution ············ 130
    6.3.1 Analysis of Constellation Perturbation ············ 131
    6.3.2 Evolution Equation of the Constellation Configuration Based on the Initial Nominal Configuration ············ 132
    6.3.3 Evolution Equation Constellation Configuration Based on the Current Configuration ············ 135
  6.4 Motion of the Inclination Vector of the Geostationary Orbit ············ 137
    6.4.1 Perturbation Equation of Motion and Perturbation Force ············ 137
    6.4.2 Analysis of the Inclination Vector Motion Caused by Perturbation Forces ············ 138
    6.4.3 The Combined Effect of Perturbation Forces ············ 143
  6.5 Stability Analysis and Configuration Evolution of Walker Constellation ············ 145
  6.6 Stability Analysis and Configuration Evolution of Sun-synchronous Orbit Constellation ············ 146
  6.7 Stability Analysis and Bias of Inclination-biased Sun-synchronous Orbit Constellation ············ 148
    6.7.1 Single Bias ············ 149
    6.7.2 Multiple Biases ············ 150
  6.8 Stability Analysis and Configuration Evolution of Critical Orbit Constellation ············ 150
  6.9 Stability Analysis and Configuration Evolution of Frozen Orbit Constellation ············ 151
  6.10 Stability Analysis and Bias of Repeat Orbit Constellation ············ 155
  6.11 Configuration Evolution and Control Ideas of the Mixed Mega Constellation ············ 157
  6.12 Summary ············ 157
  References ············ 158

Chapter 7 Orbital Control of Satellite Constellation 159

- 7.1 Introduction 159
- 7.2 Control Strategy of Satellite Group in Inclined Geosynchronous Orbits 160
  - 7.2.1 Analysis of Orbital Perturbation 160
  - 7.2.2 Analysis of Control Objectives 161
  - 7.2.3 Control Strategy 163
- 7.3 Constellation Configuration Capture Control 164
  - 7.3.1 Initial Design Calculation and Optimization Model of Constellation Configuration Capture Control Strategy 164
  - 7.3.2 Introduction to Topological Degree Theory 165
  - 7.3.3 Control Strategy 166
  - 7.3.4 Examples 168
- 7.4 Long-term Maintenance Control Strategy of the Configuration for Global Constellation 174
  - 7.4.1 Analysis of Orbit Perturbation for Constellation Satellites 174
  - 7.4.2 Analysis of Constellation Configuration Drift 176
  - 7.4.3 Calculation Method of Control Strategy 177
  - 7.4.4 Examples 179
- 7.5 Summary 182
- References 182

Chapter 8 Fly-around Control Strategy for Satellite Formation 184

- 8.1 Introduction 184
- 8.2 Calculation Model of Relative Motion 185
  - 8.2.1 Dynamic Model of Relative Motion 185
  - 8.2.2 Fly-around Angle 187
  - 8.2.3 Fly-around Curvature and Torsion 187
  - 8.2.4 Calculation of Formation Control Target 188
- 8.3 Fly-around Control Method 189
- 8.4 Fly-around Detection 191
  - 8.4.1 Fly-around Detection in Geostationary Orbits 191
  - 8.4.2 Fly-around Detection in Inclined Geosynchronous Orbits 193
  - 8.4.3 Fly-around Detection in Sun-synchronous Orbits 194
- 8.5 Example of Fly-around Control Strategy 195

8.6	Summary	205
References		205
Chapter 9	**Calculation of Anti-collision Safety Area in Sun-synchronous Orbits**	**207**
9.1	Introduction	207
9.2	Calculation of Safe Area in (Quasi) Sun-synchronous Orbit	207
	9.2.1 High-precision Extrapolation Mode of the Full Model of Osculating Elements	210
	9.2.2 Intermediate-precision Extrapolation Mode of the Full Model of Osculating Elements	211
	9.2.3 Intermediate-precision Extrapolation Mode of the Model of Osculating Elements Excluding the Atmospheric Model	213
	9.2.4 Intermediate-precision Extrapolation Mode in the Full Model of Mean Elements	214
9.3	Calculation Results	216
	9.3.1 Examples	216
	9.3.2 Safe Area Analysis	218
9.4	Prediction Algorithm for Space Targets Entering the Safe Area	222
9.5	Summary	223
References		223

第 1 章 绪论

1.1 卫星编队飞行与星座

多颗卫星编队飞行或者以星座的方式在太空运行，可以提高这些卫星的整体效率、工作性能、容错性以及生存能力。一般将多颗卫星之间相对距离较近的协作飞行称为编队飞行，而相对距离较远的协作飞行称为卫星星座。通常，编队的卫星轨道半长轴基本相同，而卫星星座的组成卫星的轨道半长轴则可以有较大差异。例如，我国北斗卫星导航系统的静止轨道（GEO）卫星和倾斜地球同步轨道（IGSO）卫星的轨道高度约为 35800km，而中轨道（MEO）卫星的轨道高度为 21500km，它们的轨道半长轴有较大差异。卫星编队飞行与星座主要的应用范围包括合成孔径雷达成像、对地可见光观测、空间环境监测、碎片清除、在轨服务与维修、通信、导航、数据中继等。典型的导航星座包括美国的全球定位系统（GPS）、我国的北斗卫星导航系统（BDS）、欧盟的伽利略（Galileo）卫星导航系统和俄罗斯的格洛纳斯卫星导航系统（GLONASS）。

早期卫星编队飞行与星座的概念经常混用。有些任务既被称为星座，也被称为编队飞行，如 A-Train 卫星。近年来，随着卫星编队飞行与星座任务越来越多，它们之间的概念区别也逐渐明显。其区别在于：从动力学的角度来看，卫星编队飞行一般考虑卫星相对轨道动力学[1-6]，从而设计编队构形；卫星星座的组成卫星一般不考虑相对轨道动力学，而是考虑各自在惯性空间的运动，以及惯性空间的整体结构、覆盖特性等[2,7]。卫星编队飞行采用多颗卫星，实现单星难以实现的功能；星座主要考虑增加地面覆盖特征或者缩短重访时间。编队的卫星之间距离相对于卫星的轨道半长轴，是一个小量，即编队飞行的卫星之间距离较小；星座卫星之间的相对距离相对于卫星的轨道半长轴来说不是小量。

近年来，卫星编队和星座任务发展出现了一些新的趋势，包括出现了由上万颗卫星组成的巨型星座，太阳同步轨道编队卫星对轨道面和星下点光照条件的更加苛刻的要求，蜂群卫星的未来需求等。

1.2 编队飞行

最典型的卫星编队之一是 A-Train 卫星编队（图 1-1），它包括 Aqua、CloudSat、Cloud-Aerosol Lidar、红外探路者观测卫星（CALIPSO）和 Aura 卫星。编队卫星在当地时间每天下午 1:30 左右穿越赤道。编队的卫星装有多种不同的科学仪器，它们在很宽的波长范围内观测地球大气层和地表的相同路径。在编队队形的前面，Aqua 卫星携带测量温度、水汽和降雨的仪器。紧接着的 CloudSat 卫星是美国宇航局和加拿大航天局（CSA）之间的合作项目，CALIPSO 卫星是法国航天局国家空间研究中心（CNES）和美国宇航局（NASA）的合作项目，它拥有高科技的激光和雷达仪器，可以对云层和称为气溶胶的空气粒子进行三维观测。Aura 上的仪器能产生高分辨率的温室气体垂直图，测量许多其他的大气成分。

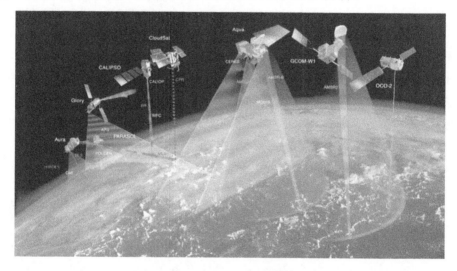

图 1-1 A-Train 卫星编队

欧洲航天局的 Proba-3 可能是世界上第一个精确的编队飞行任务[8-9]，计划于 2023 年发射，两颗卫星将在一起编队飞行，保持一个固定的结构，从而作为空间中的"大型刚性结构"，以演示验证编队、飞行技术和交会试验。这两颗卫星将共同形成一个 144m 长的太阳日冕计时器，用来研究靠近太阳边缘的太阳微弱日冕。该实验除了科学意义，还将成为一种用于测量双航天器的精确定位结果的理想仪器。编队处于大椭圆地球轨道上，轨道周期为 19.7h，远地点高度 60530km，近地点高度 600km，轨道倾角为 59°。由于燃料费用太高，无法维持整个轨道的编队，每个轨道将被分为 6h 远地点编队保持和其余轨道段的编队自由漂移。在每个轨道上的 6h 内，它们将保持在彼此 150m 以内，以便利用携带圆盘的卫星的日食机动来研究太阳的日冕。Proba-3 卫星将重复演示验证捕获、交会、接近操控、编队飞行、日冕仪观测、分离和护航飞行。

微纳卫星编队飞行既可以降低卫星成本，又能实现单星无法实现的若干功能。目前，已经实施的微纳卫星编队包括瑞典太空公司的 Prisma 编队等。瑞典太空公司的两颗 Prisma 卫星于 2010 年 6 月发射，进行了为期一年的试验，演示验证了两颗卫星进行编队飞行。一个关键的任务目标是显示"主动"卫星的高度自主性，因为它围绕着处于被动模式的另一颗较小的卫星运行。Prisma 卫星编队是欧洲第一次以编队飞行技术为主要目标的任务。两颗卫星分别名为芒果（Mango）与探戈（Tango），卫星配备了多个传感器系统，包括 GPS 全球定位系统、基于视觉的摄像头和基于射频的导航仪，卫星还拥有先进的制导、导航和控制算法。

1.3 巨型星座

当前国际上最典型的巨型星座当属星链计划，它是 SpaceX 公司正在实施的卫星星座（Satellite Constellation）项目[10-12]。根据美国联邦通信委员会（Federal Communications Commission，FCC）的批准文件，SpaceX 计划在 2027 年底之前在 6 个不同高度的轨道上部署约 12000 颗卫星（图 1-2），通过近地轨道卫星群来提供覆盖全球的高速、低延迟的互联网接入服务，特别是网络连接受限或没有连接的区域。整个计划预计需要支出约 100 亿美元。最初的运行星座预计将包括 400 多颗卫星。每颗卫星的功能性带宽为 1Tb/s。

图 1-2　星链星座部署完成后空间分布

根据 SpaceX 的最初计划，该公司将 4425 颗互联网卫星发射到距离地面 1110～1325km 的轨道上，其中在 1150km 的轨道高度上部署 1600 颗卫星，在 1110～1325km 高度的轨道上部署 2825 颗卫星，使用 Ka/Ku 频段。2018 年 3 月，SpaceX

获得 FCC 批准，实施在地球轨道上部署 4425 颗卫星的计划。测试卫星 Tin A 以及 Tin B 升空后，SpaceX 决定将原定于距离地面 1110～1325km 的轨道上的 4425 颗卫星中的 1584 颗卫星送入距地约 550km 的低轨道运行。此外，追加部署 7518 颗卫星，选择的是更低的 340km 轨道，使用 V 频段。2018 年 11 月，SpaceX 向 FCC 提交申请，要求部分修改星链项目计划。2019 年 4 月，FCC 批准 SpaceX 的申请，允许该公司未来发射的大量互联网卫星在低于原计划的轨道运行。据 2019 年 10 月 15 日的报道，SpaceX 向国际电信联盟提交申请，拟增加 30000 颗卫星到星链星座中，但尚未获得批准。

美国东部时间 2019 年 5 月 23 日下午 10:30（格林尼治标准时间 5 月 24 日 02:30），在美国佛罗里达州卡纳维拉尔角空军基地航天发射场的 40 号发射工位，"猎鹰" 9 火箭携带首批 60 颗星链（Starlink）卫星成功发射（图 1-3），发射约一小时零二分钟后，这些卫星被部署在 440km 高度的轨道上，此后，使用星载推进器进行轨道控制达到 550km 的工作轨道上。60 颗卫星在火箭整流罩内垂直堆叠在一起，见图 1-3。每颗星链卫星重约 227kg，载荷总质量达到 18.5t，是迄今为止 SpaceX 火箭发射的最重载荷。星链卫星安装有霍尔推进器，具备在轨调整轨道高度的功能，以保持预期的轨道高度，并在寿命末期进行离轨控制。传承自龙飞船的载荷设计，每个星链卫星都配备了星跟踪（Startracker）导航系统，该系统可使 SpaceX 的星链卫星精确地指向其他在轨卫星，这为星链卫星能够跟踪在轨碎片并自主避免碰撞提供了保障。卫星还搭载了 1 副太阳能电池阵列、4 副高通量天线。该任务将卫星的操控能力（operational capabilities）推至极限。

图 1-3 星链首次发射 60 颗卫星的发射配置，封装在猎鹰（Falcon）9 号的有效载荷整流罩中

此次发射的 60 颗卫星属于试验卫星，配置不完整，这些卫星没有搭载星间链路通信载荷，其发射后的运行情况如图 1-4 所示。这批卫星的发射和运行结果将对 SpaceX 后续星链计划的推进产生重要的影响。

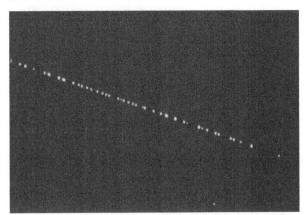

图 1-4　天文望远镜拍摄的星链卫星发射后的运行图

星链计划后续至少需要再发射 6 次，其中每次发射 60 颗卫星，才能提供较小规模的互联网覆盖服务，再发射 12 次才能提供中等规模的互联网覆盖服务。SpaceX 公司在部署 800 颗卫星后开展商业服务，可提供覆盖全球的宽带服务，计划发射不少于 4 万颗卫星。根据 FCC 的要求，SpaceX 必须在 2027 年 11 月之前完成 12000 颗卫星的组网工作。FCC 要求 SpaceX 必须在获批的 6 年内（2018 年 3 月—2024 年 4 月）完成部署一半的卫星、9 年内完成部署所有卫星。

星链卫星将部署在 6 个不同的轨道高度上。第一阶段计划在 550km 高度的轨道上部署 1584 颗卫星，原计划包含 24 个轨道面，每个轨道面 66 颗卫星，倾角为 53°，使用 Ka/Ku 频段，完成初步覆盖。业务卫星单星收拢尺寸为 4.0m×1.8m×1.2m，设计寿命为 5 年，质量为 386kg，大于首次发射的 60 颗试验卫星，每颗卫星 227kg 的质量，星下点覆盖范围半径为 1060km、容量为 17～23Gbit/s。

第二阶段在 1110km、1130km、1275km 和 1325km 高度的轨道上部署 2825 颗卫星，其轨道面个数分别为 32 个、8 个、5 个和 6 个，各轨道面部署 50～75 颗卫星不等，使用 Ku/Ka 频段，预计 2024 年左右完成部署，完成全球组网，倾角未知。

第三阶段在 340km 高度的轨道上部署 7518 颗卫星，使用 V 频段来增加星座容量，轨道面数量和倾角未知。

为服务星链卫星星座，SpaceX 在 2020 年 2 月还宣布计划建立 100 万个地面站。地面站的作用是向卫星发射信号，同时接收由终端用户或其他地面站转发来的信号，以供终端用户联入星链。一旦获批，公司将从 2020 年开始部署地面站，目前尚无进一步的资料透露地面站具体的部署地点。当前公司未建立控制管理中心的实体单位，星链团队负责传统的卫星控制管理中心职能。星链团队的运营模式与传统的卫星地面长期管理运维部门有很大区别。①在轨道控制方面,传统的卫星由地面计算控制策略,发送指令使得卫星实施轨道机动;而星链星座的卫星发射后,星链团队通常不对每颗卫星进行控制,而由卫星自主控制;地面保留对卫星进行控制的职能,确保在特殊情况下也可对卫星进行控制,包括初始入轨后的轨道机动测试。②在轨道外推、碰撞预警方面,地面每天向卫星上传所有空间目标轨道状态,传统的由地面长期管理运维部门执行的下列操作改为由星上自主计算,即轨道外推、碰撞概率计算与碰撞预警。③在上传数据方式方面,传统的数据上传是地面对每颗卫星上传数据;而星链星座每个轨道面内的多个卫星,地面只需向其中一颗卫星上传所有空间目标轨道状态即可,由星上的星间链路将这些轨道状态传至其他卫星。

FCC 还要求 SpaceX 解决星链卫星的环保问题。每颗星链卫星的使用寿命为 5 年,SpaceX 提前为卫星设计了自毁程序,寿命末期,卫星进行自主离轨控制,并预留机动能力避免与其他目标相撞。离轨后,在大气阻力的作用下,轨道高度逐渐降低。轨道高度 550km 的卫星将使用推进器反推来主动降低轨道高度,缩短再入大气层自毁的时间,在离轨后仅需 1~5 年就可再入大气层。卫星再入大气层后,95%的卫星组件会在大气层中燃烧殆尽(图 1-5),SpaceX 称这样的组件设计超过了当前国际上所有的卫星安全标准。目前,从第 75 颗后的"星链"卫星已经重新迭代设计,多数组件将采用铝等熔点较低的材料,以代替原先的铁、钢和钛等,使卫星重返大气层后 100%的组件在进入大气层后彻底烧尽,消除对地面的风险。根据卫星最初的设计,其铁制推力器、钢制反作用轮、碳化硅通信部件等再入大气层时不能完全烧尽,将对人类或地面的物体产生威胁。由于前 75 颗卫星已经基本制造完成,所以这些卫星的部分组件可能会落回地球表面,后续的卫星将不会产生这一问题。

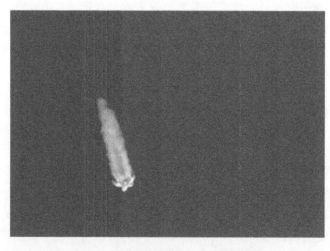

图 1-5 星链卫星离轨后再入大气层燃烧

除 SpaceX 外，一网、波音、亚马逊、ViaSat、Telesat、Karousel LLC 和 LeoSat 等公司都推出了低轨道巨型卫星星座（mega constellation）互联网服务计划。"星链"星座的特点是卫星轨道高度更低，所需卫星数量更多，目的是降低网络延迟、提高连接稳定性。OneWeb 公司计划在距离地面 1200km 的轨道上部署 900 颗卫星。波音已向 FCC 申请在低地球轨道上部署数量为 1396~2956 颗卫星组成的星座，以实现全球互联网访问，该申请尚未获得批准。一网（OneWeb）卫星公司是一网公司和空中客车公司的合资企业，一网星座（OneWeb constellation）首先是由 650 颗卫星组成的星座，然后扩展到可提供全球网络连接的 1980 颗卫星，这些卫星的每颗重约 150kg，将在 1200km 的近极近地轨道（LEO）轨道上运行。2019 年 2 月 27 日，"联盟"号火箭在法属圭亚那库鲁发射场成功发射了一网星座的 6 颗卫星。

除此以外，中国航天科工集团的虹云工程计划发射 156 颗卫星，将在距离地面 1000km 高度的轨道上运行，虹云工程技术验证卫星于 2018 年 12 月 22 日在酒泉卫星发射中心通过长征十一号运载火箭成功发射。中国航天科技集团公司的鸿雁全球卫星星座通信系统计划由 300 余颗低轨道小卫星及全球数据业务处理中心组成，将具有全天候、全时段及在复杂地形条件下的实时双向通信能力，可为用户提供全球实时数据通信和综合信息服务。鸿雁星座首发星于 2018 年 12 月 29 日在酒泉卫星发射中心通过长征二号丁运载火箭成功发射。

1.4 碰撞风险与规避

2019 年 9 月 2 日，欧洲航天局（European Space Agency，ESA）一颗地球观测卫星——风神卫星（Aeolus satellite）进行了规避控制，以确保它不会与 SpaceX 在 2019 年 5 月发射的 60 颗星链卫星之一的星链 44 卫星（Starlink 44，国际编号为 2019-029AV）发生碰撞[13]。"风神"卫星的轨道机动发生在潜在碰撞时刻之前的约 1/2 个轨道周期。机动后，在原先轨道预计可能发生碰撞的时刻后，"风神"卫星返回的数据表明规避机动成功完成且确实避免了碰撞。来自 ESA 的消息称，ESA 在 2018 年对其所属卫星进行了 28 次碰撞规避机动，活动中的卫星执行规避机动性非常罕见，绝大部分 ESA 所属卫星的规避机动性都是失效卫星或此前碰撞产生的碎片。随着星链计划的开展以及其他类似的含大量卫星的星座计划的启动，未来将不再可能采取由地面人工发送操作指令的方式进行规避机动，ESA 正在使用人工智能来开发自动规避控制软件。

"风神"卫星与星链 44 卫星的潜在碰撞时刻的相对速度为 14.4km/s。星链 44 卫星的轨道远低于 5 月由 SpaceX 发射的其余 60 颗星链卫星中的大多数。根据美国空军维护的太空轨道数据库，星链 44 卫星的运行轨道高度介于 311~345km，是已发射的 60 颗星链卫星中，轨道高度最低的；已发射的 60 颗星链卫星中，轨道高度第二低的卫星处在 361km×397km 的轨道。"风神"卫星于 2018 年发射升空，轨道高度在 308～314km。大多数其他的星链卫星发射进入约 450km 高的轨道，之后又通过星载推进器进行轨道控制达到约 550km 的运行高度。SpaceX 在 2019 年 6 月宣布对两颗星链卫星进行离轨试验，以测试该卫星的推进系统，星链 44 卫星是其中的一颗。

ESA 太空碎片办公室负责人霍尔格·克拉格（Holger Krag）透露的操作细节为：ESA 在向美国军方了解到发生碰撞的概率为千分之一后，ESA 联系了 SpaceX，彼时 SpaceX 也受到了同样的碰撞预警，但 SpaceX 拒绝对星链 44 卫星进行机动控制以规避潜在的碰撞，并表示不打算采取行动。于是 ESA 对所属风神卫星采取了应急轨道机动以避免碰撞。千分之一的碰撞概率比 ESA 对卫星进行规避机动控制的门槛高出 10 倍。

SpaceX 公司代表表示，星链团队最后一次与"风神"卫星的操作人员交换电子邮件是 2019 年 8 月 28 日，当时的碰撞风险在五万分之一以下。当时 SpaceX 和 ESA 的工作人员都认为没有必要进行轨道机动。此后，美国空军的更新数据显示碰撞概率增加到了 1.69×10^{-3}，超过了机动控制的门槛万分之一。但是 SpaceX 的呼叫寻呼系统中的一个错误阻止了星链操作员看到碰撞概率的增加，SpaceX 正调查该问题并将采取纠正措施。如果星链操作员看到了碰撞概率的增加，就会与 ESA 进行协调，从而确定 ESA 继续进行机动规避或者星链进行机动规避。

1.5 关键技术与发展趋势分析

卫星编队与巨型星座涉及的与卫星测量、控制、管理、运维相关的关键技术包括一箭多星发射与批处理部署技术、万颗量级的巨型星座在轨长期管理技术、在轨防碰撞预报与安全区域计算技术、自主机动规避控制技术、万颗级卫星星座的控制技术等。

1. 一箭多星发射与批处理部署技术

我国目前一箭多星的最高纪录是一箭 20 星，是 2015 年 9 月 20 日我国用长征六号火箭发射的，其中个头最大的是中国航天科技集团公司的"开拓"一号卫星，约 100kg，最小的搭载星只有几十克。而作为可回收式的中型运载火箭，"猎鹰-9"火箭携带首批 60 颗星链卫星的每颗重 227kg，载荷总质量为 18.5t。我国在可回收式的中型和重型火箭领域还处于研制阶段。要部署由数千颗乃至万余颗互联网卫星组成的星座，每颗卫星的质量在百千克量级，就要在尽量保证卫星质量的前提下提高一箭多星的卫星数量。在星箭分离过程中，通常的做法是设计分离装置，将一箭多星的卫星一个个有条不紊地释放出去，其中分离装置的质量将占据载荷的很大部分。而 SpaceX 的星链星座首批 60 颗卫星的星箭分离过程，是将叠在一起的 60 颗卫星同时"扔出去"，不对每颗卫星进行星箭分离的轨迹优化，在分离的过程中也不进行姿态机动控制。这是由于分离后的短时间内,如果发生两星相互碰撞,由于初值接近,碰撞的相对速度很小,不会对卫星造成损坏。这种新奇大胆的做法,值得我们借鉴。SpaceX 的星链星座的星箭分离方式,可以最大限度地减少分离装置的质量。60 颗卫星中,如果少数卫星发生故障,只要故障率控制在一定范围内,例如 10%以下,那么从商业利润的角度来说,这种做法就是成功有效的。此外,在星座卫星部署技术方面,保证每个轨道面的卫星的部署尽量均匀分布,按照传统的通过地面计算控制策略,单颗卫星依次控制的方式,工作量巨大,无法完成大量的部署控制任务。因此,在部署阶段就需要具备可支持数百颗至万余颗卫星量级的大量卫星的批处理部署控制技术。

2. 万颗量级的巨型星座在轨长期管理技术

传统的单颗或少量卫星(数十颗量级)组成的星座的长期管理,通常是每颗卫星在地面单机版计算机上至少部署 1~5 颗卫星,例如我国向委内瑞拉出口的地球静止轨道卫星委内瑞拉一号卫星(VenSat-1),在巴马里地面站有 10 余台计算机进行长期管理。由上万颗卫星组成的巨型星座,倘若其地面的在轨长期管理还是按照传统的单星或少量卫星星座的管理模式来进行,则地面需要部署的计算机数量巨大,同时需要大量的操作人员,且效能低下,人工干预过多,智能化程度不足,遇到应急情况极易耽误处置时间。万颗级卫星星座在轨长期管理技术,应实现一个或多个管理软件同时管理数千颗卫星的功能,对一类事件进行流程化的批处理,大幅减少地面长期管理运维部门需要部署的计算机数量和操作人员。地面长期管理运维部门的工作模式特点如下。

(1)在轨道高度维持方面,同一轨道高度的卫星由于面值比基本相同,受到的大气阻力摄动加速度一致,因此其轨道高度维持的时间间隔相同,这就使这些设计在同一轨道高度的卫星的轨道维持易于实现批处理。这种情况有两种典型的处理方式:①每个轨道面内的大量卫星,由地面发送自主轨道维持指令给其中 1 颗卫星,这颗卫星通过星间链路将指令传递给该轨道面内的其他卫星,各卫星自主计算控制策略,使得轨道高度达到标称高度。②地面算出半长轴控制量、推进系统推进时长等参数,将推进系统开关机时刻等以指令的方式发送给其中 1 颗卫星,由该卫星将指令通过星间链路传递给该轨道面内的其他卫星,各卫星同时或依次进行轨道高度的调整。这种方式控制精度略低,地面还需要对个别轨道高度偏离的卫星单独实施控制。

(2)在碰撞规避方面,地面只负责每天向卫星上传所有空间目标的轨道状态,由卫星自主实施碰撞预警和规避控制。

(3)在卫星故障处置方面,少数几颗卫星发生故障,对整个星座的效能的影响可以忽略不计,因而地面长期管理运维部门对少数几颗卫星发生故障的容忍度较高。

3. 在轨防碰撞预报与安全区域计算技术

星链星座的卫星要进行自主轨道维持、与碎片或其他在轨卫星之间的自主规避控制，以及寿命末期的自主离轨控制，就需要对在轨其他目标进行轨道预报，计算在轨运行的安全区域和碰撞风险，以便于在遭遇可能的碰撞风险后提前进行规避控制。在此过程中，对部分重点的可能目标，还可将其轨道数据注入卫星的轨道数据库，必要的时候也可自主进行规避机动。星链星座的卫星构型可保证交换轨道数据库的星间链路技术顺利实施，如图 1-6 所示，在同一个或相近的轨道面内，相邻的几颗卫星之间距离较近，通过星间链路交换轨道数据库不会受到距离过远，或者地球遮挡的影响。

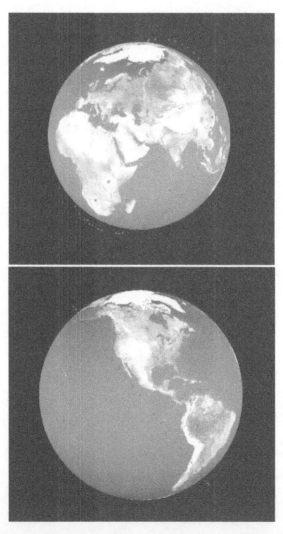

图 1-6　星链卫星当前轨道面分布图，除了 8 颗卫星，几乎均在同一个轨道面上

4. 自主机动规避控制技术

自主机动规避控制技术指的是，在遇到可能的碰撞风险时，通过星上自主机动规避控制软件计算规避控制策略，继而开展自主的机动规避控制操作。一方面，可以大幅减少地面长期管理的负担；另一方面，可以最大限度地保证规避控制的及时有效。在自主机动规避控制过程中，地面每天向卫星更新在轨空间目标的轨道根数，由卫星自主进行轨道预报，自主计算碰撞概率，自主进行机动规避控制策略的计算。其控制机理是，在可能的碰撞发生前，由卫星自主计算标准的轨道高度控制量 da1，通过星上的轨道预报软件预报控制后的轨道是否引入新的碰撞风险，如果无新的碰撞风险，则执行轨道控制，待可能的碰撞时刻过去后，再将卫星控制到原先的轨道高度。如果预报发现控制后的轨道引入新的碰撞风险，则将原先的轨道高度控制量改为 da2，继续做碰撞风险的预报，依次循环，直到找到合适的控制量为止。需要说明的是，每次自主机动规避控制，都在轨道平面内进行，不做法向控制，因此，执行自主机动规避控制的卫星会引入微小的法向漂移，使得其升交点经度和该轨道面内其余卫星之间的升交点经度有微小的差异。

5. 万颗级卫星星座的控制技术

对于星链星座这样的超大型星座来说，可以预先研究根据轨道高度分类进行控制的策略和相应的软件，将尽量多的控制参数计算模块放在卫星上进行，只在地面保留星座整体控制策略的规划设计和分析部分。例如，星链星座的 12000 余颗卫星分布在 340km、550km、1110km、1130km、1275km 和 1325km 6 个不同的轨道高度上。对于相同轨道高度上的卫星，由于其受到的大气阻力摄动、地球非球形摄动、日月引力摄动的量级基本相同，控制频次接近。个别不在上述 6 个轨道高度上的卫星，可以采取具体问题具体分析的办法处理。图 1-7、图 1-8、图 1-9 分别给出了星链星座首次发射的 60 颗卫星当前的轨道升交点赤经、轨道半长轴、近地点高度和远地点高度的分布情况。大部分卫星的轨道参数中除了平近点角外，其他基本相同，因此有利于分类进行批处理的控制策略设计。

除了 SpaceX 的星链星座和一网卫星公司的一网星座这两个巨型星座在实施中，其他如亚马逊公司等也在计划建设巨型星座用于开展宽带互联网服务。对于巨型星座来说，对太空影响最大的是与巨型星座卫星爆炸或碰撞有关的潜在碎片产生的可能性。预计未来国际相关空间组织对卫星的材料环保要求、寿命末期的离轨管理等会更加严格。可能会出台新的规定要求各卫星所属机构负责清除其所属卫星产生的碎片。预计 SpaceX 的星链星座采用的关键技术，即一箭多星发射与批处理部署技术、万颗量级的巨型星座在轨长期管理技术、星敏感器自主导航技术、在轨碎片与卫星数据注入与自主预报技术、交换轨道数据库的星间链路技术、自主机动规避控制技术等会成为未来巨型星座的技术发展趋势。

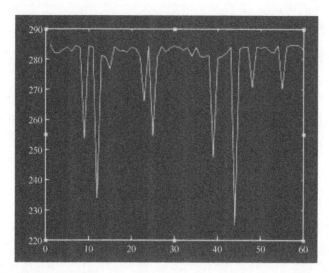

图 1-7 星链星座的 60 颗卫星在 2019 年 10 月 10 日的（2019 年第 283 天）轨道升交点赤经图，根据 2019 年 10 月 7 日下载的 TLE 数据外推至时间为 19283.74388517 天计算，可见有 8 颗卫星的升交点赤经同其他 52 颗卫星的升交点赤经距离较大

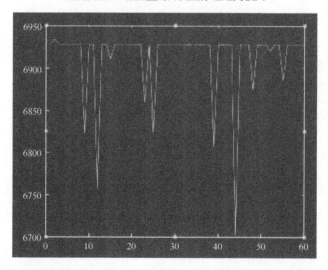

图 1-8 星链星座的 60 颗卫星在 2019 年 10 月 10 日的（2019 年第 283 天）轨道半长轴，可见有 8 颗卫星的半长轴比其他 52 颗卫星的半长轴明显小，导致这 8 颗卫星在地球非球形摄动力的作用下，轨道面西退速率大于其他卫星，于是轨道面逐渐拉开

巨型星座的卫星，在天气条件良好的情况下，还可对地面暴露目标进行无死角的对地观测，有潜在的重要军事应用价值，也可协助对地观测极端势力和恐怖活动，让恐怖分子无所遁形。如果这些卫星上安装天基红外系统和微光夜视系统，则星座在夜间仍然具有无死角的对地观测监视能力。预计未来的巨型星座上可能安装可见光相机、红外相机、夜视相机，通过星座卫星覆盖区域和相机扫描区域的设计，达

到相机对全球的实时无遗漏监视。同 GPS 的技术可民用，也可军用一样，星链星座除了可以为全球提供低成本、全覆盖的高速互联网服务，预计其在战时将为美军提供通信服务，大幅增强其在全球的通信能力。美军的战斗机等装备可以通过"星链"系统进行数据的交换，通过"星链"系统为未来的作战提供一个新的通信平台，该平台不存在地面无法覆盖的通信盲区。

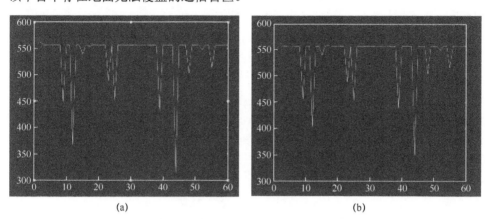

图 1-9　星链星座的 60 颗卫星在 2019 年 10 月 8 日的轨道近地点、远地点高度

(a) 近地点高度；(b) 远地点高度。

巨型星座还具有极强的抵抗打击的能力。如果卫星数量少，那么一旦遭受打击，将会对军事行动所依赖的天基对地观测监视、通信等造成不良影响。而大量尺寸相对较小、价格低廉的卫星组成的巨型星座则在很大程度上可以避免此类事件发生，巨型星座的少量卫星遭受打击，对星座的整体功能基本不构成影响。这将极大地影响未来天基对抗的形式。未来在轨捕获、动能反卫星、定向能反卫星等可能也会随之向规模化、巨型化方向发展。

卫星编队与巨型星座将对卫星测量控制和长期管理造成一定的技术挑战，特别是巨型星座这一新生事物，将会推动卫星测量控制和长期管理的技术变革，需要重点攻克与发展的技术包括巨型星座卫星转移轨道段批处理控制技术、巨型星座防碰撞预报技术、太阳同步回归冻结轨道编队高精度控制技术、编队与星座自主机动规避控制技术、巨型星座构形演化与控制技术、巨型星座应急轨道与星载设备优化操控技术等。我们需要在上述技术领域做好预研工作，以应对卫星测量控制和长期管理面临的技术挑战。

1.6　本书内容介绍

本书针对这些新的发展趋势和技术挑战，介绍作者在卫星编队与星座的动力学及应用领域的研究进展。

第 2 章介绍卫星编队与星座的构形描述模型,包括地球等大行星引力场中的各种编队构形描述模型,以及 Walker 星座、倾角偏置准太阳同步回归冻结轨道星座等的构形描述模型。

第 3 章介绍各类编队构形的设计算法,包括转轮式编队、空间圆形编队、投影圆形编队,以及使用转轮式编队构形设计空间圆形编队和投影圆形编队等的算法,并给出了卫星圆形编队长期稳定构形设计算法。

第 4 章给出了各类太阳同步轨道星座的设计方法,并结合实际算例给出了连续覆盖通信卫星星座和快速重访对地观测卫星星座的设计方法。

第 5 章介绍了作者在编队稳定性分析与构形演化方向的研究成果;导出了编队组成卫星在地球非球形摄动力、日月引力、太阳光压作用下的轨道倾角和升交点赤经变化的计算公式;给出了日月引力作用下的编队构形组成卫星之间的倾角差和升交点赤经差漂移速率计算公式,以及太阳光压作用下的编队构形组成卫星之间的偏心率矢量差漂移速率计算公式;研究了不同编队构形在地球非球形摄动、日月引力摄动和太阳光压摄动作用下的稳定性,并给出了编队构形演化漂移的计算公式。

第 6 章介绍了作者在卫星星座稳定性分析与构形演化方向的研究成果,分别推导了以初始标称构形为参考基准和以当前构形为参考基准的星座构形演化方程,给出了 Walker 星座、太阳同步轨道星座、倾角偏置太阳同步轨道星座、回归轨道星座等的稳定性分析与构形演化研究结果。

第 7 章介绍了倾斜同步轨道卫星群的控制策略,以及星座构形捕获与长期保持控制策略。

第 8 章介绍了卫星编队飞行相对绕飞的控制策略,研究对绕飞角、绕飞中心、绕飞基线等编队构形参数进行控制。控制后编队构形稳定性好,编队构形参数如绕飞中心、绕飞角、最小距离、最大距离等均可良好稳定地保持。此外,还对地球静止轨道、倾斜同步轨道和太阳同步轨道上的绕飞侦照进行了分析。

第 9 章介绍了太阳同步轨道防碰撞安全区域计算方案。方案适用于各类太阳同步轨道的安全区域计算,包括太阳同步轨道、准太阳同步轨道、准太阳同步回归轨道、准太阳同步回归冻结轨道等。

参考文献

[1] CHOBOTOV V A. Orbital Mechanics[M]. London: Cambridge University Press, 2002.
[2] 张育林. 卫星星座理论与设计[M]. 北京: 科学出版社, 2008.
[3] 孟云鹤. 航天器编队飞行导论[M]. 北京: 国防工业出版社, 2014.
[4] WALTER U. Astronautics[M]. New York: Springer, 2019.
[5] 刘林. 卫星轨道力学算法[M]. 南京: 南京大学出版社, 2019.

[6] 张雅声, 冯飞. 卫星星座轨道设计方法[M]. 北京: 国防工业出版社, 2019.

[7] WALKER J G. Satellite constellations[J]. Journal of the British Interplanetary Society, 1984, 37: 559-572.

[8] ESA. Proba-3 Mission[R/OL]. http://www.esa.int/Enabling_Support/Space_Engineering_Technology/Proba_Missions/Proba-3_Mission3.

[9] JENSEN J D. Command and data handling subsystem design for the ionospheric observation nanosatellite formation (ION-F)[J]. SSC00-VII-3. 2000.

[10] RICHARDSON D. SpaceX Launches 60 starlink satellites[EB/OL]. (2019-5-24). https://www.spaceflightinsider.com/organizations/space-exploration-technologies/spacex-launches-60-starlink-satellites/.

[11] FOUST J. ESA spacecraft dodges potential collision with Starlink satellite[EB/OL]. (2019-9-2) https://spacenews.com/esa-spacecraft-dodges-potential-collision-with-starlink-satellite/.

[12] WALL M. European satellite dodges potential collision with SpaceX starlink craft[EB/OL]. (2019-9-3). https://www. space.com/spacex-starlink-esa-satellite-collision-avoidance.html.

[13] MACK E. ESA's near collision with SpaceX starlink satellite blamed on a "bug"[EB/OL]. (2019-9-3). https://www.cnet.com/news/esa-spacex-starlink-satellite-nearly-collides-with-european-aeolus-satellite/.

第 2 章 卫星编队与星座的构形描述模型

2.1 引言

本章介绍卫星编队与星座的构形描述模型。对于卫星编队飞行来说，主要介绍地球等大行星引力场中的各种编队构形描述模型，包括在惯性系表示的精确模型、相对轨道动力学模型和各种几何模型。对于卫星星座的构形描述，本章介绍 Walker 星座、Flower 星座、玫瑰星座、倾角偏置准太阳同步回归冻结轨道星座等的构形描述模型。

2.2 地心惯性系中表示的精确模型

在地心惯性系 $OX_IY_IZ_I$ 中表示的主星（chief satellite）运动方程为

$$\begin{cases} \ddot{x}_c = -\dfrac{\mu x_c}{r_c^3} + f_{cx} \\ \ddot{y}_c = -\dfrac{\mu y_c}{r_c^3} + f_{cy} \\ \ddot{z}_c = -\dfrac{\mu z_c}{r_c^3} + f_{cz} \\ r_c = \sqrt{x_c^2 + y_c^2 + z_c^2} \end{cases} \quad (2\text{-}1)$$

式中：f_{cx}、f_{cy}、f_{cz} 分别为主星所受单位质量摄动力和控制力在地心惯性系各轴分量。

在地心惯性系 $OX_IY_IZ_I$ 中表示的副星（deputy satellite）运动方程为

$$\begin{cases} \ddot{x}_\mathrm{d} = -\dfrac{\mu x_\mathrm{d}}{r_\mathrm{d}^3} + f_{\mathrm{d}x} \\ \ddot{y}_\mathrm{d} = -\dfrac{\mu y_\mathrm{c}}{r_\mathrm{d}^3} + f_{\mathrm{d}y} \\ \ddot{z}_\mathrm{d} = -\dfrac{\mu z_\mathrm{d}}{r_\mathrm{d}^3} + f_{\mathrm{d}z} \\ r_\mathrm{d} = \sqrt{x_\mathrm{d}^2 + y_\mathrm{d}^2 + z_\mathrm{d}^2} \end{cases} \tag{2-2}$$

式中：$f_{\mathrm{d}x}$、$f_{\mathrm{d}y}$、$f_{\mathrm{d}z}$ 分别为副星所受单位质量摄动力和控制力在地心惯性系各轴分量。

设主星轨道坐标系 $OXYZ$ 原点为主星质心，OX 方向沿地心指向主星质心方向，OZ 方向指向主星轨道动量矩方向，OY 方向与 OZ 方向、OX 方向右手正交。设 r 为卫星到地心的距离，a 为半长轴，e 为偏心率，i 为倾角，Ω 为升交点赤经，ω 为近地点幅角，f 为真近点角，M 为平近点角，则 $u = \omega + f$，$\theta = \omega + M$。

副星相对主星的位置矢量在主星轨道坐标系各轴分量为

$$\begin{pmatrix} x \\ y \\ z \end{pmatrix} = \boldsymbol{A}_{313}(\Omega_\mathrm{c}, i_\mathrm{c}, u_\mathrm{c}) \begin{pmatrix} x_\mathrm{d} - x_\mathrm{c} \\ y_\mathrm{d} - y_\mathrm{c} \\ z_\mathrm{d} - z_\mathrm{c} \end{pmatrix} = \boldsymbol{R}_Z(u_\mathrm{d}) \boldsymbol{R}_X(i_\mathrm{d}) \boldsymbol{R}_Z(\Omega_\mathrm{d}) \begin{pmatrix} x_\mathrm{d} - x_\mathrm{c} \\ y_\mathrm{d} - y_\mathrm{c} \\ z_\mathrm{d} - z_\mathrm{c} \end{pmatrix}$$

$$= \begin{pmatrix} \cos u_\mathrm{c} \cos \Omega_\mathrm{c} - \cos i_\mathrm{c} \sin u_\mathrm{c} \sin \Omega_\mathrm{c} & \cos u_\mathrm{c} \sin \Omega_\mathrm{c} + \cos i_\mathrm{c} \sin u_\mathrm{c} \cos \Omega_\mathrm{c} & \sin i_\mathrm{c} \sin u_\mathrm{c} \\ -\sin u_\mathrm{c} \cos \Omega_\mathrm{c} - \cos i_\mathrm{c} \cos u_\mathrm{c} \sin \Omega_\mathrm{c} & -\sin u_\mathrm{c} \sin \Omega_\mathrm{c} + \cos i_\mathrm{c} \cos u_\mathrm{c} \cos \Omega_\mathrm{c} & \sin i_\mathrm{c} \cos u_\mathrm{c} \\ \sin i_\mathrm{c} \sin \Omega_\mathrm{c} & -\sin i_\mathrm{c} \cos \Omega_\mathrm{c} & \cos i_\mathrm{c} \end{pmatrix}$$

$$\begin{pmatrix} x_\mathrm{d} - x_\mathrm{c} \\ y_\mathrm{d} - y_\mathrm{c} \\ z_\mathrm{d} - z_\mathrm{c} \end{pmatrix} \tag{2-3}$$

式中：

$u_\mathrm{c} = \omega_\mathrm{c} + f_\mathrm{c}$；

$$\boldsymbol{R}_X(\theta) = \begin{pmatrix} 1 & 0 & 0 \\ 0 & \cos\theta & \sin\theta \\ 0 & -\sin\theta & \cos\theta \end{pmatrix};$$

$$\boldsymbol{R}_Y(\theta) = \begin{pmatrix} \cos\theta & 0 & -\sin\theta \\ 0 & 1 & 0 \\ \sin\theta & 0 & \cos\theta \end{pmatrix};$$

$$\boldsymbol{R}_Z(\theta) = \begin{pmatrix} \cos\theta & \sin\theta & 0 \\ -\sin\theta & \cos\theta & 0 \\ 0 & 0 & 1 \end{pmatrix}。$$

如果已知某历元时刻主星轨道根数为 $(a_c, e_c, i_c, \Omega_c, \omega_c, f_c)$，该时刻副星轨道根数为 $(a_d, e_d, i_d, \Omega_d, \omega_d, f_d)$，则可通过下面的公式求出 (x_d, y_d, z_d) 和 (x_c, y_c, z_c)。

$$\begin{pmatrix} x_c \\ y_c \\ z_c \end{pmatrix} = \frac{a_c(1-e_c^2)}{1+e_c\cos f_c} \begin{pmatrix} \cos(\omega_c+f_c)\cos\Omega_c - \cos i_c \sin(\omega_c+f_c)\sin\Omega_c \\ \cos(\omega_c+f_c)\sin\Omega_c + \cos i_c \sin(\omega_c+f_c)\cos\Omega_c \\ \sin i_c \sin(\omega_c+f_c) \end{pmatrix} \quad (2\text{-}4)$$

$$\begin{pmatrix} x_d \\ y_d \\ z_d \end{pmatrix} = \frac{a_d(1-e_d^2)}{1+e_d\cos f_d} \begin{pmatrix} \cos(\omega_d+f_d)\cos\Omega_d - \cos i_d \sin(\omega_d+f_d)\sin\Omega_d \\ \cos(\omega_d+f_d)\sin\Omega_d + \cos i_d \sin(\omega_d+f_d)\cos\Omega_d \\ \sin i_d \sin(\omega_d+f_d) \end{pmatrix} \quad (2\text{-}5)$$

式（2-1）～式（2-5）组成了编队飞行相对运动的精确模型，联立式（2-1）、式（2-2）、式（2-3）即可求解相对运动的相对位置，首先对地心惯性系中表示的动力学模型式（2-1）和式（2-2）进行数值积分，然后通过运动学方程式（2-3）求出副星相对主星的位置。联立式（2-3）～式（2-5）这 3 个运动学方程组也可以求出副星相对主星的位置，但要求主副星的轨道根数是已知的。

2.3 相对轨道动力学模型

本节将首先根据两星的绝对运动分析得到相对轨道动力学精确模型，然后通过一定的假设和处理对精确模型进行简化得到近似模型，具体内容如下。

2.3.1 精确的相对轨道动力学模型

设主星相对地心的位置矢量和副星相对地心的位置矢量在主星轨道坐标系中分别表示为[1-2]

$$\boldsymbol{r}_c = \begin{pmatrix} r_c \\ 0 \\ 0 \end{pmatrix} \qquad \boldsymbol{r}_d = \begin{pmatrix} x_d \\ y_d \\ z_d \end{pmatrix} \quad (2\text{-}6)$$

从主星到副星的位置矢量表示为

$$\boldsymbol{\rho} = \boldsymbol{r}_d - \boldsymbol{r}_c \quad (2\text{-}7)$$

$\boldsymbol{\rho}$ 在主星轨道坐标系中表示为

$$\boldsymbol{\rho} = \begin{pmatrix} x \\ y \\ z \end{pmatrix} = \begin{pmatrix} x_d - r_c \\ y_d \\ z_d \end{pmatrix} \quad (2\text{-}8)$$

则

$$\frac{\mathrm{d}^2 \boldsymbol{r}_c}{\mathrm{d}t^2} = -\frac{\mu \boldsymbol{r}_c}{r_c^3} + \boldsymbol{f}_c \quad (2\text{-}9)$$

$$\frac{\mathrm{d}^2 \boldsymbol{r}_\mathrm{d}}{\mathrm{d}t^2} = -\frac{\mu \boldsymbol{r}_\mathrm{d}}{r_\mathrm{d}^3} + \boldsymbol{f}_\mathrm{d} \tag{2-10}$$

式中：$\boldsymbol{f}_\mathrm{c}$ 为主星所受的摄动力和控制力；$\boldsymbol{f}_\mathrm{d}$ 为副星所受的摄动力和控制力。

$$\frac{\mathrm{d}^2 \boldsymbol{\rho}}{\mathrm{d}t^2} = \frac{\mathrm{d}^2 \boldsymbol{r}_\mathrm{d}}{\mathrm{d}t^2} - \frac{\mathrm{d}^2 \boldsymbol{r}_\mathrm{c}}{\mathrm{d}t^2} = \frac{\mu}{r_\mathrm{c}^3}\left[\boldsymbol{r}_\mathrm{c} - \boldsymbol{r}_\mathrm{d}\left(\frac{r_\mathrm{c}}{r_\mathrm{d}}\right)^3\right] + \boldsymbol{f}_\mathrm{d} - \boldsymbol{f}_\mathrm{c} \tag{2-11}$$

式中：$\dfrac{\mathrm{d}^2 \boldsymbol{\rho}}{\mathrm{d}t^2}$ 为 $\boldsymbol{\rho}$ 相对地心惯性系的导数，将其表示为相对主星轨道坐标系的导数形式。设 $\dot{\boldsymbol{\rho}}$ 和 $\ddot{\boldsymbol{\rho}}$ 分别为 $\boldsymbol{\rho}$ 相对主星轨道坐标系的一阶和二阶导数，根据矢量微分运算有

$$\frac{\mathrm{d}^2 \boldsymbol{\rho}}{\mathrm{d}t^2} = \ddot{\boldsymbol{\rho}} + 2\boldsymbol{\omega}_\mathrm{c} \cdot \dot{\boldsymbol{\rho}} + \boldsymbol{\omega}_\mathrm{c} \cdot (\boldsymbol{\omega}_\mathrm{c} \cdot \boldsymbol{\rho}) + \dot{\boldsymbol{\omega}}_\mathrm{c} \cdot \boldsymbol{\rho} \tag{2-12}$$

式中：$\boldsymbol{\omega}_\mathrm{c}$ 为主星的瞬时轨道角速度矢量；$\dot{\boldsymbol{\omega}}_\mathrm{c}$ 为 $\boldsymbol{\omega}_\mathrm{c}$ 相对主星 rtn 坐标系的导数。

令 $\boldsymbol{r}$、$\boldsymbol{t}$、$\boldsymbol{n}$ 表示主星轨道坐标系各轴方向单位矢量，将 $\boldsymbol{\rho}=x\boldsymbol{r}+y\boldsymbol{t}+z\boldsymbol{n}$ 和 $\boldsymbol{\omega}_\mathrm{c}=\omega_\mathrm{c}\boldsymbol{n}$ 代入式（2-12）化简得

$$\begin{aligned}\frac{\mathrm{d}^2 \boldsymbol{\rho}}{\mathrm{d}t^2} &= (\ddot{x}\boldsymbol{r}+\ddot{y}\boldsymbol{t}+\ddot{z}\boldsymbol{n}) + 2\omega_\mathrm{c}\boldsymbol{n}\cdot(\dot{x}\boldsymbol{r}+\dot{y}\boldsymbol{t}+\dot{z}\boldsymbol{n}) + \dot{\omega}_\mathrm{c}\boldsymbol{n}\cdot(x\boldsymbol{r}+y\boldsymbol{t}+z\boldsymbol{n}) + \\ &\quad \omega_\mathrm{c}\boldsymbol{n}\cdot[\omega_\mathrm{c}\boldsymbol{n}\cdot(x\boldsymbol{r}+y\boldsymbol{t}+z\boldsymbol{n})] \\ &= (\ddot{x}-2\omega_\mathrm{c}\dot{y}-\omega_\mathrm{c}^2 x-\dot{\omega}_\mathrm{c}y)\boldsymbol{r} + (\ddot{y}+2\omega_\mathrm{c}\dot{x}-\omega_\mathrm{c}^2 y+\dot{\omega}_\mathrm{c}x)\boldsymbol{t} + \ddot{z}\boldsymbol{n}\end{aligned} \tag{2-13}$$

令

$$\Delta \boldsymbol{f} = \boldsymbol{f}_\mathrm{d} - \boldsymbol{f}_\mathrm{c} = f_x\boldsymbol{r} + f_y\boldsymbol{t} + f_z\boldsymbol{n} \tag{2-14}$$

又

$$\begin{aligned}&\frac{\mu}{r_\mathrm{c}^3}\left[\boldsymbol{r}_\mathrm{c}-\boldsymbol{r}_\mathrm{d}\left(\frac{r_\mathrm{c}}{r_\mathrm{d}}\right)^3\right] + \boldsymbol{f}_\mathrm{d} - \boldsymbol{f}_\mathrm{c} \\ &= \frac{\mu}{r_\mathrm{c}^3}\left\{r_\mathrm{c}\boldsymbol{r} - [(x+r_\mathrm{c})\boldsymbol{r}+y\boldsymbol{t}+z\boldsymbol{n}]r_\mathrm{c}^3\left[(x+r_\mathrm{c})^2+y^2+z^2\right]^{-\frac{3}{2}}\right\} + f_x\boldsymbol{r} + f_y\boldsymbol{t} + f_z\boldsymbol{n}\end{aligned} \tag{2-15}$$

由式（2-11）、式（2-13）、式（2-15）得

$$\begin{aligned}&(\ddot{x}-2\omega_\mathrm{c}\dot{y}-\omega_\mathrm{c}^2 x-\dot{\omega}_\mathrm{c}y)\boldsymbol{r} + (\ddot{y}+2\omega_\mathrm{c}\dot{x}-\omega_\mathrm{c}^2 y+\dot{\omega}_\mathrm{c}x)\boldsymbol{t} + \ddot{z}\boldsymbol{n} \\ &= \frac{\mu}{r_\mathrm{c}^3}\left[\boldsymbol{r}_\mathrm{c}-\boldsymbol{r}_\mathrm{d}\left(\frac{r_\mathrm{c}}{r_\mathrm{d}}\right)^3\right] + \boldsymbol{f}_\mathrm{d} - \boldsymbol{f}_\mathrm{c} \\ &= \frac{\mu}{r_\mathrm{c}^3}\left\{r_\mathrm{c}\boldsymbol{r} - [(x+r_\mathrm{c})\boldsymbol{r}+y\boldsymbol{t}+z\boldsymbol{n}]r_\mathrm{c}^3\left[(x+r_\mathrm{c})^2+y^2+z^2\right]^{-\frac{3}{2}}\right\} + f_x\boldsymbol{r} + f_y\boldsymbol{t} + f_z\boldsymbol{n}\end{aligned} \tag{2-16}$$

写成微分方程组的形式为

$$\begin{cases} \ddot{x} - 2\omega_c \dot{y} - \omega_c^2 x - \dot{\omega}_c y = \dfrac{\mu}{r_c^2} - \mu(x+r_c)[(x+r_c)^2 + y^2 + z^2]^{-\frac{3}{2}} + f_x \\ \ddot{y} + 2\omega_c \dot{x} - \omega_c^2 y + \dot{\omega}_c x = -\mu y[(x+r_c)^2 + y^2 + z^2]^{-\frac{3}{2}} + f_y \\ \ddot{z} = -\mu z[(x+r_c)^2 + y^2 + z^2]^{-\frac{3}{2}} + f_z \end{cases} \quad (2\text{-}17)$$

这是一个精确的相对运动动力学模型，通过对它的化简可以得到一些简化的近似模型，以下简称模型（1）。

2.3.2 线性化椭圆轨道模型

由于

$$\dfrac{\mu}{r_c^3}\left[r_c - r_d\left(\dfrac{r_c}{r_d}\right)^3\right] \approx \dfrac{\mu}{r_c^3}\left[\begin{pmatrix} r_c \\ 0 \\ 0 \end{pmatrix} - \left(1 - \dfrac{3x}{r_c}\right)\begin{pmatrix} x+r_c \\ y \\ z \end{pmatrix}\right] = \left(\dfrac{2\mu x}{r_c^3} \quad -\dfrac{\mu y}{r_c^3} \quad -\dfrac{\mu z}{r_c^3}\right)^{\mathrm{T}} \quad (2\text{-}18)$$

代入式（2-16）得

$$\begin{cases} \ddot{x} - 2\omega_c \dot{y} - \omega_c^2 x - \dot{\omega}_c y - \dfrac{2\mu x}{r_c^3} = f_x \\ \ddot{y} + 2\omega_c \dot{x} - \omega_c^2 y + \dot{\omega}_c x + \dfrac{\mu y}{r_c^3} = f_y \\ \ddot{z} + \dfrac{\mu z}{r_c^3} = f_z \end{cases} \quad (2\text{-}19)$$

此即编队飞行相对运动的线性化椭圆轨道微分方程模型，适合主副星近距离编队飞行情形。

2.3.3 非线性圆轨道模型

主星在圆轨道上运行时，$\dot{\omega}_c = 0$，$\omega_c^2 = \mu r_c^{-3}$，再根据副星瞬时轨道角速度 ω_d 满足

$$\omega_d^2 = \mu[(x+r_c)^2 + y^2 + z^2]^{-\frac{3}{2}} \quad (2\text{-}20)$$

结合式（2-17）得到

$$\begin{cases} \ddot{x} - 2\omega_c \dot{y} + (\omega_d^2 - \omega_c^2)(x+r_c) = f_x \\ \ddot{y} + 2\omega_c \dot{x} + (\omega_d^2 - \omega_c^2) y = f_y \\ \ddot{z} + \omega_d^2 z = f_z \end{cases} \quad (2\text{-}21)$$

该模型适合近圆轨道编队飞行情形，主副星近距离远距离都适合。

2.3.4 C.W. 方程模型

C.W. 方程又称 Hill 方程，是在主星圆轨道情形下的线性化编队飞行模型。由于主星偏心率 $e_c = 0$，故 $\dot{\omega}_c = 0$，主星轨道角速度 $n = \omega_c = \sqrt{\dfrac{\mu}{r_c^3}}$，代入式（2-19）即得

$$\begin{cases} \ddot{x} - 2n\dot{y} - 3n^2 x = f_x \\ \ddot{y} + 2n\dot{x} = f_y \\ \ddot{z} + n^2 z = f_z \end{cases} \quad (2\text{-}22)$$

适合主副星近距离且主星是近圆轨道的编队飞行。

解析解为

$$\begin{cases} x(t) = \dfrac{\dot{x}_0}{n}\sin(nt) - \left(3x_0 + 2\dfrac{\dot{y}_0}{n}\right)\cos(nt) + \left(4x_0 + 2\dfrac{\dot{y}_0}{n}\right) \\ y(t) = \left(6x_0 + 4\dfrac{\dot{y}_0}{n}\right)\sin(nt) + 2\dfrac{\dot{x}_0}{n}\cos(nt) + (6nx_0 + 3\dot{y}_0)t + \left(y_0 - 2\dfrac{\dot{x}_0}{n}\right) \\ z(t) = z_0\cos(nt) + \dfrac{\dot{z}_0}{n}\sin(nt) \end{cases} \quad (2\text{-}23)$$

2.4 几何模型

2.4.1 精确的几何模型

由轨道几何关系得

$$\begin{pmatrix} x \\ y \\ z \end{pmatrix} = \boldsymbol{R}_Z(u_c)\boldsymbol{R}_X(i_c)\boldsymbol{R}_Z(\Omega_c)\boldsymbol{R}_Z(-\Omega_d)\boldsymbol{R}_X(-i_d)\boldsymbol{R}_Z(-u_d)\begin{pmatrix} r_d \\ 0 \\ 0 \end{pmatrix} - \begin{pmatrix} r_c \\ 0 \\ 0 \end{pmatrix} \quad (2\text{-}24)$$

这是一个精确的模型，在一定的假设下可对其分析得到简化的模型。

式中：

$$\boldsymbol{R}_X(\theta) = \begin{pmatrix} 1 & 0 & 0 \\ 0 & \cos\theta & \sin\theta \\ 0 & -\sin\theta & \cos\theta \end{pmatrix} \quad (2\text{-}25)$$

$$\boldsymbol{R}_Y(\theta) = \begin{pmatrix} \cos\theta & 0 & -\sin\theta \\ 0 & 1 & 0 \\ \sin\theta & 0 & \cos\theta \end{pmatrix} \quad (2\text{-}26)$$

$$\boldsymbol{R}_Z(\theta) = \begin{pmatrix} \cos\theta & \sin\theta & 0 \\ -\sin\theta & \cos\theta & 0 \\ 0 & 0 & 1 \end{pmatrix} \tag{2-27}$$

2.4.2 主副星轨道面接近重合

记 $\boldsymbol{R} = \boldsymbol{R}_Z(u_c)\boldsymbol{R}_X(i_c)\boldsymbol{R}_Z(\Omega_c)\boldsymbol{R}_Z(-\Omega_d)\boldsymbol{R}_X(-i_d)\boldsymbol{R}_Z(-u_d)$ (2-28)

对式（2-28）展开，得到

$$\boldsymbol{R} = \begin{pmatrix} \cos u_c \cos(\Omega_c - \Omega_d) - \cos i_c \sin u_c \sin(\Omega_c - \Omega_d), & \cos u_c \sin(\Omega_c - \Omega_d) + \cos i_c \sin u_c \cos(\Omega_c - \Omega_d), \\ -\sin u_c \cos(\Omega_c - \Omega_d) - \cos i_c \cos u_c \sin(\Omega_c - \Omega_d), & -\sin u_c \sin(\Omega_c - \Omega_d) + \cos i_c \cos u_c \cos(\Omega_c - \Omega_d), \\ \sin i_c \sin(\Omega_c - \Omega_d) & -\sin i_c \cos(\Omega_c - \Omega_d) \end{pmatrix}$$

$$\left.\begin{matrix} \sin u_c \sin i_c \\ \cos u_c \sin i_c \\ \cos i_c \end{matrix}\right) \cdot \begin{pmatrix} \cos u_d & -\sin u_d & 0 \\ \sin u_d \cos i_d & \cos u_d \cos i_d & -\sin i_d \\ \sin u_d \sin i_d & \cos u_d \sin i_d & \cos i_d \end{pmatrix} \tag{2-29}$$

矩阵 $\boldsymbol{R}$ 的第 1 列第 1 行元素为

$\cos u_c \cos u_d \cos(\Omega_c - \Omega_d) - \cos i_c \sin u_c \cos u_d \sin(\Omega_c - \Omega_d) + \cos i_d \sin u_d \cos u_c \sin(\Omega_c - \Omega_d) + \cos i_c \cos i_d \sin u_c \sin u_d \cos(\Omega_c - \Omega_d) + \sin u_c \sin u_d \sin i_c \sin i_d$

矩阵 $\boldsymbol{R}$ 的第 1 列第 2 行元素为

$-\sin u_c \cos u_d \cos(\Omega_c - \Omega_d) - \cos i_c \cos u_c \cos u_d \sin(\Omega_c - \Omega_d) - \cos i_d \sin u_c \sin u_d \sin(\Omega_c - \Omega_d) + \cos i_c \cos i_d \sin u_c \cos u_d \cos(\Omega_c - \Omega_d) + \sin u_c \sin u_d \sin i_c \sin i_d$

矩阵 $\boldsymbol{R}$ 的第 1 列第 3 行元素为

$\sin i_c \cos u_d \sin(\Omega_c - \Omega_d) - \sin i_c \cos i_d \sin u_d \cos(\Omega_c - \Omega_d) + \cos i_c \sin i_d \sin u_d$

当主副星轨道面接近重合时，有 $\delta i = i_c - i_d \ll 1$，$\delta\Omega = \Omega_c - \Omega_d \ll 1$，化简略去二阶小量得

$$\begin{pmatrix} x \\ y \\ z \end{pmatrix} = r_d \begin{pmatrix} \cos\delta u - \delta\Omega \cos i_c \sin\delta u \\ \sin\delta u + \delta\Omega \cos i_c \cos\delta u \\ \delta i \sin u_d - \delta\Omega \sin i_c \cos u_d \end{pmatrix} - r_c \begin{pmatrix} 1 \\ 0 \\ 0 \end{pmatrix} \tag{2-30}$$

也可写为

$$\begin{pmatrix} x \\ y \\ z \end{pmatrix} = r_c \begin{pmatrix} \cos\delta u - \delta\Omega \cos i_c \sin\delta u \\ \sin\delta u + \delta\Omega \cos i_c \cos\delta u \\ \delta i \sin u_c - \delta\Omega \sin i_c \cos u_c \end{pmatrix} - r_c \begin{pmatrix} 1 \\ 0 \\ 0 \end{pmatrix} \tag{2-31}$$

式中：δi、$\delta\Omega$ 和 δu 的取值范围均为 $[-\pi, \pi]$，下同。

2.4.3 近距离编队

主副星近距离编队飞行，则 $\delta i \ll 1, \delta\Omega \ll 1, \delta u \ll 1$，由式（2-30）、式（2-31）得

$$\begin{pmatrix} x \\ y \\ z \end{pmatrix} = \begin{pmatrix} r_d - r_c \\ r_c(\sin\delta u + \delta\Omega\cos i_c) \\ r_c(\delta i \sin u_c - \delta\Omega \sin i_c \cos u_c) \end{pmatrix} = \begin{pmatrix} r_d - r_c \\ r_c(\sin\delta u + \delta\Omega\cos i_c) \\ r_c(\delta i \sin u_d - \delta\Omega \sin i_c \cos u_d) \end{pmatrix} \quad (2\text{-}32)$$

2.4.4 近距离近圆轨道编队

主副星近距离编队飞行，且都运行在近圆轨道上，则由式（2-32）得

$$\begin{pmatrix} x \\ y \\ z \end{pmatrix} = \begin{pmatrix} \delta a + a_c e_c \cos f_c - a_d e_d \cos f_d \\ a_c(\delta u + \delta\Omega\cos i_c) \\ a_c(\delta i \sin u_c - \delta\Omega \sin i_c \cos u_c) \end{pmatrix} \quad (2\text{-}33)$$

式中：$\delta a = a_d - a_c \ll a_c$。

略去二阶及二阶以上小量，则有

$$\delta u = \delta(\omega + f) = \delta(\omega + M) + 2\delta e \sin M_d \quad (2\text{-}34)$$

$$\begin{aligned} & a_c e_c \cos f_c - a_d e_d \cos f_d \\ &= a_c e_c \cos(M_c + 2e_c \sin M_c) - a_d e_d \cos(M_d + 2e_d \sin M_d) \\ &= a_c e_c \cos M_c - a_d e_d \cos M_d \end{aligned} \quad (2\text{-}35)$$

代入式（2-33），得

$$\begin{pmatrix} x \\ y \\ z \end{pmatrix} = \begin{pmatrix} \delta a + a_c e_c \cos M_c - a_d e_d \cos M_d \\ a_c(\delta\omega + \delta M + \delta\Omega\cos i_c + 2\delta e \sin M_d) \\ a_c(\delta i \sin u_d - \delta\Omega \sin i_c \cos u_d) \end{pmatrix} \quad (2\text{-}36)$$

式（2-33）和式（2-36）中，只要主副星近距离近圆轨道编队飞行，不必要求主星和副星近地点幅角接近。

令主星和副星的轨道根数为

$$\begin{cases} a_c = 7471000\text{m} \\ e_c = 1.0\times10^{-5} \\ i_c = 63.413° \\ \Omega_c = 18.001° \\ \omega_c = 0.0° \\ f_c = 59.999° \end{cases}, \begin{cases} a_d = 7471000\text{m} \\ e_d = 2.0\times10^{-5} \\ i_d = 63.410° \\ \Omega_d = 18.0° \\ \omega_d = 60.0° \\ f_d = 0.0015° \end{cases}$$

则采用式（2.36）计算得到相对位置：

$$\begin{cases} x = -112.063871\text{m} \\ y = 267.625430\text{m} \\ z = -280.46461\text{m} \end{cases}$$

而采用精确模型计算得到的相对位置为

$$\begin{cases} x = -112.073368\text{m} \\ y = 267.611458\text{m} \\ z = -280.471542\text{m} \end{cases}$$

x、y、z 三轴各向误差在 2cm 以内，可见模型式（2-36）对于近距离近圆轨道轨道描述的效果是比较好的。模型式（2-36）即近距离近圆轨道编队飞行时的几何模型，如果设计主星偏心率 $e_c = 0$，则式（2-36）可化简为

$$\begin{pmatrix} x \\ y \\ z \end{pmatrix} = \begin{pmatrix} \delta a - a_c \delta e \cos M_d \\ a_c(\delta \omega + \delta M + \delta \Omega \cos i_c) + 2a_c \delta e \sin M_d \\ a_c(\delta i \sin u_d - \delta \Omega \sin i_c \cos u_d) \end{pmatrix} \quad (2\text{-}37)$$

满足

$$\left(\frac{x - \delta a}{a_c \delta e}\right)^2 + \left(\frac{y - a_c(\delta \omega + \delta M + \delta \Omega \cos i_c)}{2a_c \delta e}\right)^2 = 1 \quad (2\text{-}38)$$

$$\begin{aligned} z &= a_c(\delta i \sin u_d - \delta \Omega \sin i_c \cos u_d) = a_c(\delta i \sin u_c - \delta \Omega \sin i_c \cos u_c) \\ &= a_c[\delta i \sin(\omega_d + M_d) - \delta \Omega \sin i_c \cos(\omega_d + M_d)] \\ &= a_c \sqrt{\delta i^2 + \delta \Omega^2 \sin^2 i_c} \cos(\omega_d + M_d + \varphi_z) \end{aligned} \quad (2\text{-}39)$$

式中：$\varphi_z \in [0, 2\pi)$ 满足

$$\begin{cases} \cos \varphi_z = \dfrac{-\delta \Omega \sin i_c}{\sqrt{\delta i^2 + \delta \Omega^2 \sin^2 i_c}} \\ \sin \varphi_z = \dfrac{-\delta i}{\sqrt{\delta i^2 + \delta \Omega^2 \sin^2 i_c}} \end{cases} \quad (2\text{-}40)$$

2.4.5 主星近圆轨道的近距离编队

若在模型（2-32）中进一步假定主星位于近圆轨道，则 $e_c \ll 1$，由式（2-32）得

$$\begin{aligned} x &= \frac{a_d(1 - e_d^2)}{1 + e_d \cos f_d} - \frac{a_c(1 - e_c^2)}{1 + e_c \cos f_c} \approx a_d(1 - e_d \cos f_d) - a_c(1 - e_c \cos f_c) \\ &= \delta a - (a_c + \delta a)(e_c + \delta e)\cos(f_c + \delta f) + a_c e_c \cos f_c \end{aligned} \quad (2\text{-}41)$$

这里 δ 表示副星的相应轨道参数减去主星的相应轨道参数。

考虑到

$$\begin{cases} \sin x = x - \dfrac{x^3}{3!} + \dfrac{x^5}{5!} - \cdots \\ \cos x = 1 - \dfrac{x^2}{2!} + \dfrac{x^4}{4!} - \cdots \end{cases} \quad (2\text{-}42)$$

因此,

$$\begin{aligned} x &= \delta a - (a_c e_c + a_c \delta e + e_c \delta a + \delta a \delta e)(\cos f_c - \delta f \sin f_c) + a_c e_c \cos f_c \\ &\approx \delta a - a_c \delta e \cos f_c - e_c \delta a \cos f_c - a_c e_c \delta f \sin f_c \end{aligned} \quad (2\text{-}43)$$

由于 δa、e_c、δf 都是一阶小量,所以其两两乘积是二阶小量,将其两两乘积略去,得到

$$x \approx \delta a - a_c \delta e \cos f_c \quad (2\text{-}44)$$

同理,

$$\begin{aligned} y &= r_c(\delta u + \delta\Omega \cos i_c) \approx a_c(1 - e_c \cos f_c)(\delta u + \delta\Omega \cos i_c) \\ &\approx a_c(\delta u + \delta\Omega \cos i_c) = a_c(\delta\omega + \delta f + \delta\Omega \cos i_c) \end{aligned} \quad (2\text{-}45)$$

由于

$$f = M + 2e \sin M + \dfrac{5}{4} e^2 \sin 2M + \cdots \quad (2\text{-}46)$$

故

$$\begin{aligned} y &\approx a_c(\delta\omega + \delta M + 2\delta e \sin M_c + \delta\Omega \cos i_c) \\ &\approx a_c(\delta\omega + \delta M + 2\delta e \sin f_c + \delta\Omega \cos i_c) \\ &\approx a_c(\delta\omega + \delta M + \delta\Omega \cos i_c) \end{aligned} \quad (2\text{-}47)$$

同理,

$$\begin{aligned} z &\approx a_c(1 - e_c \cos f_c)(\delta i \sin u_c - \delta\Omega \cos u_c \sin i_c) \\ &\approx a_c(\delta i \sin u_c - \delta\Omega \cos u_c \sin i_c) \end{aligned} \quad (2\text{-}48)$$

因此,

$$\begin{cases} x = \delta a - a_c \delta e \cos f_c \\ y = a_c(\delta\omega + \delta f + \delta\Omega \cos i_c) \\ z = a_c[\delta i \sin(\omega_c + f_c) - \delta\Omega \cos(\omega_c + f_c) \sin i_c] \end{cases} \quad (2\text{-}49)$$

或者

$$\begin{cases} x = \delta a - a_c \delta e \cos M_c \\ y = a_c(\delta\omega + \delta M + 2\delta e \sin M_c + \delta\Omega \cos i_c) \\ z = a_c[\delta i \sin(\omega_c + M_c) - \delta\Omega \cos(\omega_c + M_c) \sin i_c] \end{cases} \quad (2\text{-}50)$$

模型式(2-49)和式(2-50)适用于主星处于近圆轨道的近距离编队飞行情形,其中 δu、δi、$\delta\Omega$、δa 均是小量,而 $\delta\omega$、δM 和 δf 可以不是小量。

式(2-50)可以有不同的写法,省略的量有所不同,例如可以写为

$$\begin{cases} x = \delta a - a_c \delta e \cos f_c - e_c \delta a \cos f_c - a_c e_c \delta f \sin f_c \\ y = a_c (\delta \omega + \delta f + \delta \Omega \cos i_c) \\ z = a_c [\delta i \sin(\omega_c + f_c) - \delta \Omega \cos(\omega_c + f_c) \sin i_c] \end{cases} \quad (2\text{-}51)$$

模型式（2-51）的适用范围和模型式（2-49）和式（2-50）相同。

模型式（2-49）和式（2-50）还可以组合、化简得到新的模型，例如

$$\begin{cases} x = \delta a - a_c \delta e \cos f_c \\ y = a_c (\delta \omega + \delta M + 2 \delta e \sin f_c + \delta \Omega \cos i_c) \\ z = a_c [\delta i \sin(\omega_c + f_c) - \delta \Omega \cos(\omega_c + f_c) \sin i_c] \end{cases} \quad (2\text{-}52)$$

下面的模型适用范围和式（2-33）的适用范围相同。

$$\begin{cases} x = \delta a - (a_c + \delta a)(e_c + \delta e) \cos f_d + a_c e_c \cos f_d \\ \quad \approx \delta a - (a_c e_c + a_c \delta e) \cos f_d + a_c e_c \cos f_d \\ \quad = \delta a + a_c e_c (\cos f_c - \cos f_d) - a_c \delta e \cos f_d \\ y = a_c (\delta u + \delta \Omega \cos i_c) \\ \quad = a_c (\delta \omega + \delta M + 2 \delta e \sin f_c + \delta \Omega \cos i_c) \\ \quad = a_c (\delta \omega + \delta M + 2 \delta e \sin M_c + \delta \Omega \cos i_c) \\ z = a_c (\delta i \sin u_c - \delta \Omega \cos u_c \sin i_c) \\ \quad = a_c [\delta i \sin(\omega_c + f_c) - \delta \Omega \cos(\omega_c + f_c) \sin i_c] \\ \quad = a_c [\delta i \sin(\omega_c + M_c) - \delta \Omega \cos(\omega_c + M_c) \sin i_c] \end{cases} \quad (2\text{-}53)$$

2.4.6 远距离大椭圆轨道编队

如果主星和副星的轨道面接近重合，但它们之间的距离可能较远，甚至幅角差最大可接近180°，此时 $\delta i = i_d - i_c \ll 1$，$\delta \Omega = \Omega_d - \Omega_c \ll 1$，但不对 δu、δf、$\delta \omega$ 的量级做任何假定。则由2.4.2节可知，

矩阵 $\boldsymbol{R}$ 的第1列第1行元素为

$$\begin{aligned}
& \cos u_c \cos u_d + \delta \Omega \cos i_c \sin u_c \cos u_d - \delta \Omega \cos i_d \sin u_d \cos u_c + \cos i_c \cos i_d \sin u_c \sin u_d + \\
& \sin u_c \sin u_d \sin i_c \sin i_d = \cos u_c \cos u_d + \cos(\delta i) \sin u_c \sin u_d + \delta \Omega \cos i_c \sin u_c \cos u_d - \\
& \delta \Omega \cos i_c \sin u_d \cos u_c + (\cos i_c - \cos i_d) \sin u_d \cos u_c = \cos(\delta u) - \delta \Omega \cos i_c \sin(\delta u) - \\
& 2 \delta \Omega \sin \frac{i_c + i_d}{2} \sin \frac{i_c - i_d}{2} \sin u_d \cos u_c \approx \cos(\delta u) - \delta \Omega \cos i_c \sin(\delta u)
\end{aligned} \quad (2\text{-}54)$$

矩阵 $\boldsymbol{R}$ 的第1列第2行元素为

$$\begin{aligned}
& -\sin u_c \cos u_d + \delta \Omega \cos i_c \cos u_c \cos u_d + \delta \Omega \sin u_c \sin u_d \cos i_c + \sin u_d \cos u_c \cos(\delta i) \\
& = \sin(u_d - u_c) + \delta \Omega \cos i_c \cos \delta u + \delta \Omega \sin u_c \sin u_d (\cos i_d - \cos i_c) \\
& = \sin \delta u + \delta \Omega \cos i_c \cos \delta u
\end{aligned} \quad (2\text{-}55)$$

矩阵 R 的第 1 列第 3 行元素为

$$-\delta\Omega\cos u_d \sin i_c - \sin u_d \sin i_c \cos i_d + \cos i_c \sin u_d \sin i_d$$
$$= \sin u_d \sin(i_d - i_c) - \delta\Omega \sin i_c \cos u_d = \delta i \sin u_d - \delta\Omega \sin i_c \cos u_d \quad (2\text{-}56)$$

故

$$\begin{pmatrix} x \\ y \\ z \end{pmatrix} = \frac{a_d(1-e_d^2)}{1+e_d\cos f_d} \begin{pmatrix} \cos\delta u - \delta\Omega\cos i_c \sin\delta u \\ \sin\delta u + \delta\Omega\cos i_c \cos\delta u \\ \delta i \sin u_d - \delta\Omega \sin i_c \cos u_d \end{pmatrix} - \frac{a_c(1-e_c^2)}{1+e_c\cos f_c} \begin{pmatrix} 1 \\ 0 \\ 0 \end{pmatrix} \quad (2\text{-}57)$$

模型式（2-57）适用于轨道面接近重合情形下的远距离编队飞行，对于大椭圆轨道情形仍然适用。

2.4.7 远距离近圆轨道编队

若假定主星和副星的轨道面接近重合：$\delta i = i_d - i_c \ll 1$，$\delta\Omega = \Omega_d - \Omega_c \ll 1$；距离可以较远或较近，甚至幅角差最大可接近 180°；主星和副星都运行于近圆轨道上。不对 δu、δf、$\delta\omega$ 的量级做任何假定，则由式（2-57）得到

$$\begin{pmatrix} x \\ y \\ z \end{pmatrix} = a_d \begin{pmatrix} (1-e_d\cos f_d)\cos\delta u - \delta\Omega\cos i_c \sin\delta u \\ (1-e_d\cos f_d)\sin\delta u + \delta\Omega\cos i_c \cos\delta u \\ (1-e_d\cos f_d)\delta i \sin u_d - \delta\Omega \sin i_c \cos u_d \end{pmatrix} - \begin{pmatrix} a_c(1-e_c\cos f_c) \\ 0 \\ 0 \end{pmatrix} \quad (2\text{-}58)$$

考虑到 $\delta a \ll a_c, \delta a \ll a_d$，于是

$$\begin{pmatrix} x \\ y \\ z \end{pmatrix} = a_d \begin{pmatrix} (1-e_d\cos f_d)\cos(\delta u) - \delta\Omega\cos i_c \sin\delta u - (1-e_c\cos f_c) \\ (1-e_d\cos f_d)\sin(\delta u) + \delta\Omega\cos i_c \cos\delta u \\ (1-e_d\cos f_d)\delta i \sin u_d - \delta\Omega \sin i_c \cos u_d \end{pmatrix} - \delta a \begin{pmatrix} \cos(\delta u) \\ \sin(\delta u) \\ 0 \end{pmatrix} \quad (2\text{-}59)$$

使用 2.4.4 节的主星和副星轨道根数，代入式（2-59）计算得到

$$\begin{cases} x = -112.061324\text{m} \\ y = 267.618910\text{m} \\ z = -280.470771\text{m} \end{cases}$$

可见 x、y、z 三轴各向误差在 2cm 以内。

2.5 卫星星座的构形描述模型

卫星星座按照组成卫星是否均匀分布和星座轨道面是否旋转对称可以分为均匀对称的星座和非均匀分布星座、非旋转对称星座[3-7]。常见的 Walker 星座、Flower 星座和玫瑰星座都是均匀分布且旋转对称的星座[8-9]。而由多个不同轨道高度的卫星组成的混合星座，往往不是均匀分布且旋转对称的星座。例如北斗三号全球卫星导航系统星座，它的 GEO 卫星并不是在赤道面均匀分布的。卫星星座的类型多种

多样，按照用途可以分为通信星座、导航星座、对地观测星座、数据中继星座、灾害预警星座、气象星座等，按照星座覆盖范围可以分为区域覆盖星座、全球覆盖星座、多重覆盖星座等。按照轨道高度可以分为近地轨道（low earth orbit，LEO）星座、中地球轨道（medium earth orbit，MEO）星座、倾斜地球同步轨道（inclined geosynchronous orbit，IGSO）星座等。按照组成星座的卫星尺寸可以分为小卫星星座、微纳卫星星座等。按照星座构形特征可以分为 Walker 星座、Flower 星座、太阳同步回归冻结轨道星座等。近年来发射的星链等巨型星座，可能由上万个或者更多颗卫星组成，往往是采用多个不同类型的星座组成的混合轨道星座。本节介绍各类卫星星座的构形描述模型，包括 Walker 星座、Flower 星座、玫瑰星座、Ω 星座、极轨道星座、回归轨道星座、太阳同步轨道星座、倾角偏置（准）太阳同步回归冻结轨道星座、大椭圆轨道星座。

2.5.1 Walker 星座模型

Walker 星座[8]又称 Walker.δ 星座或 δ 星座，是一种含义较广的星座，其他多种星座是其特殊情况。一个 Walker 星座可由 $N/P/F$ 表示，其中 N 表示卫星总数，P 表示轨道面数量，F 是相位因子，星座中的所有轨道都是圆轨道。Walker 星座的 P 个轨道面在赤道面上均匀分布，而 N 颗卫星又在 P 个轨道面上均匀分布，每个轨道面上的卫星数量相等，并且相邻两个轨道面上的卫星之间的相位差 Δu 是常数：

$$\Delta u = \frac{2\pi}{N}F \quad \text{rad} \quad (F \in \{0,1,\cdots,P-1\}) \tag{2-60}$$

因此，Walker 星座所有轨道的半长轴相等。Walker 星座中第 j 颗卫星的升交点经度 Ω_j 和轨道幅角 $u_j = \omega_j + f_j$ 可通过下式计算

$$\begin{cases} \Omega_j = \dfrac{360}{P}(P_j - 1)° \\ u_j = \dfrac{360}{P}F(P_j - 1) + \dfrac{360}{S}(M_j - 1)° \end{cases} \tag{2-61}$$

式中：$P_j = 1,2,\cdots,P$；$N_j = 1,2,\cdots,S-1$；P_j 为第 j 颗卫星所在的轨道平面的编号；M_j 为第 j 颗卫星卫星在轨道平面内的编号；S 为每个轨道面内的卫星数量。

满足 $S = \dfrac{N}{P}, P_j = \dfrac{j}{S} + 1, N_j = j - (P_j - 1)S$。例如 Walker 3600/60/3° 表示共有 3600 颗卫星，分布在 60 个轨道面上，相邻两个轨道面上的卫星之间的相位差 Δu 为 3°。

Walker 星座也通常可以作为一个混合星座的子星座。设计一个大型星座的子星座由若干倾斜同步轨道卫星组成，设轨道参数为

$$\begin{cases} a = 42164170\text{m} \\ e = 0.1 \\ i = 60° \\ \omega = 50° \\ M = 56° \\ S_0 = 50° \end{cases}$$

S_0 为初始时刻格林尼治平恒星时角,该子星座由 12 颗卫星组成,升交点赤经分别为 $0°, 30°, 60°, \cdots, 330°$。则该子星座的卫星地面轨迹如图 2-1 所示。

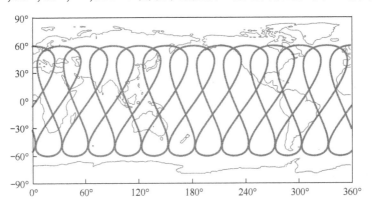

图 2-1 子星座的卫星地面轨迹

2.5.2 Flower 星座模型

Mortari 等于 2004 年提出了 Flower 星座,Flower 星座的组成卫星的轨道形状和大小、轨道倾角相同,这意味着它们的轨道半长轴、偏心率、倾角、回归天数都相同[6-7]。在地球固连坐标系中看,Flower 星座形如鲜花,故名 Flower 星座。

$$N_p T = N_d \frac{2\pi}{\omega} \tag{2-62}$$

式中:星座花瓣数量 N_p 和回归天数 N_d 为两个互素的整数;ω 为中心天体的自旋角速度;T 为卫星的轨道周期。当描述地球附近的 Flower 星座时,该角速度就是地球的自旋角速度。选定 N_p 和 N_d 以后,卫星的轨道半长轴通过下式计算:

$$a = \mu^{\frac{1}{3}} \left(\frac{T}{2\pi} \right)^{\frac{2}{3}} \tag{2-63}$$

式中:μ 为中心天体的引力常数。

为了保证星座卫星在同一相对位置上的轨迹相同,所有卫星的半长轴、偏心率、倾角、近心点幅角都相同。升交点赤经 Ω_k 和平近点角 M_k 则通过下面的规则来确定:

$$\begin{cases} \Omega_{k+1} = \Omega_k + 2\pi \dfrac{F_n}{F_d} \\ M_{k+1} = M_k + 2\pi \dfrac{F_n N_p + F_d F_h}{F_d N_d} \end{cases} \quad (2\text{-}64)$$

式中：F_n、F_d 和 F_h 为控制卫星相位的 3 个整数。因此 Flower 星座有 6 个整数和 5 个开普勒轨道参数确定。除了星座花瓣数量 N_p 和回归天数 N_d 这两个整数，还有总的卫星数量 N_s、相位分子 F_n、相位分母 F_d 和相位阶跃 F_h。这里相位阶跃满足条件 $0 \leqslant F_h \leqslant N_d$。5 个开普勒轨道参数分别为：近地点高度 h_p，倾角 i，近地点幅角 ω，星座第一颗卫星的升交点经度 Ω_0，历元时刻第一颗卫星的平经度 M_0。这些参数之中，通过花瓣数量 N_p 和回归天数 N_d 确定星座卫星的半长轴和轨道周期，通过相位分子 F_n、相位分母 F_d 和相位阶跃 F_h 确定星座卫星飞行路径上的卫星分布和卫星序列。通过开普勒轨道参数确定星座轨道形状、轨道相对地球的方向、轨道相对地球的回归特征。星座轨道的个数就是星座花瓣数量 N_p，星座的所有组成轨道都具有相同的轨道半长轴、偏心率矢量 $(e_x = e\cos\omega, e_y = e\sin\omega)$ 和倾角。

2.5.3 玫瑰星座模型

玫瑰星座（Rosette constellation）是满足条件 $P=N$ 的一种 Walker 星座[9]。从星座的南北两极点观察星座形状，犹如一朵玫瑰，故称玫瑰星座。玫瑰星座也是均匀分布的星座。

2.5.4 Ω 星座模型

Ω 星座是在玫瑰星座的基础上删去一个子星座得到的，是一个非均匀的星座，可以用参数表示 N/P/F/W 表示，其中 N 为卫星总数，P 为原来的均匀分布星座的轨道面数量，F 为删去的子星座的相位因子，W 为子星座的相位间隔，星座中的所有轨道也都是圆轨道。

2.5.5 极轨道星座模型

极轨道卫星星座的每个卫星的轨道平面与地球赤道平面的夹角均为 90°，此时 J_2 项摄动力引起的卫星平均轨道根数的长期变化率为

$$\begin{cases} \dot{a} = \dot{e} = \dot{i} = \dot{\Omega} = 0 \\ \dot{\omega} = -\dfrac{3}{4} J_2 \left(\dfrac{R_e}{p}\right)^2 \end{cases} \quad (2\text{-}65)$$

式中：$J_2 = 1.08263 \times 10^{-3}$；地球赤道半径 $R_e = 6378.140 \text{ km}$；$p = a(1-e^2)$。可见 J_2

项对极轨道星座的组成卫星的升交点赤经没有长期影响。通常可以按照 Walker 星座的设计方法来设计一个极轨道星座，在设计时将卫星的轨道倾角均设计为 90°。

2.5.6 回归轨道星座模型

回归轨道是卫星在地面的投影轨迹经过了一定的时间以后重合的轨道，其特点是地面轨迹的重合。需要引入交点日和交点周期来严格定义回归轨道。一个交点日的长度为

$$D_n = \frac{2\pi}{\omega_0 - \dot{\Omega}} \tag{2-66}$$

式中：D_n 为交点日；ω_0 为地球自转的角速率；$\dot{\Omega}$ 为轨道升（或降）交点赤经的变化率。从式（2-66）可以知道，交点日的物理意义是地球相对于卫星轨道的升交点或者降交点旋转一周的时间间隔。

卫星的交点周期按照下式计算

$$T_n = \frac{2\pi}{\dot{\omega} + \dot{M}} \tag{2-67}$$

式中：$\dot{\omega}$ 和 $\dot{M}$ 分别为卫星的轨道近地点幅角和平近点角的变化率。

卫星的地面轨迹回归一次，若此时其轨道经过 N 天，并且在这 N 天里卫星轨道绕地球共转动了 R 圈，满足

$$RT_n = ND_n \tag{2-68}$$

则称 $T = ND_n$ 为回归周期。在赤道上，两条相邻轨迹之间的圆弧距离为 $\frac{2\pi}{R}$。

回归轨道的

$$Q = I \pm \frac{C}{N} \tag{2-69}$$

卫星星下点轨迹经过 N 天回归一次，每天卫星绕地球转动了 Q 圈，I 为接近 1 天的轨道圈数，例如 $Q = 14 \pm \frac{1}{13}$。对于回归轨道星座来说，若星座所有的卫星共用一个回归轨迹，则通常卫星在轨道上均匀分布，倾角相同，但升交点赤经不同。若星座卫星的回归轨迹不止一条，则根据每条回归轨迹上的卫星数量分别对卫星的轨道进行设计。下面给出一个回归轨道星座的算例。设一共有 4 颗卫星组成，$Q = 14 + \frac{13}{19}$，则计算得到半长轴为 7082.580km，倾角为 98.2047°，4 颗卫星之间依次的升交点赤经差为 30°，其余初始参数相同，则该星座的星下点回归轨迹如图 2-2 所示。

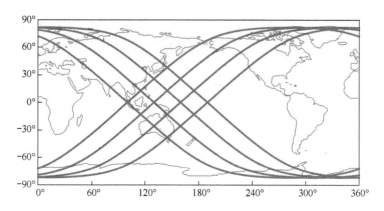

图 2-2 某星座的星下点回归轨迹

2.5.7 太阳同步轨道星座模型

太阳同步轨道的特点是从卫星轨道面来看,太阳照射的方向在一年中基本保持不变。如果仅考虑 J_2 项,则

$$\dot{\Omega} = -\frac{3nJ_2R_e^2}{2a^2(1-e^2)^2}\cos i = n_E \quad (2-70)$$

地球绕太阳公转的平运动角速率 $n_E = \dfrac{2\pi}{365.25636 \times 86400}$,计算 $\dot{\Omega} = 0.98561°/$天,卫星的倾角大于 $90°$,为逆行轨道。若太阳同步轨道星座不是全球覆盖的,则可以类似上节的回归轨道星座算例那样,星座由若干个卫星组成,这些卫星只覆盖部分区域,卫星的降交点地方时相同。通常全球覆盖的太阳同步轨道星座可以设计为 Walker 星座,星座的卫星个数、轨道面数量、每个轨道面的卫星个数,都可以使用 Walker 星座的描述方式来描述,而轨道倾角和半长轴,则按照太阳同步轨道所需满足的条件来计算,详细的计算方法,将在本书后面的卫星星座构形设计章节介绍。

类似地,一个星座还可以既是冻结轨道星座,也是 Walker 星座或 Ω 星座等;可以既是临界轨道星座,也是 Walker 星座或 Ω 星座等;可以既是倾角偏置(准)太阳同步回归冻结轨道星座,也是 Walker 星座或 Ω 星座等。

2.5.8 倾角偏置(准)太阳同步回归冻结轨道星座模型

太阳同步回归冻结轨道星座的组成卫星所在的轨道,既是太阳同步轨道,也是回归轨道和冻结轨道。实际的太阳同步回归冻结轨道星座,由于摄动力的作用,其降交点地方时和回归轨迹会发生漂移。对于降交点地方时的漂移,在星座设计的时候就要考虑对倾角的控制,控制策略有两种:一种是整个星座卫星寿命期内不进行倾角的控制,而是在入轨的时候给倾角实施一个偏置,主要应用于对卫星在轨光照角度要求不是特别高或者星座寿命期较短的任务;另一种是星座运营期间进行多次的倾角控制，以修正降交点地方时的漂移。对于大气阻力引起星座卫星半长轴的衰减，进而引起的星座卫星的星下点回归轨迹的漂移，需要在入轨时刻就进行半长轴的偏置，并根据半长轴相对星座标称半长轴的衰减量，在寿命期内进行多次半长轴的调整。

2.5.9 大椭圆轨道星座模型

一般来说，大椭圆轨道星座为了保证轨道拱线不漂移，可以取临界轨道，若只考虑 J_2 项，则有

$$\begin{cases} \dot{e} = 0 \\ \dot{\omega} = \frac{3}{2} J_2 \left(\frac{R_e}{p} \right)^2 n \left(2 - \frac{5}{2} \sin^2 i \right) \end{cases} \quad (2\text{-}71)$$

由 $2 - \frac{5}{2} \sin^2 i = 0$ 得到 $i = 63.43°$ 或者 $i = 116.57°$。

如果卫星总数为 N，分布在 P 个不同的轨道面上，则每个轨道面的卫星数量为 N/P。同一个轨道面内的 N/P 个卫星之间的相对位置，可以根据 2.4.6 节给出的公式计算。

2.6 小结

本章介绍了多种不同卫星编队与星座的构形描述模型。基于地心惯性系的精确模型和精确的几何模型可被应用于已知卫星编队构形中各卫星的轨道根数求出副星在主星轨道坐标系的运动状态，但不适合用作构形控制的模型。精确的相对运动动力学模型可用作构形控制的模型，但模型较为复杂，计算量大。对于主副星在大椭圆轨道上近距离编队飞行的控制，采用线性化椭圆轨道模型作为构形控制的模型是较好的选择；对于主副星在近圆轨道远距离编队飞行的情形，采用非线性圆轨道模型作为构形控制的模型较为恰当。C.W.方程的适用范围最小，适用于主副星在近圆轨道上近距离编队飞行的情形。主副星轨道面接近重合时的几何模型可用于大椭圆轨道远距离编队飞行的控制，只要主副星满足轨道面接近重合即可。近距离编队飞行时的几何模型可用于主副星在大椭圆轨道上近距离编队飞行的控制。近距离近圆轨道编队飞行时的几何模型的形式简单，但适用范围较小，适用于主副星近距离近圆轨道编队飞行的控制。在实际应用中，需要根据具体情况选择适合的模型。

实际的星座，可以是由上万颗卫星组成的巨型星座，巨型星座的组成卫星在轨道上可以不满足均匀分布及旋转对称。一般来说，多种不同种类星座组成的混合型的巨型星座的组成子星座可以由本章介绍的星座构形描述模型来描述。在研究星座的设计和控制时，需要根据需求采用不同的描述模型。要设计一个近地轨道的由大

量卫星组成的巨型星座，要求分布在多个不同的轨道高度上，轨道面太阳角保持不变，可以采用 Walker 星座模型来设计不同轨道高度上的卫星数量、轨道面数量等参数，再通过倾角偏置（准）太阳同步回归冻结轨道星座模型来设计倾角、半长轴、偏心率等参数，进一步分析覆盖范围、控制周期，以及重访周期等参数，从而对 Walker 星座模型的参数进行一定程度的调整，最终设计出理想的星座构形。

参考文献

[1] GILL E K A, SUNDARAMOORTHY P, BOUWMEESTER J, et al. Formation flying within a constellation of nano-satellites: The QB50 mission[J]. Acta Astronautica, 2013, 82(1) 110-117.

[2] YEH, H H, SPARKS A. Geometry and control of satellite formations[C]. Chicago: Proceedings of the American Control Conference, Illinois June 2000.

[3] FARRAG A, OTHMAN S, MAHMOUD T, et al. Satellite swarm survey and new conceptual design for Earth observation applications[J]. Egyptian Journal of Remote Sensing and Space Science, 2021, 24: 47-54.

[4] FATHY A, GHAMRY E, ARORA K. Mid and low-latitudinal ionospheric field-aligned currents derived from the Swarm satellite constellation and their variations with local time, longitude, and season[J]. Advances in Space Research, 2019, 64(8): 1600-1614.

[5] SABATINI M, VOLPE R, PALMERINI G B. Centralized visual based navigation and control of a swarm of satellites for on-orbit servicing[J]. Acta Astronautica, 2020, 171: 323-334.

[6] MORTATI D, WILKINS M P, BRUCCOLERI C. The flower constellations[J]. Journal of Astronautical Sciences, 2004, 52(1): 107-127.

[7] MARZANO F S, CIMINI D, MEMMO A, et al. Flower constellation of millimeter wave radiometers for tropospheric monitoring at pseudogeostationary scale[J]. IEEE Transactions on Geoscience and Remote Sensing, 2009, 47(9): 3107-3122.

[8] WALKER J G. Continuous whole earth coverage by circular orbit satellite patterns[R]. Royal Aircraft Establishment[R], Technical report 77044, March 1977.

[9] BALLARD A H. Rosett constellations of Earth satellites[J]. IEEE Transactions on Aerospace & Electronic Systems, 1980, 16(5):656-673.

第3章 卫星编队构形设计

3.1 引言

随着航天任务需求的多样化,需要设计不同的编队构形来满足不同的任务需求,因此卫星编队星座的设计是目前航天动力学与控制领域的核心内容之一。

编队星座的相对构形多种多样,目前国内外主要研究的几种编队构形包括串行编队、星下点轨迹重合编队、轨道平面内椭圆绕飞编队、空间圆形编队、投影圆形编队等[1]。常用的编队构形采用 C.W.方程或几何模型来进行设计。因为根据编队星座的任务需求,一般需要设计卫星在近圆轨道近距离编队飞行的相对构形,也就是说主星和副星的升交点赤经差、轨道倾角差、轨道幅角差均为小量,两星相对距离比较小,C.W.方程精度能适用于上述构型描述与控制要求。但从第 2 章的分析可以看出,当两星相对距离远的时候,C.W.方程已不能适用于精确描述两星的相对运动,误差较大[2,4];且 C.W.方程不适用于椭圆轨道编队飞行的构形设计。因此本章有别于传统的基于 C.W.方程设计编队构型,而是基于第 2 章中利用几何模型研究相对运动的知识来研究串行编队、星下点轨迹重合编队、轨道平面内椭圆绕飞编队、空间圆形编队以及投影圆形编队的编队星座设计方法。

卫星正三角形编队构形由于其特殊的编队构形,在深空探测、海洋目标监视等方面具有重要应用。卫星正三角形编队构形分为两种:一种是编队构形在空间为正三角形,称为空间正三角形编队;另一种是编队构形在主星当地水平面的投影为正三角形,称为投影正三角形编队。本章还介绍任意时刻正三角形编队的构型设计方法,针对卫星正三角形编队飞行构形设计的问题,使用几何法,给出了卫星空间正三角形编队和投影正三角形编队两种编队构形的迭代设计方法,并给出了迭代设计方法的收敛性定理。鉴于卫星圆形编队的重要性,本章分析了空间圆形编队和投影圆形编队的构形稳定性,给出了这两种编队构形的稳定性定理,提出了满足 J_2 不变相对轨道条件的空间圆形编队和投影圆形编队的长期稳定构形设计方法。最后给出了长期稳定构形设计方法的数值仿真。

3.2 典型编队构形设计

本节介绍串行编队、星下点轨迹重合编队等典型编队构形的设计方法。

3.2.1 串行编队

串行编队是指主副星运行在同一轨道上的编队构形。两星共面，即 $z=0$，再根据 $\delta i = \delta \Omega = 0$ 和 $e_c = e_d = e$ 代入式（2-32）得

$$\begin{pmatrix} x \\ y \end{pmatrix} = \frac{a_d(1-e_d^2)}{1+e_d \cos f_d} \begin{pmatrix} \cos(\delta u) \\ \sin(\delta u) \end{pmatrix} - \begin{pmatrix} \dfrac{a_c(1-e_c^2)}{1+e_c \cos f_c} \\ 0 \end{pmatrix} \tag{3-1}$$

若 $\delta a = 0$，则

$$\begin{pmatrix} x \\ y \end{pmatrix} = \begin{pmatrix} a(1-e^2)\left[\dfrac{\cos \delta u}{1+e\cos f_d} - \dfrac{1}{1+e\cos f_c}\right] \\ \dfrac{a(1-e^2)\sin \delta u}{1+e\cos f_d} \end{pmatrix} \tag{3-2}$$

若还有偏心率 $e=0$，则

$$\begin{pmatrix} x \\ y \\ z \end{pmatrix} = \begin{pmatrix} a(\cos \delta u - 1) \\ a \sin \delta u \\ 0 \end{pmatrix} \tag{3-3}$$

如果主副星近距离串行编队飞行，则 $\delta u \ll 1$，因此有

$$\begin{pmatrix} x \\ y \\ z \end{pmatrix} = \begin{pmatrix} 0 \\ a\delta u \\ 0 \end{pmatrix} \tag{3-4}$$

且

$$\begin{pmatrix} \dot{x} \\ \dot{y} \\ \dot{z} \end{pmatrix} = \begin{pmatrix} 0 \\ 0 \\ 0 \end{pmatrix} \tag{3-5}$$

在串行编队的设计过程中，可以使用式（3-3）或式（3-4）来设计。而当在轨卫星处于串行编队的构形时，通常来说，串行编队的主星和各副星的轨道半长轴并不完全相等，偏心率也不是零，例如 Starlink 巨型星座同一个轨道面的轨道高度接近的卫星之间，可以视为形成了串行编队的构形，计算副星在主星轨道坐标系的 x 轴和 y 轴位置矢量，使用式（3-1）比式（3-3）或式（3-4）计算精度更高。

3.2.2 星下点轨迹重合编队

星下点轨迹重合编队要求主副星运行在相邻的轨道上，且星下点轨迹重合。因此要求主副星轨道倾角相同，偏心率均为零，升交点赤经可以有微小差别。

星下点轨迹重合要求

$$-\frac{\delta\theta}{n} = -\frac{\delta(\omega+M)}{n} = \frac{\delta\Omega}{n_e} \tag{3-6}$$

式中：$\theta = \omega + M$，对于圆轨道来说，$u = \theta = \omega + M$，n_e 为地球自转角速率。

由 $\delta i = 0$，$\delta\Omega \ll 1$，$\max\{e_d, e_c\} \ll 1$，$\delta a \ll \min\{a_d, a_c\}$，$\delta u \ll 1$，代入式（2-59）得到

$$\begin{pmatrix} x \\ y \\ z \end{pmatrix} = a_c \begin{pmatrix} e_c \cos f_c - e_d \cos f_d + \delta a \\ \delta u + \delta\Omega \cos i_c \\ -\delta\Omega \sin i_c \cos u_d \end{pmatrix} \approx \begin{pmatrix} a_c(e_c \cos f_c - e_d \cos f_d) + a_c \delta a \\ a_c(\delta\theta + \delta\Omega \cos i_c) \\ -a_c \delta\Omega \sin i_c \cos u_c \end{pmatrix} \tag{3-7}$$

将 $\delta\Omega = -\dfrac{n_e}{n}\delta u$ 代入式（3-7）得

$$\begin{pmatrix} x \\ y \\ z \end{pmatrix} = \begin{pmatrix} a_c(e_c \cos f_c - e_d \cos f_d) + a_c \delta a \\ a_c \delta\theta \left(1 - \dfrac{n_e}{n}\cos i_c\right) \\ a_c \dfrac{n_e}{n}\delta\theta \sin i_c \cos u_c \end{pmatrix} \tag{3-8}$$

若进一步假定 $\delta a = 0$，$e_c = e_d = 0$，则

$$\begin{pmatrix} x \\ y \\ z \end{pmatrix} = \begin{pmatrix} 0 \\ a_c \delta\theta \left(1 - \dfrac{n_e}{n}\cos i_c\right) \\ a_c \dfrac{n_e}{n}\sin i_c \cos M_c \delta\theta \end{pmatrix} \tag{3-9}$$

$$\begin{pmatrix} \dot x \\ \dot y \\ \dot z \end{pmatrix} = \begin{pmatrix} 0 \\ 0 \\ -a_c n_e \sin i_c \sin M_c \delta\theta \end{pmatrix} \tag{3-10}$$

如果副星不处于圆轨道，只是副星的偏心率较小，则

$$\begin{pmatrix} x \\ y \\ z \end{pmatrix} = \begin{pmatrix} -a_c e_d \cos f_d \\ a_c \delta\theta \left(1 - \dfrac{n_e}{n} \cos i_s \right) \\ a_c \dfrac{n_e}{n} \sin i_c \cos M_c \delta\theta \end{pmatrix} \quad (3\text{-}11)$$

$$\begin{pmatrix} \dot{x} \\ \dot{y} \\ \dot{z} \end{pmatrix} = \begin{pmatrix} n a_c e_d \sin f_d \\ 0 \\ -a_c n_e \sin i_c \sin M_c \delta\theta \end{pmatrix} \quad (3\text{-}12)$$

3.2.3 轨道平面内椭圆绕飞编队

主副星在同一个轨道平面内飞行，设计主星偏心率 $e_c = 0$，在式（2-32）中令 $\delta i = \delta\Omega$，则

$$\begin{pmatrix} x \\ y \\ z \end{pmatrix} = \begin{pmatrix} \delta a - a_c \delta e \cos M_d \\ a_c(\delta\omega + \delta M) + 2a_c \delta e \sin M_d \\ 0 \end{pmatrix} \quad (3\text{-}13)$$

因此

$$\left(\frac{x - \delta a}{a_c \delta e}\right)^2 + \left(\frac{y - a_c(\delta\omega + \delta M)}{2a_c \delta e}\right)^2 = 1 \quad (3\text{-}14)$$

只要 $\delta\omega + \delta M$ 为常值且 $a_c(\delta\omega + \delta M) \ll a_c$，式（3-14）表示的椭圆绕飞就可长期保持。绕飞中心为 $[\delta a, a_c(\delta\omega + \delta M), 0]$，椭圆半长轴沿 y 轴方向，半长轴长度为 $2a_c \delta e$，半短轴长度为 $a_c \delta e$。绕飞轨迹在 xy 平面即轨道平面内，故绕飞轨迹与 yz 平面、zx 平面均垂直。

如果

$$\delta a = a_c(\delta\omega + \delta M) = 0 \quad (3\text{-}15)$$

则

$$\left(\frac{x}{a_c \delta e}\right)^2 + \left(\frac{y}{2a_c \delta e}\right)^2 = 1 \quad (3\text{-}16)$$

此时绕飞轨迹中心为主星质心。

3.2.4 空间圆形编队

空间圆形编队要求副星环绕主星以圆形轨迹飞行。

考虑主副星为近圆轨道近距离编队飞行，设 $\delta i \ll 1$，$\delta\Omega \ll 1$，$e_c \ll e_d \ll 1$，$\delta M \ll 1$，由式（2-33）得

$$\begin{pmatrix} x \\ y \\ z \end{pmatrix} = \begin{pmatrix} \delta a - a_c \delta e \cos M_d \\ a_c(\delta\omega + \delta M + \delta\Omega \cos i_c + 2\delta e \sin M_d) \\ a_c(\delta i \sin(\omega_d + M_d) - \delta\Omega \sin i_c \cos(\omega_d + M_d)) \end{pmatrix} \quad (3\text{-}17)$$

故

$$\left(\frac{x - \delta a}{a_c \delta e}\right)^2 + \left[\frac{y - a_c(\delta\omega + \delta M + \delta\Omega \cos i_c)}{2a_c \delta e}\right]^2 = \cos^2 M_c + \sin^2 M_c = 1 \quad (3\text{-}18)$$

$$z = a_c \sqrt{\delta i^2 + \delta\Omega^2 \sin^2 i_c} \cos(\omega_d + M_d + \varphi_z) \quad (3\text{-}19)$$

式中：φ_z 满足条件

$$\begin{cases} \cos\varphi_z = \dfrac{-\delta\Omega \sin i_c}{\sqrt{\delta i^2 + \delta\Omega^2 \sin^2 i_c}} \\ \sin\varphi_z = \dfrac{-\delta i}{\sqrt{\delta i^2 + \delta\Omega^2 \sin^2 i_c}} \end{cases} \quad (3\text{-}20)$$

副星绕飞轨迹中心为主星当且仅当满足

$$\begin{cases} \delta a = 0 \\ \delta\omega + \delta M + \delta\Omega \cos i_c = 0 \end{cases} \quad (3\text{-}21)$$

此时

$$\begin{pmatrix} x \\ y \\ z \end{pmatrix} = \begin{pmatrix} -a_c \delta e \cos M_d \\ 2a_c \delta e \sin M_d \\ a_c \sqrt{\delta i^2 + \delta\Omega^2 \sin^2 i_c} \cos(\omega_d + M_d + \varphi_z) \end{pmatrix} \quad (3\text{-}22)$$

圆形轨迹要求 $x^2 + y^2 + z^2 = r^2$，其中 r 为空间圆形的半径，结合式（3-22）可知 $z = \pm\sqrt{3}x$，即

$$\cos(\omega_d + M_d + \varphi_z) = \mp \frac{\sqrt{3}\delta e}{\sqrt{\delta i^2 + \delta\Omega^2 \sin^2 i_c}} \cos M_d \quad (3\text{-}23)$$

解 1：

$$\begin{cases} \cos(\omega_d + M_d + \varphi_z) = \cos M_d \\ \mp\sqrt{3}\delta e = \sqrt{\delta i^2 + \delta\Omega^2 \sin^2 i_c} \end{cases} \quad (3\text{-}24)$$

解 2：

$$\begin{cases} \cos(\omega_d + M_d + \varphi_z) = -\cos M_d \\ \pm\sqrt{3}\delta e = \sqrt{\delta i^2 + \delta\Omega^2 \sin^2 i_c} \end{cases} \quad (3\text{-}25)$$

对于解 1，取 $\varphi_z = -\omega_d$，代入式（3-15），得

$$\begin{cases} \cos\omega_c = \dfrac{-\delta\Omega\sin i_c}{\sqrt{\delta i^2 + \delta\Omega^2\sin^2 i_c}} \\ \sin\omega_c = \dfrac{\delta i}{\sqrt{\delta i^2 + \delta\Omega^2\sin^2 i_c}} \end{cases} \tag{3-26}$$

δe 满足

$$\delta e = \mp\dfrac{\sqrt{3}}{3}\sqrt{\delta i^2 + \delta\Omega^2\sin^2 i_c} \tag{3-27}$$

式中：负号对应于 $z = \sqrt{3}x$；正号对应于 $z = -\sqrt{3}x$。

此时编队构形中副星和主星之间的各轨道根数满足的条件为

$$\begin{cases} \delta a = 0 \\ \delta e = \mp\dfrac{\sqrt{3}}{3}\sqrt{\delta i^2 + \delta\Omega^2\sin^2 i_c} \\ \cos\omega_c = \dfrac{-\delta\Omega\sin i_s}{\sqrt{\delta i^2 + \delta\Omega^2\sin^2 i_c}} \\ \sin\omega_c = \dfrac{\delta i}{\sqrt{\delta i^2 + \delta\Omega^2\sin^2 i_c}} \\ \delta\omega + \delta M + \delta\Omega\cos i_c = 0 \end{cases} \tag{3-28}$$

由

$$x^2 + y^2 + z^2 = 4x^2 + y^2 = (2a_c\delta e)^2 \tag{3-29}$$

可知空间圆形编队的圆形半径为 $2a_c\delta e$。

对于解 2，取

$$\cos(u_c + \varphi_z) = -\cos M_c = \cos(\pi + M_c) \tag{3-30}$$

故

$$\varphi_z = \pi + M_c - u_c = \pi - \omega_c \tag{3-31}$$

代入式（3-15），得

$$\begin{cases} \cos\omega_c = -\cos(\pi - \omega_c) = \dfrac{\delta\Omega\sin i_c}{\sqrt{\delta i^2 + \delta\Omega^2\sin^2 i_c}} \\ \sin\omega_c = \sin(\pi - \omega_c) = \sin\dfrac{-\delta i}{\sqrt{\delta i^2 + \delta\Omega^2\sin^2 i_c}} \end{cases} \tag{3-32}$$

δe 满足：

$$\delta e = \pm\dfrac{\sqrt{3}}{3}\sqrt{\delta i^2 + \delta\Omega^2\sin^2 i_c} \tag{3-33}$$

式中：正号对应于 $z = \sqrt{3}x$；负号对应于 $z = -\sqrt{3}x$。

此时编队构形中副星和主星之间的各轨道根数满足的条件为

$$\begin{cases} \delta a = 0 \\ \delta e = \pm \dfrac{\sqrt{3}}{3}\sqrt{\delta i^2 + \delta \Omega^2 \sin^2 i_c} \\ \cos \omega_c = \dfrac{\delta \Omega \sin i_c}{\sqrt{\delta i^2 + \delta \Omega^2 \sin^2 i_c}} \\ \sin \omega_c = \dfrac{-\delta i}{\sqrt{\delta i^2 + \delta \Omega^2 \sin^2 i_c}} \\ \delta \omega + \delta M + \delta \Omega \cos i_c = 0 \end{cases} \quad (3\text{-}34)$$

同理得到空间圆形编队的圆形半径为 $2a_c\delta e$。

式（3-26）和式（3-32）都满足

$$\tan \omega_c = \dfrac{\delta i}{\delta \Omega \sin i_c} \quad (3\text{-}35)$$

由于对于解 1 和解 2，要判断 $\sin \omega_c$ 和 $\cos \omega_c$ 的符号，因此只用式（3-35）并不能做到这一点，在空间圆形编队设计过程中，式（3-26）和式（3-32）是需要的。实际上，对于解 1，还可以取 $\omega_d + M_d + \varphi_z = -M_d$；对于解 2，还可以取 $\omega_d + M_d + \varphi_z = \pi - M_d$，结果类似。

3.2.5 投影圆形编队

投影圆形编队是指副星相对主星的飞行轨迹在主星轨道坐标系中水平面的投影为圆形。因此投影圆形编队又称星下点圆形编队或水平面圆形编队。

考虑主副星为近圆轨道近距离编队飞行，满足 $\delta i \ll 1$，$\delta \Omega \ll 1$，$e_d \ll 1$，$e_c \ll 1$，$\delta M \ll 1$，且副星绕飞轨迹中心为主星，因此式（3-17）～式（3-20）同样适用于投影圆形编队。结合投影圆形条件 $y^2 + z^2 = r^2$ 得 $z = \pm 2x$，即

$$\cos(\omega_d + M_d + \varphi_z) = \mp \dfrac{2\delta e}{\sqrt{\delta i^2 + \delta \Omega^2 \sin^2 i_c}} \cos M_d \quad (3\text{-}36)$$

式中：φ_z 满足条件式（3-20）。设副星绕飞轨迹中心为主星当且仅当满足式（3-21），则 $z = \pm 2x$ 时，有

$$y^2 + z^2 = r^2 = (2a_c \delta e)^2 \quad (3\text{-}37)$$

$$a_c \cos(\omega_c + \varphi_z)\sqrt{\delta i^2 + \delta \Omega^2 \sin^2 i_c} = \pm 2x = \pm 2(-a_c)\delta e \cos M_d \quad (3\text{-}38)$$

故有

$$\cos(\omega_c + \varphi_z) = \mp \dfrac{2a_c \delta e \cos M_d}{\sqrt{\delta i^2 + \delta \Omega^2 \sin^2 i_c}} \quad (3\text{-}39)$$

解 1：

$$\begin{cases} \cos(\omega_\mathrm{d} + M_\mathrm{d} + \varphi_z) = \cos M_\mathrm{d} \\ \mp 2\delta e = \sqrt{\delta i^2 + \delta \Omega^2 \sin^2 i_\mathrm{c}} \end{cases} \quad (3\text{-}40)$$

解 2：

$$\begin{cases} \cos(\omega_\mathrm{d} + M_\mathrm{d} + \varphi_z) = -\cos M_\mathrm{d} \\ \pm 2\delta e = \sqrt{\delta i^2 + \delta \Omega^2 \sin^2 i_\mathrm{c}} \end{cases} \quad (3\text{-}41)$$

对于解 1，取 $\varphi_z = -\omega_\mathrm{d}$，同理得到编队构形中副星和主星之间的各轨道根数满足的条件为

$$\begin{cases} \delta a = 0 \\ \delta e = \mp \dfrac{1}{2}\sqrt{\delta i^2 + \delta \Omega^2 \sin^2 i_\mathrm{c}} \\ \cos \omega_\mathrm{c} = \dfrac{-\delta \Omega \sin i_\mathrm{c}}{\sqrt{\delta i^2 + \delta \Omega^2 \sin^2 i_\mathrm{c}}} \\ \sin \omega_\mathrm{c} = \dfrac{\delta i}{\sqrt{\delta i^2 + \delta \Omega^2 \sin^2 i_\mathrm{c}}} \\ \delta \omega + \delta M + \delta \Omega \cos i_\mathrm{c} = 0 \end{cases} \quad (3\text{-}42)$$

$\delta e = -\dfrac{1}{2}\sqrt{\delta i^2 + \delta \Omega^2 \sin^2 i_\mathrm{c}}$ 对应于 $z = 2x$，$\delta e = \dfrac{1}{2}\sqrt{\delta i^2 + \delta \Omega^2 \sin^2 i_\mathrm{c}}$ 对应于 $z = -2x$。

由

$$y^2 + z^2 = (2a_\mathrm{c} \delta e)^2 \quad (3\text{-}43)$$

可知投影圆形编队的圆形半径为 $2a_\mathrm{c}\delta e$。

对于解 2，取 $\varphi_z = \pi - \omega_\mathrm{d}$，同理得到编队构形中副星和主星之间的各轨道根数满足的条件为

$$\begin{cases} \delta a = 0 \\ \delta e = \pm \dfrac{1}{2}\sqrt{\delta i^2 + \delta \Omega^2 \sin^2 i_\mathrm{c}} \\ \cos \omega_\mathrm{c} = \dfrac{\delta \Omega \sin i_\mathrm{c}}{\sqrt{\delta i^2 + \delta \Omega^2 \sin^2 i_\mathrm{c}}} \\ \sin \omega_\mathrm{c} = \dfrac{-\delta i}{\sqrt{\delta i^2 + \delta \Omega^2 \sin^2 i_\mathrm{c}}} \\ \delta \omega + \delta M + \delta \Omega \cos i_\mathrm{c} = 0 \end{cases} \quad (3\text{-}44)$$

$\delta e = -\frac{1}{2}\sqrt{\delta i^2 + \delta \Omega^2 \sin^2 i_c}$ 对应于 $z = -2x$，$\delta e = \frac{1}{2}\sqrt{\delta i^2 + \delta \Omega^2 \sin^2 i_c}$ 对应于 $z = 2x$。同理可知投影圆形编队的圆形半径为 $2a_c\delta e$。

与 3.2.5 节同理，对于解 1，还可以取 $\omega_d + M_d + \varphi_z = -M_d$；对于解 2，还可以取 $\omega_d + M_d + \varphi_z = \pi - M_d$，结果类似。

3.2.6 转轮式编队

从卫星轨道坐标系来看，转轮式编队的各卫星像车轮一样，每个轨道周期旋转一圈，各卫星的绕飞轨迹均为封闭的曲线。对于转轮式编队的设计，我们可以考虑设计一个虚拟的参考主星，其余副星的绕飞轨迹的中心为虚拟参考主星。假定虚拟参考主星运行于圆轨道，其偏心率为 0，且副星与主星之间的轨道半长轴差 $\delta a = 0$。则

$$x = \delta a + a_c e_c \cos M_c - a_d e_d \cos M_d = -a_d e_d \cos M_d \quad (3\text{-}45)$$

由于 $u = \omega + f$，$\theta = \omega + M$，故 $\delta u = \delta \omega + \delta f$，$\delta \theta = \delta \omega + \delta M$。得到

$$\delta u - \delta \theta = \delta f - \delta M = \delta(f_d - M_d) \approx \delta(2e \sin M_d) = 2\delta e \sin M_d \quad (3\text{-}46)$$

$$y = a_c(\delta \theta + \delta \Omega \cos i_c) + 2a_c \delta e \sin M_d \quad (3\text{-}47)$$

$$z = a_c(\delta i \sin u_d - \delta \Omega \sin i_c \cos u_d) = a_c\sqrt{\delta i^2 + \delta \Omega^2 \sin^2 i_c} \cos(\theta_d + \varphi_z) \quad (3\text{-}48)$$

式中：φ_z 由式（3-20）定义。上述模型要求 $\delta a = 0$，$e_c = 0$，$e_d \ll 1$，δi、$\delta \Omega$、δu、$\delta \theta$ 均远小于 1。但不要求 $\delta \omega$ 是小量，即副星和虚拟主星之间的近地点幅角差可以很大。令

$$\delta \theta + \delta \Omega \cos i_c = 0 \quad (3\text{-}49)$$

则转轮式编队的各颗副星的绕飞轨迹中心为虚拟主星。假定有 J 颗副星，第 j 颗副星在主星轨道坐标系三轴位置坐标为

$$\begin{cases} x_j = -a_c \delta e_j \cos M_j \\ y_j = 2a_c \delta e_j \sin M_j \\ z_j = a_c \sqrt{\delta i_j^2 + \delta \Omega_j^2 \sin^2 i_c} \cos(\omega_j + M_j + \varphi_j) \end{cases} \quad (3\text{-}50)$$

其中

$$\begin{cases} \cos \varphi_j = \dfrac{-\delta \Omega_j \sin i_c}{\sqrt{\delta i_j^2 + \delta \Omega_j^2 \sin^2 i_c}} \\ \sin \varphi_j = \dfrac{-\delta i_j}{\sqrt{\delta i_j^2 + \delta \Omega_j^2 \sin^2 i_c}} \end{cases} \quad (3\text{-}51)$$

由式（3-50）可知，副星的相对位置矢量在主星轨道坐标系各轴的分量为振动周期其等于主星的轨道周期的简谐振动，在 x 轴的振幅为 $a_c \delta e_j$，在 y 轴的振幅是 x

轴振幅的两倍，为 $2a_c\delta e_j$，在 z 轴的振幅为 $a_c\sqrt{\delta i_j^2 + \delta\Omega_j^2 \sin^2 i_c}$。副星 j 相对主星绕飞，绕飞轨迹确定了一个平面，我们定义为绕飞平面 π_j，由解析几何的知识知副星 j 的绕飞平面 π_j 的方程为

$$x_j K_j \cos(\omega_j + \alpha_j) + y_j \frac{K_j}{2}\sin(\omega_j + \alpha_j) + z_j = 0 \qquad (3\text{-}52)$$

式中：$K_j = \dfrac{\sqrt{\delta i_j^2 + \delta\Omega_j^2 \sin^2 i_c}}{\delta e_j}$。

情形 1：
当 $\varphi_j = 2k\pi - \omega_j \ (k=0,\pm1,\pm2,\cdots)$ 时，有

$$\begin{cases} x_j = -a_c\delta e_j \cos M_j \\ y_j = 2a_c\delta e_j \sin M_j \\ z_j = a_c\sqrt{\delta i_j^2 + \delta\Omega_j^2 \sin^2 i_c}\cos M_j \end{cases} \qquad (3\text{-}53)$$

显然

$$\frac{z_j}{x_j} = -\frac{\sqrt{\delta i_j^2 + \delta\Omega_j^2 \sin^2 i_c}}{\delta e_j} \qquad (3\text{-}54)$$

此时副星 j 的轨迹在 xz 平面内的投影为直线。
而当 $\varphi_j = (2k+1)\pi - \omega_j(k=0,\pm1,\pm2,\cdots)$ 时，

$$\begin{cases} x_j = -a_c\delta e_j \cos M_j \\ y_j = 2a_c\delta e_j \sin M_j \\ z_j = -a_c\sqrt{\delta i_j^2 + \delta\Omega_j^2 \sin^2 i_c}\cos M_j \end{cases} \qquad (3\text{-}55)$$

此时式（3-54）仍然成立，副星 j 的轨迹在 xz 平面内的投影为直线。

情形 2：
当 $\varphi_j = 2k\pi + \dfrac{\pi}{2} - \omega_j(k=0,\pm1,\pm2,\cdots)$ 时，有

$$\begin{cases} x_j = -a_c\delta e_j \cos M_j \\ y_j = 2a_c\delta e_j \sin M_j \\ z_j = a_c\sqrt{\delta i_j^2 + \delta\Omega_j^2 \sin^2 i_c}\sin M_j \end{cases} \qquad (3\text{-}56)$$

此时

$$\frac{z_j}{y_j} = -\frac{\sqrt{\delta i_j^2 + \delta\Omega_j^2 \sin^2 i_c}}{2\delta e_j} \qquad (3\text{-}57)$$

此时副星 j 的轨迹在 yz 平面即水平面内的投影为直线。

而当 $\varphi_j = (2k+1)\pi + \dfrac{3\pi}{2} - \omega_j (k=0,\pm1,\pm2,\cdots)$ 时，有

$$\begin{cases} x_j = -a_c \delta e_j \cos M_j \\ y_j = 2a_c \delta e_j \sin M_j \\ z_j = -a_c \sqrt{\delta i_j^2 + \delta \Omega_j^2 \sin^2 i_c} \sin M_j \end{cases} \quad (3\text{-}58)$$

此时式（3-57）仍然成立，副星 j 的轨迹在 yz 平面即水平面内的投影为直线。

令

$$K = \frac{\sqrt{\delta i_j^2 + \delta \Omega_j^2 \sin^2 i_c}}{\delta e_j} \quad (3\text{-}59)$$

我们考虑模型式（3.50）的第 j 颗副星绕飞轨迹所在的平面。显然有

$$k_x x_j + k_y y_j + k_z z_j = 0 \quad (3\text{-}60)$$

其中

$$\begin{cases} k_x = K\cos(\omega_j + \varphi_j) \\ k_x = K\sin(\omega_j + \varphi_j) \\ k_z = 1 \end{cases} \quad (3\text{-}61)$$

由

$$-k_x a_c \delta e_j \cos M_j + 2k_y a_c \delta e_j \sin M_j + a_c k_z K \delta e_j \cos(M_j + \omega_j + \varphi_j) = 0 \quad (3\text{-}62)$$

即知道副星 j 绕飞轨迹所在的绕飞平面 π_j 为

$$Kx_j \cos(\omega_j + \varphi_j) + \frac{Ky_j}{2}\sin(\omega_j + \varphi_j) + z_j = 0 \quad (3\text{-}63)$$

该绕飞平面的一个法向量 $\boldsymbol{n}_j$ 为

$$\boldsymbol{n}_j = \left(K\cos(\omega_j + \varphi_j), \frac{K}{2}\sin(\omega_j + \varphi_j), 1\right)^{\mathrm{T}} \quad (3\text{-}64)$$

绕飞平面 π_j 与水平面 π_{yz} 的夹角的余弦为

$$\cos(\pi_j, \pi_{yz}) = \cos(\boldsymbol{n}_j, \boldsymbol{x}) = \frac{\boldsymbol{n}_j \cdot \boldsymbol{x}}{|\boldsymbol{n}_j| \cdot |\boldsymbol{x}|} = \frac{K\cos(\omega_j + \varphi_j)}{\sqrt{K^2 \cos^2(\omega_j + \varphi_j) + \dfrac{K^2}{4}\sin^2(\omega_j + \varphi_j) + 1}} \quad (3\text{-}65)$$

绕飞平面 π_j 与平面 π_{zx} 的夹角的余弦为

$$\cos(\pi_j, \pi_{zx}) = \cos(\boldsymbol{n}_j, \boldsymbol{y}) = \frac{\dfrac{K}{2}\sin(\omega_j + \varphi_j)}{\sqrt{K^2 \cos^2(\omega_j + \varphi_j) + \dfrac{K^2}{4}\sin^2(\omega_j + \varphi_j) + 1}} \quad (3\text{-}66)$$

绕飞平面 π_j 与平面 π_{xy} 的夹角的余弦为

$$\cos(\pi_j, \pi_{xy}) = \cos(\bm{n}_j, \bm{z}) = \frac{1}{\sqrt{K^2 \cos^2(\omega_j + \varphi_j) + \frac{K^2}{4}\sin^2(\omega_j + \varphi_j) + 1}} \quad (3\text{-}67)$$

若给定绕飞平面与水平面的夹角 α，且 $\cos(\omega_j + \varphi_j) = 1$，则

$$K = \frac{1}{\tan \alpha} \quad (3\text{-}68)$$

由绕飞平面与虚拟主星轨道坐标系的各个坐标平面的夹角余弦公式可知：

（1）当 $\cos(\omega_j + \varphi_j) = 0$ 时，即 $\varphi_j = 2k\pi + \frac{\pi}{2} - \omega_j$ 或 $\varphi_j = (2k+1)\pi + \frac{3\pi}{2} - \omega_j$ 时，绕飞平面与水平面 π_{yz} 垂直，即副星的绕飞平面同卫星所在的星下点当地水平面垂直，此处 k 为非负整数。当绕飞平面与水平面垂直时，绕飞平面 π_j 可能有无穷多种，因为与一个固定平面垂直的平面有无穷多个，垂直平面的法向不同。

（2）当 $\sin(\omega_j + \varphi_j) = 0$ 时，即 $\varphi_j = 2k\pi - \omega_j$ 或 $\varphi_j = (2k+1)\pi - \omega_j$ 时，绕飞平面与平面 π_{zx} 垂直，此处 k 为非负整数。

（3）$K = 0$ 当且仅当 $\delta i_j = \delta \Omega_j = 0$。若 $K = 0$，则副星绕飞平面 π_j 与 xy 平面重合，绕飞平面与水平面 yz 垂直，绕飞平面与平面 xz 也垂直，此时的编队构形退化为在轨道平面内绕飞的编队构形，对应于 Massonnet 的二维编队构形。

（4）当 $K = 2$ 且 $\varphi_j = q\pi - \omega_j$ 时，本节模型式（3-50）对应于星下点投影为圆形的编队构形，即投影圆编队，此处 q 为整数。这里 $q = 2k$ 和 $q = 2k+1$ 算出 z_j 是不同的，此时副星绕飞平面 π_j 在水平面 yz 的投影为圆形，在 zx 平面的投影为直线，在 xy 平面的投影为椭圆。同时，可以计算出投影圆编队构形的绕飞平面与虚拟轨道坐标系 3 个平面的夹角：$\theta_{\pi,yz} = \arccos\left(\pm\frac{2}{\sqrt{5}}\right) = \arctan\frac{1}{2} = 26.56505°$，$\theta_{\pi,xz} = 90°$，$\theta_{\pi,xy} = \arccos\left(\frac{1}{\sqrt{5}}\right) = 63.4349488°$。

（5）当 $K = 2$ 且 $\varphi_j = q\pi - \omega_j$ 时，本节模型式（3-50）对应于空间为圆形的编队构形，即空间圆编队，此处 q 为整数。这里 $q = 2k$ 和 $q = 2k+1$ 算出 z_j 也是不同的，此时副星绕飞平面 π_j 在水平面 yz 的投影为椭圆，在 zx 平面的投影为直线，在 xy 平面的投影为椭圆。空间圆编队构形的绕飞平面与虚拟轨道坐标系 3 个平面的夹角：$\theta_{\pi,yz} = \arccos\left(\pm\frac{\sqrt{3}}{2}\right) = 30°$，$\theta_{\pi,xz} = 90°$，$\theta_{\pi,xy} = \arccos\left(\frac{1}{2}\right) = 60°$。

下面给出转轮式编队构形的设计方法，记

$$\begin{cases} \psi_{ji\Omega} = \arctan\left(\dfrac{\delta i_j}{\delta\Omega_j \sin i_c}\right) \in \left[-\dfrac{\pi}{2}, \dfrac{\pi}{2}\right] \\ K_j = \dfrac{\sqrt{\delta i_j^2 + \delta\Omega_j^2 \sin^2 i_c}}{\delta e_j} \end{cases} \quad (3\text{-}69)$$

由

$$\delta i_j^2 + \delta\Omega_j^2 \sin^2 i_c = K_j^2 \delta e_j^2 \quad (3\text{-}70)$$

得

$$(\tan^2 \psi_{ji\Omega} + 1)\delta\Omega_j^2 \sin^2 i_c = K_j^2 \delta e_j^2 \quad (3\text{-}71)$$

于是

$$\begin{cases} \delta\Omega_j = \dfrac{K_j \delta e_j \cos\psi_{ji\Omega}}{\sin i_c} \\ \delta i_j = \delta\Omega_j \sin i_c \tan\psi_{ji\Omega} = K_j \delta e_j \sin\psi_{ji\Omega} \end{cases} \quad (3\text{-}72)$$

由 $\delta(\omega + M) + \delta\Omega \cos i_c = 0$ 知道，只要

$$\delta\omega_j = -\delta M_j - K_j \delta e_j \cos\psi_{ji\Omega} \cot i_c \quad (3\text{-}73)$$

其中，δe_j、$\psi_{ji\Omega}$、K_j、δM_j 事先确定，再加上已知的虚拟主星的轨道根数 a_c、$e_c = 0$、i_c、Ω_c、ω_c、f_c、M_c、E_c，得到副星 j 的轨道根数：

$$\begin{cases} a_j = a_c \\ e_j = e_c + \delta e_j = \delta e_j \\ i_j = i_c + \delta i_j = i_c + K_j \delta e_j \sin\psi_{ji\Omega} \\ \Omega_j = \Omega_c + \delta\Omega_j = \Omega_c + \dfrac{K_j \delta e_j \cos\psi_{ji\Omega}}{\sin i_c} \\ \omega_j = \omega_c + \delta\omega_j = \omega_c - \delta M_j - K_j \delta e_j \cos\psi_{ji\Omega} \cot i_c \\ M_j = M_c + \delta M_j \end{cases} \quad (3\text{-}74)$$

其中：δM_j 可以任意选定，不必很小，只要保证 $\delta(\omega + M)$ 很小即可。只有当各 δe_j 相等时，编队封闭曲线才有可能大小相等，当然还需要 φ_j 满足一定的条件，见式（3-65）和式（3-67）。若转轮式编队各副星绕飞平面在一个平面内，并且绕飞轨迹尺寸相等，则令各副星的 δe_j、$\psi_{ji\Omega}$、K_j 相等即可。

将式（3-51）代入式（3-64）得副星绕飞轨迹法线方向为

$$\boldsymbol{n}_j = \begin{pmatrix} \dfrac{\sin\omega_j \delta i_j - \delta\Omega_j \cos\omega_j \sin i_c}{\delta e_j} \\ -\dfrac{(\cos\omega_j \delta i_j + \delta\Omega_j \sin\omega_j \sin i_c)}{2\delta e_j} \\ 1 \end{pmatrix} \tag{3-75}$$

将式（3-72）代入式（3-75）得

$$\boldsymbol{n}_j = \begin{pmatrix} -K_j \cos(\omega_j + \psi_{ji\Omega}) \\ -\dfrac{1}{2} K_j \sin(\omega_j + \psi_{ji\Omega}) \\ 1 \end{pmatrix} \tag{3-76}$$

副星 j 的绕飞轨迹可以按照式（3-50）计算，也可以按照下式计算

$$\begin{cases} x_j = -a_c \delta e_j \cos M_j \\ y_j = 2a_c \delta e_j \sin M_j \\ z_j = a_c[\delta i_j \sin(\omega_j + M_j) - \delta\Omega_j \cos(\omega_j + M_j)\sin i_c] \end{cases} \tag{3-77}$$

由式（3-76）和式（3-77）得到

$$(x_j \quad y_j \quad z_j)\boldsymbol{n}_j = 0 \tag{3-78}$$

验证了式（3-76）表达式计算的矢量确实是副星绕飞平面的法线方向。对于空间圆形编队，$\boldsymbol{n}_j = \left(\pm\dfrac{\sqrt{3}}{2}, 0, \dfrac{1}{2}\right)^{\mathrm{T}}$；对于投影圆形编队，$\boldsymbol{n}_j = \left(\pm\dfrac{2}{\sqrt{5}}, 0, \dfrac{1}{\sqrt{5}}\right)^{\mathrm{T}}$。

根据 $\psi_{ji\Omega}$ 的定义可知：

$$\begin{cases} \cos\psi_{ji\Omega} = \dfrac{\delta\Omega_j \sin i_c}{\sqrt{\delta i_j^2 + \delta\Omega_j^2 \sin^2 i_c}} \\ \sin\psi_{ji\Omega} = \dfrac{\delta i_j}{\sqrt{\delta i_j^2 + \delta\Omega_j^2 \sin^2 i_c}} \end{cases} \tag{3-79}$$

故

$$\begin{aligned} z_j &= a_c[\delta i_j \sin(\omega_j + M_j) - \delta\Omega_j \cos(\omega_j + M_j)\sin i_c] \\ &= -K_j a_c \delta e_j \cos(\omega_j + M_j + \psi_{ji\Omega}) \end{aligned} \tag{3-80}$$

设计了副星 j 的轨道根数后，其绕飞轨迹的 x_j 和 y_j 可以按照式（3-77）计算，z_j 可以按照式（3-80）计算。

当 $\cos(\omega_j + M_j + \psi_{ji\Omega}) = \pm\cos M_j$ 且 $K_j = \sqrt{3}$ 时，下式为空间圆形编队。

$$\begin{cases} x_j = -a_c \delta e_j \cos M_j \\ y_j = 2a_c \delta e_j \sin M_j \\ z_j = -K_j a_c \delta e_j \cos(\omega_j + M_j + \psi_{ji\Omega}) \end{cases} \tag{3-81}$$

当 $\cos(\omega_j + M_j + \psi_{ji\Omega}) = \pm \cos M_j$ 且 $K_j = 2$ 时，式（3-81）为投影圆形编队。

因此，空间圆形编队和投影圆形编队可以按照本节的方法设计，绕飞轨迹可以按照式（3-81）计算。

3.2.7 钟摆式编队

钟摆式编队构形要求虚拟主星与副星均运行于圆轨道上，各副星在同一平面内相对于虚拟主星做简谐振动，其绕飞轨迹为垂直于主星轨道平面的直线段。钟摆式编队的副星 j，其轨道参数满足：

$\delta a_j = 0$，$e_c = e_j = 0 \quad \forall j = 1, 2, \cdots, J$，$\delta i_j \ll 1$，$\delta \Omega_j \ll 1$，$\delta u_j = \delta(\omega_j + f_j) \ll 1$，$\delta \theta_j = \delta(\omega_j + M_j) \ll 1$，但 δM_j 未必小。

$$x_j = \delta a + a_c e_c \cos M_c - a_j e_j \cos M_j = 0 \tag{3-82}$$

$$\begin{aligned} y_j &= a_c(\delta u_j + \delta\Omega \cos i_c) = a_c(\delta\theta_j + \delta\Omega \cos i_c + 2\delta e_j \sin M_j + O((\delta e_j)^2)) \\ &= a_c(\delta\theta_j + \delta\Omega \cos i_c) \end{aligned} \tag{3-83}$$

这里 y_j 为固定值，记 $Y_{j0} \triangleq y_j$。

$$\begin{aligned} z_j &= a_c(\delta i_j \sin u_j - \delta\Omega_j \cos u_j \sin i_c) \\ &= -a_c \sqrt{\delta i_j^2 + \delta\Omega_j^2 \sin^2 i_c} \cos(\omega_j + M_j + \psi_{ji\Omega}) \\ &= -Q_j \cos(\omega_j + M_j + \psi_{ji\Omega}) \end{aligned} \tag{3-84}$$

其中

$$\begin{cases} \psi_{ji\Omega} = \arctan\left(\dfrac{\delta i_j}{\delta\Omega_j \sin i_c}\right) \in \left[-\dfrac{\pi}{2}, \dfrac{\pi}{2}\right] \\ Q_j = a_s \sqrt{\delta i_j^2 + \delta\Omega_j^2 \sin^2 i_c} \end{cases} \tag{3-85}$$

根据 Y_{j0}、Q_j 和 $\psi_{ji\Omega}$ 的表达式，得到

$$Q_j^2 = a_c^2(\delta i_j^2 + \delta\Omega_j^2 \sin^2 i_c) = a_c^2 \delta\Omega_j^2 \sin^2 i_c (1 + \tan^2 \psi_{ji\Omega}) \tag{3-86}$$

故

$$\delta\Omega_j = \frac{Q_j \cos \psi_{ji\Omega}}{a_c \sin i_c} \tag{3-87}$$

于是有

$$\delta i_j = \delta \Omega_j \sin i_c \tan \psi_{ji\Omega} = \frac{Q_j \sin \psi_{ji\Omega}}{a_c} \tag{3-88}$$

由 $\delta \theta_j \ll 1$ 是小量

$$\delta \theta_j = \frac{Y_{j0}}{a_c} - \delta \Omega_j \cos i_c = \frac{Y_{j0}}{a_c} - \frac{Q_j \cos \psi_{ji\Omega}}{a_c \tan i_c} \tag{3-89}$$

设

$$M_j = M_c + \delta M_j \tag{3-90}$$

其中，δM_j 任取，不必很小，则有

$$\omega_j = \omega_c + \delta \omega_j = \omega_c - \delta M_j + \delta \theta_j = \omega_c - \delta M_j + \frac{Y_{j0}}{a_c} - \frac{Q_j \cos \psi_{ji\Omega}}{a_c \tan i_c} \tag{3-91}$$

由此可得钟摆式编队构形设计方法如下：

已知参数 Q_j、Y_{j0}、$\psi_{ji\Omega} \in \left(-\frac{\pi}{2}, \frac{\pi}{2}\right)$，副星轨道根数设计为

$$\begin{cases} a_j = a_c \\ e_j = e_c = 0 \\ i_j = i_c + \dfrac{Q_j \sin \psi_{ji\Omega}}{a_c} \\ \Omega_j = \Omega_c + \dfrac{Q_j \cos \psi_{ji\Omega}}{a_c \sin i_c} \\ \omega_j = \omega_c - \delta M_j + \dfrac{Y_{j0}}{a_c} - \dfrac{Q_j \cos \psi_{ji\Omega}}{a_c \tan i_c} \\ M_j = M_c + \delta M_j \end{cases} \tag{3-92}$$

副星轨道根数设计完成以后，副星的瞬时绕飞位置 x_j、y_j、z_j 按照式（3-82）和式（3-84）计算。从式（3-83）可知，Y_{j0} 表示副星 j 在虚拟主星 $Oxyz$ 坐标系中 y 方向相对虚拟主星的位置。从 z_j 的表达式可见副星 j 在一条直线段上做简谐振动，Q_j 为简谐振动的振幅。钟摆式编队构形直线段轨迹的方向与 z 轴平行。

3.3 使用转轮式编队构形方法设计特殊编队构形

空间圆形编队构形、投影圆形编队构形、空间正多边形编队构形等都是转轮式编队构形的特例，可以借助 3.8 节提出的转轮式编队构形的设计方法来设计其他几种特殊的编队构形。

3.3.1 空间圆形编队与投影圆形编队

本节方法对于副星与主星的近地点幅角 $\delta\omega$ 取值任意大小都适用。要求 $e_c \ll e_j \ll 1$，已知空间圆形编队的主星或虚拟主星的轨道根数 a_c、e_c、i_c、Ω_c、ω_c、M_c、f_c 以及选定的 δe_j、δM_j、$K_j = \sqrt{3}$。

则有

$$\begin{cases} a_j = a_c \\ e_j = e_c + \delta e_j \\ M_j = M_c + \delta M_j \end{cases} \quad (3\text{-}93)$$

然后不动点迭代求解 $\psi_{ji\Omega}$、ω_j 和 $\delta\omega_j$。

程序算法如下：

（1）令 $\psi_{ji\Omega} = \eta\pi - \omega_c$。（事实上，$\psi_{ji\Omega}$ 的初值可以任意设置）

（2） for

$$\begin{cases} \delta\omega_j = -\delta M_j - K_j \delta e_j \cos\psi_{ji\Omega} \cot i_c \\ \omega_j = \omega_c + \delta\omega_j \\ \psi_{ji\Omega} = \eta\pi - \omega_j \end{cases} \quad (3\text{-}94)$$

end

（3）

$$\begin{cases} \delta i_j = K_j \delta e_j \sin\psi_{ji\Omega} \\ \delta\Omega_j = \dfrac{K_j \delta e_j \cos\psi_{ji\Omega}}{\sin i_c} \\ i_j = i_c + \delta i_j \\ \Omega_j = \Omega_c + \delta\Omega_j \end{cases} \quad (3\text{-}95)$$

于是得到了副星 j 的 $\psi_{ji\Omega}$ 和 a_j、e_j、i_j、Ω_j、ω_j、M_j、$\theta_j = \omega_j + M_j$。上述程序算法中 η 可以取值 0 或 1。η 的这两个不同数值，对应求解出来的解轨迹法线不同，分别为 $\mathbf{n}_j = (-k_j, 0, 1)^T$ 和 $\mathbf{n}_j = (k_j, 0, 1)^T$。如果要设计的空间圆形编队有 1 颗主星和多颗副星，则在使用上述算法设计这些副星的轨道根数时，所有副星的 η 数值必须全部相等。使用 $\psi_{ji\Omega} = -\omega_c$ 和 $\psi_{ji\Omega} = \pi - \omega_c$ 计算出来的 δi_j、$\delta\Omega$ 和 $\delta\omega_j$ 是一样的，因为迭代方程有唯一解。得到了副星 j 的轨道根数，可以根据式（3-50）或式（3-77）计算 x_j、y_j 和 z_j，也可以将轨道根数代入精确模型计算，对比 x_j、y_j 和 z_j 的精度。

下面我们给出上述迭代步骤收敛的充分条件：

定理：若 $|K_j \delta e_j \cot i_c| < 1$，则上述迭代步骤收敛，即对应 $\varepsilon_j = -\omega_c$ 的上述构形

设计有唯一解，对应 $\varepsilon_j = \pi - \omega_j$ 的上述构形设计有唯一解。

证明：迭代过程是一个不动点迭代，我们只给出 $\varepsilon_j = -\omega_c$ 情形的证明，$\varepsilon_j = \pi - \omega_j$ 的情形与之类似。迭代过程等价于关于 $\delta\omega_j$ 的方程：

$$\delta\omega_j = \omega_c - \delta M_j - K_j \delta e_j \cos(\omega_c + \delta\omega_j)\cot i_c \qquad (3\text{-}96)$$

令

$$f(\chi) = \omega_c - \delta M_j - K_j \delta e_j \cos(\omega_c + \chi)\cot i_c \qquad (3\text{-}97)$$

迭代过程收敛等价于方程 $\chi = f(\chi)$ 有唯一解，由压缩映像原理，若存在 $0<L<1$ 使得 $\left|\dfrac{\mathrm{d}f(\chi)}{\mathrm{d}\chi}\right| \leqslant L$ 对于 χ 的定义域中任意可能的 χ 都成立，则 $f(\chi)$ 在 χ 的定义域中有唯一不动点，且迭代序列收敛于该点，因而构形设计有唯一解。

由

$$\left|\dfrac{\mathrm{d}f(\chi)}{\mathrm{d}\chi}\right| = \left|K_j \delta e_j \sin(\omega_c + \chi)\cot i_c\right| \leqslant \left|K_j \delta e_j \cot i_c\right| \qquad (3\text{-}98)$$

只要 $\left|K_j \delta e_j \cot i_c\right| < 1$，取 $L = \dfrac{1+\left|K_j \delta e_j \cot i_c\right|}{2} \in (0,1)$ 即满足 $\left|\dfrac{\mathrm{d}f(\chi)}{\mathrm{d}\chi}\right| \leqslant L$。定理得证。

如果不动点迭代的条件不成立，则采用牛顿迭代法，令

$$f(\chi) = \omega_c - \delta M_j - K_j \delta e_j \cos(\omega_c + \chi)\cot i_c - \chi \qquad (3\text{-}99)$$

则

$$f'(\chi) = \dfrac{\mathrm{d}f(\chi)}{\mathrm{d}\chi} = K_j \delta e_j \sin(\omega_c + \chi)\cot i_c - 1 \qquad (3\text{-}100)$$

$$\chi_{k+1} = \chi_k - \dfrac{f(\chi)}{f'(\chi)} \quad (k=0,1,2,\cdots) \qquad (3\text{-}101)$$

最后迭代收敛后的 χ_k 即为计算出来的 $\delta\omega_j$，于是 $\omega_j = \omega_c + \delta\omega_j$，$\psi_{ji\Omega} = \pi - \omega_c$。

使用转轮式编队构形设计投影圆形编队的算法步骤、公式与上面方法完全相同，只是 $K_j = 2$。

3.3.2 空间正多边形编队

在编队构形设计中，如果希望多颗副星绕主星或虚拟主星的轨迹在空间形成一个圆，并且各副星两两之间的连线形成一个正多边形。此种编队构形可以应用于合成孔径雷达干涉测量、在轨服务与维修等多种类型的航天任务中。首先，令 $K_j = \sqrt{3}, \forall j = 1,2,\cdots,J$；给定正多边形的边长 b，副星颗数 J，主星的轨道根数

$a_c, e_c = 0, i_c, \Omega_c, \omega_c, M_c$,则编队半径,即副星到主星的距离为

$$r_f = \frac{b}{2\sin\left(\frac{\pi}{J}\right)} \quad (3\text{-}102)$$

相邻两颗副星之间形成一个夹角,该夹角的定点是主星,夹角为 $\alpha_j = \frac{2\pi}{J}$。
$\delta e_j = e_j - e_c$,各 δe_j 相等,记为 δe,则有

$$\delta e = \frac{r_f}{2a_c} \quad (3\text{-}103)$$

则给定 $\delta M_j(1) = \delta M_{j0}$(已知)。通过迭代计算各副星轨道根数的过程如下:

for $j=1:1:J$

$$\begin{cases} a_j = a_c \\ n_j = \sqrt{\dfrac{\mu}{a_j^3}} \\ e_j = e_c + \delta e \\ \delta M_j = \delta M_j(1) + \dfrac{2\pi(j-1)}{J} \\ M_j = M_c + \delta M_j \end{cases} \quad (3\text{-}104)$$

给定 $\psi_{ji\Omega}$ 的迭代初值 $\psi_{ji\Omega} = -\omega_c$

for $k=1:1:\max k$

(不动点迭代过程,可以用牛顿迭代替换,max k 可以取 100)

$$\begin{cases} \delta\omega_j = -\delta M_j - K_j \delta e_j \cos\psi_{ji\Omega} \cot i_c \\ \omega_j = \omega_c + \delta\omega_j \\ \psi_{ji\Omega} = \eta\pi - \omega_j \end{cases} \quad (3\text{-}105)$$

end

$$\begin{cases} \delta i_j = K_j \delta e_j \sin\psi_{ji\Omega} \\ \delta\Omega_j = \dfrac{K_j \delta e_j \cos\psi_{ji\Omega}}{\sin i_c} \\ i_j = i_c + \delta i_j \\ \Omega_j = \Omega_c + \delta\Omega_j \end{cases} \quad (3\text{-}106)$$

由此便计算出了所有副星初始时刻的轨道根数。令 $K_j = 2, \forall j = 1,2,\cdots,J$,本节方法适用于投影正多边形编队构形的设计。

3.4 任意时刻正三角形编队构形设计

3.4.1 单颗副星的绕飞构形设计

我们首先设计单颗副星 j 的绕飞构形。主星的轨道根数已知：a_c、e_c、i_c、Ω_c、ω_c、f_c、M_c，其中 $e_c = 0$ 或 $e_c \ll \delta e_j \ll 1$，令 $\varepsilon_j = \alpha_j + \pi$，由 α_j 的表达式结合 K_j 的表达式，得

$$\begin{cases} \delta\Omega_j = \dfrac{K_j \delta e_j \cos\varepsilon_j}{\sin i_c} \\ \delta i_j = K_j \delta e_j \sin\varepsilon_j \end{cases} \quad (3\text{-}107)$$

由 $\delta\lambda_j + \delta\Omega_j \cos i_c = 0$ 得

$$\delta\omega_j = -\delta M_j - K_j \delta e_j \cos\varepsilon_j \cot i_c \quad (3\text{-}108)$$

如果已经确定了 δe_j、ε_j、K_j、δM_j，则副星的轨道根数为

$$\begin{cases} a_j = a_c \\ e_j = \delta e_j \\ i_j = i_c + K_j \delta e_j \sin\varepsilon_j \\ \Omega_j = \Omega_c + \dfrac{K_j \delta e_j \cos\varepsilon_j}{\sin i_c} \\ \omega_j = \omega_c - \delta M_j - K_j \delta e_j \cos\varepsilon_j \cot i_c \\ M_j = M_c + \delta M_j \end{cases} \quad (3\text{-}109)$$

副星绕飞轨迹可根据下式快速计算：

$$\begin{cases} x_j = -a_c \delta e_j \cos M_j \\ y_j = 2 a_c \delta e_j \sin M_j \\ z_j = a_c [\delta i_j \sin(\omega_j + M_j) - \delta\Omega_j \cos(\omega_j + M_j)\sin i_c] \end{cases} \quad (3\text{-}110)$$

对于空间圆形编队有 $z_j = \pm\sqrt{3} x_j$，对于投影圆形编队有 $z_j = \pm 2 x_j$，因而对于空间圆形编队和投影圆形编队，都有 $\alpha_j + \omega_j = k\pi (k = 0, \pm 1, \pm 2, \cdots)$，故 $\varepsilon_j + \omega_j = k\pi (k = 0, \pm 1, \pm 2, \cdots)$，不计角度的周期项，则 $\varepsilon_j = \begin{cases} -\omega \\ \pi - \omega_j \end{cases}$。而空间正三角形编队的每颗副星绕主星都是空间圆形，因而满足空间圆形编队的条件；投影正三角形编队的每颗副星绕主星都是投影圆形，因而满足投影圆形编队的条件。空间正三角形编队如果主星是实际存在的主星，则两颗副星编队轨迹的相位差为 $\pi/3$；如果主星是

虚拟主星，则三颗副星两两编队轨迹的相位差为$2\pi/3$。同样，投影正三角形编队如果主星是实际存在的主星，则两颗副星编队轨迹的相位差为$\pi/3$；如果主星是虚拟主星，则三颗副星两两编队轨迹的相位差为$2\pi/3$。

3.4.2 空间正三角形编队构形的迭代设计方法

对于空间正三角形编队来说，其每颗副星绕主星都是空间圆形编队，且各副星绕飞轨迹重合，绕飞相位差需要满足一定角度。由于无法直接使用式（3-110）计算各副星的轨道根数，因此本节将设计空间正三角形编队构型的迭代算法，具体如下：已知主星的轨道根数：a_c、e_c、i_c、Ω_c、ω_c、f_c、M_c，已知确定绕飞轨迹在空间方位和轨迹大小形状的δe_j、$K_j = \sqrt{3}$，已知确定副星相位差的δM_j，且知它们之间满足的关系为式（3-111）或式（3-112）：

$$\begin{cases} \varepsilon_j = -\omega_j \\ \delta\omega_j = -\delta M_j - K_j \delta e_j \cos\varepsilon_j \cot i_c \\ \omega_j = \omega_c + \delta\omega_j \end{cases} \quad (3\text{-}111)$$

$$\begin{cases} \varepsilon_j = \pi - \omega_j \\ \delta\omega_j = -\delta M_j - K_j \delta e_j \cos\varepsilon_j \cot i_c \\ \omega_j = \omega_c + \delta\omega_j \end{cases} \quad (3\text{-}112)$$

式（3-111）和式（3-112）得出的解对应两个不同的绕飞平面。

可以通过迭代求解ε_j、$\delta\omega_j$、ω_j，迭代步骤如下：

（1）迭代初值令$\varepsilon_j = -\omega_c$。

（2）迭代过程：

$$\delta\omega_j = -\delta M_j - K_j \delta e_j \cos\varepsilon_j \cot i_c$$
$$\omega_j = \omega_c + \delta\omega_j$$
$$\varepsilon_j = -\omega_j$$

（3）$\delta i_j = K_j \delta e_j \sin\varepsilon_j$；$\delta\Omega_j = \dfrac{K_j \delta e_j \cos\varepsilon_j}{\sin i_c}$；$i_j = i_c + \delta i_j$；$\Omega_j = \Omega_c + \delta\Omega_j$

于是便得到了ε_j和副星j的轨道根数$a_j, e_j, i_j, \Omega_j, \omega_j, M_j$。将迭代步骤中的$\varepsilon_j = -\omega_c$改为$\varepsilon_j = \pi - \omega_j$则得到了另外一个绕飞平面上的绕飞轨迹所对应的副星轨道根数。

在上述空间正三角形编队的设计中，如果主星实际存在，则有两颗副星，正三角形的边长就是编队的半径$r_{\text{formation}}$，两副星之间的夹角为$\dfrac{\pi}{3}$，置主星偏心率$e_c = 0$，

各副星的偏心率 $e_j = \delta e_j = \dfrac{r_{\text{formation}}}{2a_c}$（$j=1,2$），给定了决定第一颗副星初始相位的 δM_1，取 $\delta M_2 = \delta M_1 + \dfrac{\pi}{3}$，通过迭代步骤求解两颗副星的轨道根数。如果主星是虚拟主星，则有三颗副星，设正三角形的边长为 b，则编队的半径 $r_{\text{formation}} = \dfrac{b}{\sqrt{3}}$，两两副星之间的夹角为 $\dfrac{2\pi}{3}$，置虚拟主星的偏心率 $e_c = 0$，各副星的偏心率 $e_j = \delta e_j = \dfrac{r_{\text{formation}}}{2a_c}$（$j=1,2,3$），给定了决定第一颗副星初始相位的 δM_1，取 $\delta M_2 = \delta M_1 + \dfrac{2\pi}{3}$，$\delta M_3 = \delta M_1 + \dfrac{4\pi}{3}$，通过迭代步骤求解三颗副星的轨道根数。

3.4.3 投影正三角形编队构形的迭代设计方法

投影正三角形编队的设计方法和空间正三角形编队的设计方法类似。对于投影正三角形编队来说，其每颗副星绕主星都是投影圆形编队，且各副星绕飞轨迹重合，绕飞相位差满足一定角度。由于无法直接使用式（3-110）计算各副星的轨道根数，因此本节将设计投影正三角形编队构型的迭代算法，具体如下。

已知主星的轨道根数：a_c、e_c、i_c、Ω_c、ω_c、f_c、M_c，已知确定绕飞轨迹在空间方位和轨迹大小形状的 δe_j、$K_j = 2$，已知确定副星相位差的 δM_j。且知它们之间满足的关系式（3-111）或式（3-112），式（3-111）和式（3-112）得出的解对应两个不同的绕飞平面。可以通过迭代求解 ε_j、$\delta \omega_j$、ω_j，迭代步骤同空间正三角形编队设计中的迭代步骤。迭代得出了 ε_j 和副星 j 的轨道根数 $a_j, e_j, i_j, \Omega_j, \omega_j, M_j$。将迭代步骤中的 $\varepsilon_j = -\omega_c$ 改为 $\varepsilon_j = \pi - \omega_c$ 则得到了另外一个绕飞平面上的绕飞轨迹所对应的副星轨道根数。迭代步骤收敛的充分条件同空间正三角形编队设计中的相同。

在投影正三角形编队的设计中，如果主星实际存在，则有两颗副星，投影正三角形的边长就是副星的编队轨迹在水平面内的投影圆半径 $r_{\text{formation}}$，两副星之间的夹角为 $\dfrac{\pi}{3}$，置主星偏心率 $e_c = 0$，各副星的偏心率 $e_j = \delta e_j = \dfrac{r_{\text{formation}}}{2a_c}$（$j=1,2$），给定了决定第一颗副星初始相位的 δM_1，取 $\delta M_2 = \delta M_1 + \dfrac{\pi}{3}$，通过迭代步骤求解两颗副星的轨道根数。如果主星是虚拟主星，则有三颗副星，设投影正三角形的边长为 b，则副星的编队轨迹在水平面内的投影圆半径 $r_{\text{formation}} = \dfrac{b}{\sqrt{3}}$，两两副星之间的夹

角为 $\frac{2\pi}{3}$，置虚拟主星的偏心率 $e_c = 0$，各副星的偏心率 $e_j = \delta e_j = \frac{r_{\text{formation}}}{2a_c}$（$j = 1,2,3$），给定了决定第一颗副星初始相位的 δM_1，取 $\delta M_2 = \delta M_1 + \frac{2\pi}{3}$，$\delta M_3 = \delta M_1 + \frac{4\pi}{3}$，通过迭代步骤求解三颗副星的轨道根数。

3.4.4 迭代设计方法的数值仿真

根据上面的分析与设计，假设某历元时刻主星的轨道根数为 $a_d = 8200000 \text{m}$，$e_d = 1e-8$，$i_d = 63.41°$，$\Omega_d = 307.15°$，$\omega_d = 123.7°$，$M_d = 282.87°$，取 $\delta M_1 = 34.5°$，设计编队边长为 2km 的虚拟主星空间正三角形编队，使用本章提出的构形设计方法计算得该历元时刻各副星的轨道根数为

$$\begin{cases} a_1 = 8200000\text{m} \\ e_1 = 7.0418569413369 \times 10^{-5} \\ i_1 = 63.40301339099165° \\ \Omega_1 = 307.1501091033646° \\ \omega_1 = 89.19995116500434° \\ M_1 = 317.2935874404357° \end{cases} \begin{cases} a_2 = 8200000\text{m} \\ e_2 = 7.0418569413369 \times 10^{-5} \\ i_2 = 63.41357810675928° \\ \Omega_2 = 307.1567114708097° \\ \omega_2 = 329.1969959253858° \\ M_2 = 77.29358744056094° \end{cases} \begin{cases} a_3 = 8200000\text{m} \\ e_3 = 7.0418569413369 \times 10^{-5} \\ i_3 = 63.41340914199704° \\ \Omega_3 = 307.1431794258269° \\ \omega_3 = 209.2030529096094° \\ M_3 = 197.2935874405830° \end{cases}$$

仿真结果如图 3-1～图 3-4 所示，可见三颗副星相对虚拟主星的空间轨迹重合，且三颗副星成边长为 2km 的空间正三角形编队构形，编队边长误差在 0.40725m 以内。

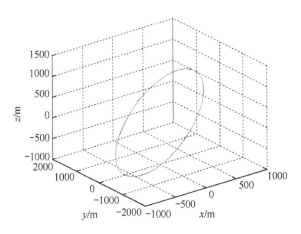

图 3-1　三颗副星相对虚拟主星的空间轨迹重合

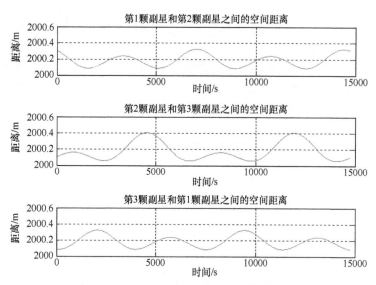

图 3-2　两个轨道周期内各颗副星之间的空间距离

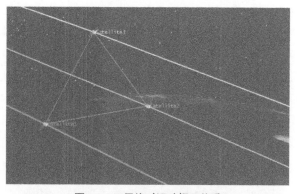

图 3-3　三星绝对运动相互关系

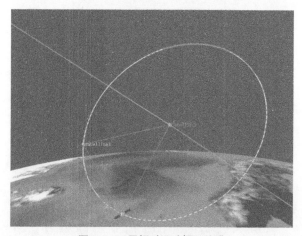

图 3-4　三星相对运动相互关系

该历元时刻主星的轨道根数不变,取 $\delta M_1 = 339.2°$,设计编队构形在水平面内的投影边长为 2km 的虚拟主星投影正三角形编队,使用本章提出的构形设计方法计算得该历元时刻各副星的轨道根数为

$$\begin{cases} a_1 = 8200000\text{m} \\ e_1 = 7.0418569413369 \times 10^{-5} \\ i_1 = 63.40531513324767° \\ \Omega_1 = 307.1426543273680° \\ \omega_1 = 144.5032879452663° \\ M_1 = 261.9935874405828° \end{cases} \begin{cases} a_2 = 8200000\text{m} \\ e_2 = 7.0418569413369 \times 10^{-5} \\ i_2 = 63.40665463139038° \\ \Omega_2 = 307.1582103819835° \\ \omega_2 = 24.49632500821531° \\ M_2 = 21.99358744058304° \end{cases} \begin{cases} a_3 = 8200000\text{m} \\ e_3 = 7.0418569413369 \times 10^{-5} \\ i_3 = 63.41803108844150° \\ \Omega_3 = 307.1491352906343° \\ \omega_3 = 264.5003870465250° \\ M_3 = 141.9935874405828° \end{cases}$$

仿真结果如图 3-5~图 3-7 所示,可见三颗副星相对虚拟主星的空间轨迹重合,三颗副星相对虚拟主星的轨迹在虚拟主星水平面内的投影轨迹也重合,且三颗副星成边长为 2km 的投影正三角形编队构形,编队投影边长误差在 0.44119m 以内。

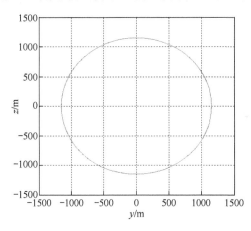

图 3-5　三颗副星相对虚拟主星的轨迹在水平面内的投影重合

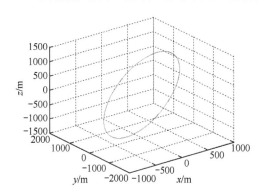

图 3-6　各颗副星相对虚拟主星的空间轨迹重合(画了两个轨道周期)

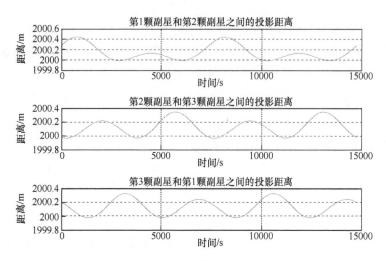

图 3-7 两个轨道周期内各颗副星之间的投影距离

历元时刻主星的轨道根数不变，取 $\delta M_1 = 34.5°$，设计编队边长为 2km 的实际存在主星的空间正三角形编队，使用本章提出的构形设计方法计算得该历元时刻两颗副星的轨道根数为

$$\begin{cases} a_1 = 8200000\text{m} \\ e_1 = 1.219612195121951\times 10^{-4} \\ i_1 = 63.39789883833038° \\ \Omega_1 = 307.1501889810153° \\ \omega_1 = 89.19991541152653° \\ M_1 = 317.2935874404357° \end{cases} \begin{cases} a_2 = 8200000\text{m} \\ e_2 = 1.219612195121951\times 10^{-4} \\ i_2 = 63.40409673083588° \\ \Omega_2 = 307.1618145421767° \\ \omega_2 = 29.19471177522212° \\ M_2 = 17.29358744049819° \end{cases}$$

仿真结果如图 3-8 和图 3-9 所示，可见两颗副星相对主星的空间轨迹重合，主星和两颗副星成边长为 2km 的空间正三角形编队构形，编队边长误差在 0.45287m 以内。

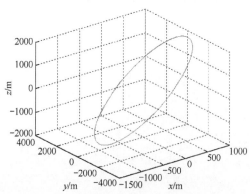

图 3-8 两个轨道周期中各个卫星之轨迹重合

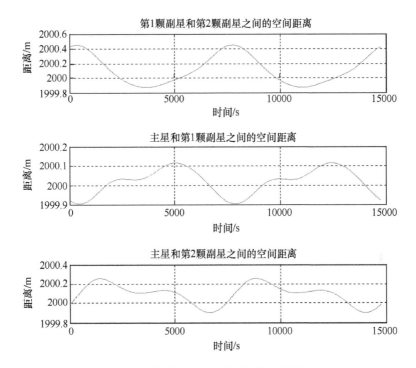

图 3-9 两颗副星相对主星的空间间的空间距离

历元时刻主星的轨道根数不变，取 $\delta M_1 = 339.2°$，设计编队构形在水平面内的投影边长为 2km 的实际存在主星的投影正三角形编队，使用本章提出的构形设计方法计算得该历元时刻两颗副星的轨道根数为

$$\begin{cases} a_1 = 8200000\text{m} \\ e_1 = 1.219612195121951 \times 10^{-4} \\ i_1 = 63.40188605075295° \\ \Omega_1 = 307.1372765405716° \\ \omega_1 = 144.5056950588862° \\ M_1 = 261.9935874405828° \end{cases} \begin{cases} a_2 = 8200000\text{m} \\ e_2 = 1.219612195121951 \times 10^{-4} \\ i_2 = 63.39608977150240° \\ \Omega_2 = 307.1514980076772° \\ \omega_2 = 84.49932948723728° \\ M_2 = 321.9935874405828° \end{cases}$$

仿真结果如图 3-10～图 3-12 所示，可见两颗副星相对主星的空间轨迹重合，两颗副星相对主星的轨迹在主星水平面内的投影轨迹也重合，主星和两颗副星成边长为 2km 的投影正三角形编队构形，编队投影边长误差在 0.56956m 以内。

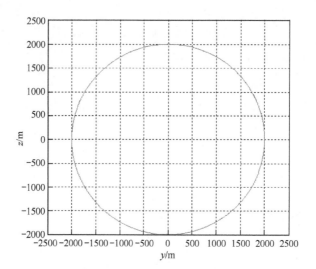

图 3-10 两颗副星相对主星的轨迹在水平面内的投影重合

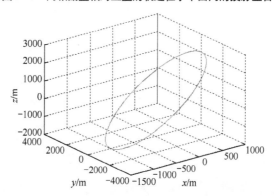

图 3-11 两颗副星相对主星的空间轨迹重合（画了两个轨道周期）

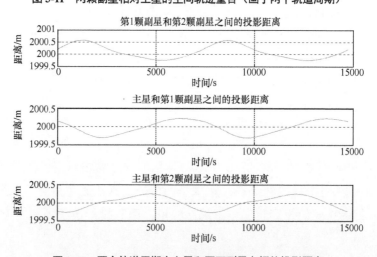

图 3-12 两个轨道周期内主星和两颗副星之间的投影距离

3.5 卫星圆形编队长期稳定构形设计

3.5.1 卫星编队构形描述及 J_2 项摄动

设下标 c 和 d 分别代表主星和副星，$e_c \ll e_d \ll 1$。令 $\delta a = a_d - a_c$，$\delta r = r_d - r_c$，$\delta i = i_d - i_c$，$\delta \Omega = \Omega_d - \Omega_c$，$\delta u = u_d - u_c$，$\delta M = M_d - M_c$。当编队飞行过程中主星和副星距离很近时，有 $\delta r \ll r_c$，$\delta i \ll 1$，$\delta \Omega \ll 1$，$\delta u \ll 1$。则副星 d 相对主星 c 的位置矢量在主星轨道坐标系 $c - xyz$ 各轴分量为[5]

$$\begin{pmatrix} x \\ y \\ z \end{pmatrix} = \begin{pmatrix} \delta r \\ r_c(\delta u + \delta \Omega \cos i_c) \\ r_c(\delta i \sin u_c - \delta \Omega \cos u_c \sin i_c) \end{pmatrix} \quad (3-113)$$

由于 $e_c \ll e_d \ll 1$，不计二阶以上小量，有 $\delta u = \delta \omega + \delta M + 2\delta e \sin M_d$，故式（3-113）化简为

$$\begin{pmatrix} x \\ y \\ z \end{pmatrix} = \begin{pmatrix} \delta a - a_c \delta e \cos M_d \\ a_c[(\delta \omega + \delta M + \delta \Omega \cos i_c) + 2\delta e \sin M_d] \\ a_c[\delta i \sin(\omega_d + M_d) - \delta \Omega \cos(\omega_d + M_d) \sin i_c] \end{pmatrix} \quad (3-114)$$

J_2 项摄动力引起的卫星平均轨道根数的长期变化率为[6]

$$\begin{cases} \dot{a} = \dot{e} = \dot{i} = 0 \\ \dot{\Omega} = -\dfrac{3}{2} J_2 \left(\dfrac{R_e}{p} \right)^2 n \cos i \\ \dot{\omega} = \dfrac{3}{2} J_2 \left(\dfrac{R_e}{p} \right)^2 n \left(2 - \dfrac{5}{2} \sin^2 i \right) \\ \dot{M} = n + \dfrac{3}{2} J_2 \left(\dfrac{R_e}{p} \right)^2 n \left(1 - \dfrac{3}{2} \sin^2 i \right) \sqrt{1 - e^2} \end{cases} \quad (3-115)$$

式中：$J_2 = 1.08263 \times 10^{-3}$；地球赤道半径 $R_e = 6378.140 \text{km}$；$n = \sqrt{\dfrac{\mu}{a^3}}$；$\mu$ 为地球引力常数；$p = a(1 - e^2)$。

由式（3-115）将各表达式关于轨道根数泰勒展开并保留一阶项可得

$$\begin{cases} \delta\dot{\Omega} = -\dfrac{7\dot{\Omega}}{2a}\delta a - (\dot{\Omega}\tan i)\delta i + \dfrac{4ae\dot{\Omega}}{p}\delta e \\ \delta\dot{\omega} = -\dfrac{7\dot{\omega}}{2a}\delta a - \left(\dfrac{15}{4}\dfrac{J_2 R_e^2}{p^2}n\sin 2i\right)\delta i + \dfrac{4ae\dot{\omega}}{p}\delta e \\ \delta\dot{M} = -\dfrac{3n}{2a}\delta a - \dfrac{7\dot{M}}{2a}\delta a - \left(\dfrac{9}{4}\dfrac{J_2 R_e^2}{p^2}n\sqrt{1-e^2}\sin 2i\right)\delta i + \dfrac{3ae\dot{M}}{p}\delta e \end{cases} \quad (3\text{-}116)$$

J_2 不变相对轨道（J_2 invariant relative orbit）条件为[4,7-8]

$$\begin{cases} \delta\dot{\Omega} = 0 \\ \delta\dot{\omega} + \delta\dot{M} = 0 \end{cases} \quad (3\text{-}117)$$

即在 J_2 项摄动作用下，近距离近圆轨道编队的卫星之间满足上述条件，则相对运动轨迹不发生漂移。将式（3-116）代入式（3-117），将 J_2 不变相对轨道条件改写为

$$\begin{cases} -\dfrac{7\dot{\Omega}}{2a_c}\delta a - (\dot{\Omega}\tan i_c)\delta i + \dfrac{4a_c e_c \dot{\Omega}}{p_c}\delta e = 0 \\ -\left(\dfrac{7\dot{\omega}+3n_c+7\dot{M}}{2a_c}\right)\delta a - \dfrac{3}{4}\dfrac{J_2 R_e^2}{p_c^2}n_c(5+3\sqrt{1-e_c^2})\sin(2i_c)\delta i + \dfrac{a_c e_c}{p_c}(4\dot{\omega}+3\dot{M})\delta e = 0 \end{cases}$$

$$(3\text{-}118)$$

对于主要的摄动影响是地球非球形 J_2 项产生的轨道高度上的卫星编队来说，编队构形长期稳定保持要求编队满足 J_2 不变相对轨道条件。为了节省燃料，延长卫星编队寿命，就要在设计编队构形时考虑如何使编队构形满足 J_2 不变相对轨道条件，从而长期稳定保持。然而满足 J_2 不变相对轨道条件对于很多类型的编队构形的设计来说是比较苛刻的。对于某些特定的编队构形来说，编队构形设计与构形长期稳定保持之间往往不能兼顾[8,11]。例如对于平面内椭圆编队（in-plane elliptic formation）来说，构形设计要求副星和主星运行在同一个轨道面上，副星相对主星的绕飞轨迹为椭圆，因而 $\delta a = 0$，$\delta i = \delta\Omega = 0$，如果要求平面内椭圆编队满足 J_2 不变相对轨道条件，则 $\delta e = 0$，于是副星相对主星的轨迹便不是椭圆形了，因此无法设计出满足 J_2 不变相对轨道条件的平面内椭圆编队。

3.5.2　J_2 不变相对轨道条件与圆形编队

1. 空间圆形编队（spatial circular formation）

空间圆形编队[4]满足 $x^2 + y^2 + z^2 = r_{\text{formation}}^2$。

令 $\delta a = 0$，$\delta\omega + \delta M + \delta\Omega\cos i_c = 0$，$e_c \ll e_d \ll 1$，则空间圆形编队的相对运动模型为

$$\begin{pmatrix} x \\ y \\ z \end{pmatrix} = \begin{pmatrix} -a_c \delta e \cos M_d \\ 2a_c \delta e \sin M_d \\ a_c \sqrt{\delta i^2 + \delta \Omega^2 \sin^2 i_c} \cos(\omega_d + M_d + \alpha) \end{pmatrix} \quad (3\text{-}119)$$

式中：$\cos\alpha = \dfrac{-\delta\Omega \sin i_c}{\sqrt{\delta i^2 + \delta\Omega^2 \sin^2 i_c}}$；$\sin\alpha = \dfrac{-\delta i}{\sqrt{\delta i^2 + \delta\Omega^2 \sin^2 i_c}}$。

令 $K = \dfrac{\sqrt{\delta i^2 + \delta\Omega^2 \sin^2 i_c}}{\delta e}$，则空间圆形编队满足

$$\begin{cases} \cos(\omega_d + M_d + \alpha) = \pm \cos M_d \\ K = \sqrt{3} \end{cases} \quad (3\text{-}120)$$

因而空间圆形编队的半径 $r_{\text{formation}} = 2a_c \delta e$。上文已经指出对于空间圆形编队来说，满足 $\delta a = 0$ 这个构形设计要求则无法满足 J_2 不变相对轨道条件，下面放宽空间圆形编队的构形设计要求，考虑是否能使得编队构形满足 J_2 不变相对轨道条件。

设初始时刻 t_0 有 $\delta a(t_0) \neq 0$，$\delta\omega(t_0) + \delta M(t_0) + \delta\Omega(t_0)\cos i_c = 0$，则由式（3-108）得到在 J_2 项摄动的作用下，t 时刻空间圆形编队的相对运动模型变为

$$\begin{pmatrix} x \\ y \\ z \end{pmatrix} = \begin{pmatrix} \delta a - a_c \delta e \cos M_d \\ a_c[(\delta\omega(t_0) + \delta M(t_0) + \delta\Omega(t_0)\cos i_c) + 2\delta e \sin M_d] + a_c(t-t_0)(\delta\dot\omega + \delta\dot M + \delta\dot\Omega \cos i_c) \\ a_c\sqrt{\delta i^2 + (\delta\Omega(t_0))^2 \sin^2 i_c}\cos(\omega_d + M_d + \alpha) - a_c(t-t_0)\delta\dot\Omega \cos(\omega_d + M_d)\sin i_c \end{pmatrix}$$
$$(3\text{-}121)$$

式中：$\cos\alpha = \dfrac{-\delta\Omega(t_0)\sin i_c}{\sqrt{\delta i^2 + (\delta\Omega(t_0))^2 \sin^2 i_c}}$；$\sin\alpha = \dfrac{-\delta i}{\sqrt{\delta i^2 + (\delta\Omega(t_0))^2 \sin^2 i_c}}$。

令

$$\begin{cases} l_1 = -\dfrac{7\dot\Omega}{2a_c} \\ l_2 = -(\dot\Omega \tan i_c) \\ l_3 = \dfrac{4a_c e_c \dot\Omega}{p_c} \end{cases} \quad \begin{cases} m_1 = -\dfrac{7(\dot\omega + \dot M)}{2a_c} - \dfrac{3n_c}{2a_c} \\ m_2 = -\dfrac{9}{4}\dfrac{J_2 R_e^2}{p_c^2} n_c \sqrt{1-e_c^2}\sin 2i_c \\ m_3 = \dfrac{3a_c e_c \dot M}{p_c} \end{cases} \quad (3\text{-}122)$$

我们给出空间圆形编队的构形稳定性定理如下：

定理：放弃 $\delta a = 0$ 的条件，则空间圆形编队存在可以满足 J_2 不变相对轨道条件的编队构形当且仅当 $\left|\dfrac{m_1 l_3 - l_1 m_3}{m_2 l_1 - m_1 l_2}\right| \leq \sqrt{3}$ 成立。当 $\left|\dfrac{m_1 l_3 - l_1 m_3}{m_2 l_1 - m_1 l_2}\right| \leq \sqrt{3}$ 时，空间圆形编队满足 J_2 不变相对轨道条件的副星和主星的轨道根数差满足下列关系式：

$\delta e = \dfrac{r_{\text{formation}}}{2a_c}$，$\delta i = \dfrac{m_1 l_3 - l_1 m_3}{m_2 l_1 - m_1 l_2}\delta e$，$\delta a = \dfrac{m_2 l_3 - l_2 m_3}{m_1 l_2 - m_2 l_1}\delta e$，$\delta\Omega = \pm\dfrac{\sqrt{3\delta e^2 - \delta i^2}}{\sin i_c}$；副星近地点幅角满足 $\cos(\omega_d + \alpha) = \pm 1$。

证明：由 $K = \dfrac{\sqrt{\delta i^2 + \delta\Omega^2 \sin^2 i_c}}{\delta e} = \sqrt{3}$ 得 $\delta\Omega^2 \sin^2 i_c = 3\delta e^2 - \delta i^2$，而满足 J_2 不变相对轨道条件等价于 $\begin{cases} l_1\delta a + l_2\delta i + l_3\delta e = 0 \\ m_1\delta a + m_2\delta i + m_3\delta e = 0 \end{cases}$，解得 $\delta i = \dfrac{m_1 l_3 - l_1 m_3}{m_2 l_1 - m_1 l_2}\delta e$，$\delta a = \dfrac{m_2 l_3 - l_2 m_3}{m_1 l_2 - m_2 l_1}\delta e$。结合 $0 \leqslant 3\delta e^2 - \delta i^2$，必有 $\left|\dfrac{m_1 l_3 - l_1 m_3}{m_2 l_1 - m_1 l_2}\right| \leqslant \sqrt{3}$，必要性得证。

下面证明充分性：当 $\left|\dfrac{m_1 l_3 - l_1 m_3}{m_2 l_1 - m_1 l_2}\right| \leqslant \sqrt{3}$ 时，首先设计空间圆形编队的半径 $r_{\text{formation}}$，令 $\delta e = \dfrac{r_{\text{formation}}}{2a_c}$。$\delta i = \dfrac{m_1 l_3 - l_1 m_3}{m_2 l_1 - m_1 l_2}\delta e$ 和 $\delta a = \dfrac{m_2 l_3 - l_2 m_3}{m_1 l_2 - m_2 l_1}\delta e$ 两式等价于 J_2 不变相对轨道条件。由 $\delta\Omega^2 \sin^2 i_c = 3\delta e^2 - \delta i^2$ 得 $\delta\Omega = \pm\dfrac{\sqrt{3\delta e^2 - \delta i^2}}{\sin i_c}$。再由式（3-114）知副星近地点幅角满足 $\cos(\omega_d + \alpha) = \pm 1$。证毕。

2. 投影圆形编队

投影圆形编队[1]满足 $y^2 + z^2 = r_{\text{formation}}^2$。

令 $\delta a = 0$，$\delta\omega + \delta M + \delta\Omega\cos i_c = 0$，$e_c \ll e_d \ll 1$，则投影圆形编队的相对运动模型在形式上与空间圆形编队的相对运动模型相同，仍为式（3-119）。

投影圆形编队满足

$$\begin{cases} \cos(\omega_c + M_c + \alpha) = \pm\cos M_c \\ K = 2 \end{cases} \tag{3-123}$$

因而投影圆形编队的投影圆半径 $r_{\text{formation}} = 2a_c\delta e$。

设初始时刻 t_0 有 $\delta a(t_0) \neq 0$，$\delta\omega(t_0) + \delta M(t_0) + \delta\Omega(t_0)\cos i_c = 0$，则由式（3-114）可得在 J_2 项摄动的作用下 t 时刻投影圆形编队的相对运动模型，其在形式上与式（3-121）完全相同。

下面不加证明地给出投影圆形编队的构形稳定性定理，其证明过程与空间圆形编队的构形稳定性定理的证明过程类似。

定理：放弃 $\delta a = 0$ 的条件，则投影圆形编队存在可以满足 J_2 不变相对轨道条件的编队构形当且仅当 $\left|\dfrac{m_1 l_3 - l_1 m_3}{m_2 l_1 - m_1 l_2}\right| \leqslant 2$ 成立。当 $\left|\dfrac{m_1 l_3 - l_1 m_3}{m_2 l_1 - m_1 l_2}\right| \leqslant 2$ 时，投影圆形编队满足 J_2 不变相对轨道条件的副星和主星的轨道根数差满足下列关系式：

$\delta e = \dfrac{r_{\text{formation}}}{2a_c}$，$\delta i = \dfrac{m_1 l_3 - l_1 m_3}{m_2 l_1 - m_1 l_2}\delta e$，$\delta a = \dfrac{m_2 l_3 - l_2 m_3}{m_1 l_2 - m_2 l_1}\delta e$，$\delta\Omega = \pm\dfrac{\sqrt{4\delta e^2 - \delta i^2}}{\sin i_c}$；副星近地点幅角满足 $\cos(\omega_d + \alpha) = \pm 1$。

3.5.3 数值仿真

设计不满足 J_2 不变相对轨道条件的编队半径为 10km 的空间圆形编队，令 $\delta M = 263.2°$，设主星的轨道根数为

$$\begin{cases} a_c = 7471000\text{m} \\ e_c = 10^{-7} \\ i_c = 63.41° \\ \Omega_c = 352.38° \\ \omega_c = 123.71° \\ M_c = 269.04° \end{cases}$$

副星的轨道根数为

$$\begin{cases} a_d = 7471000\text{m} \\ e_d = 0.0006693544505421 \\ i_d = 63.453164998417982° \\ \Omega_d = 352.32355295542908° \\ \omega_d = 220.535265867714° \\ M_d = 172.24° \end{cases}$$

不考虑摄动力情况下该空间圆形编队的副星相对主星绕飞轨迹，如图 3-13 所示。考虑 J_2 项摄动情况下该空间圆形编队副星相对主星绕飞的 100 个轨道周期的空间轨迹漂移如图 3-14 所示。可见不满足 J_2 不变相对轨道条件设计的编队构形，其构形漂移显著。

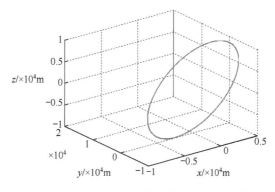

图 3-13 不考虑摄动的理想情况的副星空间圆形轨迹

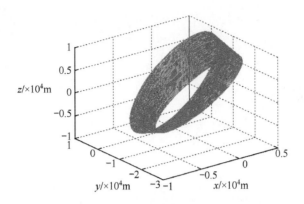

图 3-14 考虑 J_2 项摄动的空间圆形编队副星的 100 个轨道周期的空间轨迹漂移

根据空间圆形编队的构形稳定性定理,我们设计编队半径为 10km、满足 J_2 不变相对轨道条件的空间圆形编队,则

令主星轨道根数为

$$\begin{cases} a_c = 7471000\text{m} \\ e_c = 10^{-7} \\ i_c = 63.41° \\ \Omega_c = 352.38° \\ \omega_c = 123.71° \\ M_c = 269.04° \end{cases}$$

副星的轨道根数为

$$\begin{cases} a_d = 7470999.999998813\text{m} \\ e_d = 0.0006693544505421 \\ i_d = 63.410000007693377° \\ \Omega_d = 352.45427183262484° \\ \omega_d = 359.9999933630888° \\ M_d = 32.71676234020373° \end{cases}$$

画出副星相对主星绕飞的 100 个轨道周期的轨迹如图 3-15 所示,可见根据空间圆形编队的构形稳定性定理设计的满足 J_2 不变相对轨道条件的空间圆形编队,其相对构形稳定,可长期保持。

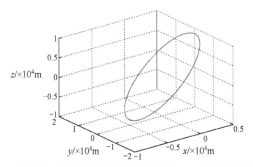

图 3-15 满足 J_2 不变相对轨道条件的空间圆形编队 100 个轨道周期副星绕飞轨迹

根据投影圆形编队的构形稳定性定理，我们设计编队投影圆半径为 10km、满足 J_2 不变相对轨道条件的投影圆形编队，则

令主星轨道根数为

$$\begin{cases} a_c = 7471000\text{m} \\ e_c = 10^{-7} \\ i_c = 63.41° \\ \Omega_c = 352.38° \\ \omega_c = 123.71° \\ M_c = 269.04° \end{cases}$$

副星的轨道根数为

$$\begin{cases} a_d = 7470999.999998813\text{m} \\ e_d = 0.0006693544505421 \\ i_d = 63.410000000769323° \\ \Omega_d = 352.46576172511834° \\ \omega_d = 359.9999994252266° \\ M_d = 32.71161336746724° \end{cases}$$

画出副星相对主星绕飞的 100 个轨道周期的轨迹如图 3-16 所示，可见根据投影圆形编队的构形稳定性定理设计的满足 J_2 不变相对轨道条件的投影圆形编队，其相对构形稳定，可长期保持。

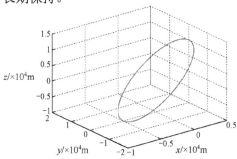

图 3-16 满足 J_2 不变相对轨道条件的投影圆形编队 100 个轨道周期副星绕飞轨迹

3.6 小结

本章给出了几种重要的编队星座的基于几何法的构形设计方法。其中串行编队是最简单的编队构形，主副星运行在同一个近圆轨道上，主要适用于主星和副星之间的稳定基线的相对导航试验、电子干扰试验等。对于圆轨道的串行编队来说，副星相对主星的位置矢量在主星轨道坐标系仅切向有分量，径向和法向均没有分量，且在主星轨道坐标系中，副星相对主星静止不动。

本章还介绍了星下点轨迹重合编队、轨道平面内椭圆绕飞编队、空间圆形编队和投影圆形编队的设计。针对一类需要控制为正三角形构形的编队，提出了任意时刻卫星空间正三角形编队和投影正三角形编队两种编队构形的空间几何及设计方法。给出了空间圆形编队和投影圆形编队的构形稳定性，提出了这两种编队构形的稳定性定理，指出存在可以满足 J_2 不变相对轨道条件的空间圆形编队构形当且仅当主星的轨道要素满足某特定的不等式约束条件。同样，存在可以满足 J_2 不变相对轨道条件的投影圆形编队构形当且仅当主星的轨道要素满足某特定的不等式约束条件。给出了满足 J_2 不变相对轨道条件的空间圆形编队和投影圆形编队的长期稳定构形设计方法。数值仿真结果验证了本章提出的空间圆形编队和投影圆形编队的构形稳定性定理的正确性和相应的满足 J_2 不变相对轨道条件的构形设计方法的有效性。

参考文献

[1] YEH H H, SPARKS A. Geometry and control of satellite formations[C]. Chicago: Proceedings of the American Control Conference. June 2000.

[2] BARNES A, STENGLE T, TRUONG S. Flight dynamics analysis branch end of Fiscal Year 2001 Report[R]. NASA/TM.2001.209998.

[3] ALFRIEND K T, SCHAUB H. Dynamics and control of spacecraft formations: challenges and some solutions[C].AAS 00.259.

[4] SCHAUB H, ALFRIEND K T. J_2 Invariant relative orbit for spacecraft formations[J]. Celestial Mechanics and Dynamical Astronomy, 2001, 79(2): 77-95.

[5] ALFRIEND K T, SCHAUB H, GIM D W. Gravitational perturbations, nonlinearity and circular orbit assumption effects on formation flying control strategies[R]. Annual AAS Rocky Mountain Guidance and Control Conference. Breckenridge, 2000, AAS 00.012.

[6] 刘林. 卫星轨道力学算法[M]. 南京：南京大学出版社, 2019.

[7] SABATINI M, BEVILACQUA R, PANTALEONI M, et al. Periodic relative motion of formation flying satellites[C].16th AAS/AIAA Space Flight Mechanics Conference, 2006.

[8] SABATININI M, IZZO D, BEVILACQUA R. Special inclinations allowing minimal drift orbits for formation flying satellites[J]. Journal of Guidance,Control,and Dynamics. 2008, 31(1): 94-100.

[9] VARMA S, KUMAR K D. Multiple satellite formation flying using differential aerodynamic drag[J]. Journal of Spacecraft & Rockets, 2015, 49(2): 325-336.

[10] YAMADA K, SHIMA T, YOSHIKAWA S. Effect of J_2 perturbations on relative spacecraft position in near.circular orbits[J]. Journal of Guidance Control and Dynamics, 2015, 33(2): 584-590.

[11] BAI S Z, HAN C, RAO Y R, et al. New fly-around formations for an elliptical reference orbit[J]. Acta Astronautica, 2020, 171: 335-351.

第4章 卫星星座构形设计

4.1 引言

太阳同步轨道星座是最重要的卫星星座轨道类型之一。近地轨道遥感卫星星座主要采用太阳同步轨道，在星座卫星的轨道面上看，太阳光对轨道面照射的角度基本保持不变，这不仅有利于卫星的整星温热控和电源系统的设计，还有利于卫星对地面的可见光遥感观测[1-4]。通常太阳同步轨道星座还采用回归轨道，这样卫星星下点的地面轨迹经过一定的时间会重复。加拿大的下一代雷达成像卫星星座——"雷达卫星星座任务"（RCM）由三颗构形完全相同的卫星组成，于2019年6月12日搭载"猎鹰"-9（Falcon-9）火箭发射升空[5-6]，主要用于对加拿大陆地国土、附近海域以及北极等区域进行定期监测。RCM星座三颗卫星在轨协同工作，卫星质量1400kg，设计寿命7年，运行于高度约600km、倾角98°的太阳同步轨道，三星运行于同一轨道面，等间距分布，相邻两颗卫星的时距为32min。RCM星座可实现对给定目标的4天精确重访。RCM属于太阳同步轨道星座。

虽然太阳同步轨道星座有着可见光遥感观测的优点，但有其他任务需求的近地轨道卫星星座，也往往不采用太阳同步轨道，而是临界轨道、大椭圆轨道等其他轨道，例如美国SeeMe星座卫星将运行在450km×720km高度、98°倾角的椭圆轨道上[7-8]。SeeMe星座全称为"军事作战的太空功能效果"（Space Enabled Effects for Military Engagements，SeeMe），该星座约由24颗卫星组成，将补偿目前卫星在收集态势感知数据方面的薄弱之处，由于无法获得过顶的卫星飞行机会、缺少信息分发渠道、优先级冲突、密级限定等，所以目前无法按需向最低层级作战人员提供卫星图像等对地观测数据。与此同时，恐怖分子和其他敌对势力通过访问商业成像信息来获取优势。SeeMe项目将为美国偏远地区或超视距环境下的美国单兵、小股部队或火力单元提供可靠的天基战术信息。如果项目获得成功，只要按一下按键，SeeMe卫星就可为单兵或小股部队等小型作战单元提供直接从小卫星获得的特定海外场所的实时图像，目前，这些图像无法从军事卫星和商业卫星获得。SeeMe卫星可根据美国国防部的运行节奏按需发射低成本卫星星座，直接为战场作战人员按需提供及时图像等对地观测数据。SeeMe项目将使用短寿命、低成本卫星提供大面积全球覆盖，其成本比无人机每天监视多个战区更加低廉。

本章首先介绍太阳同步轨道星座的设计；其次针对连续覆盖通信需求和快速重访对地观测需求，介绍两种非太阳同步轨道星座的设计，即连续覆盖通信卫星星座和快速重访对地观测卫星星座的设计。

4.2 太阳同步轨道星座设计方法

这里依次给出太阳同步轨道星座、太阳同步冻结轨道星座、太阳同步回归轨道星座、太阳同步回归冻结轨道星座、准太阳同步轨道星座、倾角偏置太阳同步回归轨道星座的设计方法。

4.2.1 太阳同步轨道星座设计

对于太阳同步轨道星座来说，一般首先根据任务需要确定轨道高度，再由轨道高度确定其余轨道参数。

（1）由轨道半长轴a，计算轨道倾角i。

令

$$k = 86400 \cdot \frac{3}{2} \cdot J_2 \cdot \frac{\sqrt{\mu}}{\sqrt{R_e^3}} \cdot \frac{180}{\pi} \tag{4-1}$$

$$n = \sqrt{\frac{\mu}{a^3}} \tag{4-2}$$

$$\delta\Omega_{\text{day}} = \frac{360}{365.25} (°/\text{天}) \tag{4-3}$$

则

$$i = \arccos\left(-\delta\Omega_{\text{day}} \cdot \frac{\pi}{180} \cdot \frac{1}{86400} \cdot 2 \cdot \frac{a^2}{3nJ_2R_e^2}\right) \cdot \frac{180}{\pi} (°) \tag{4-4}$$

如果任务需要先确定轨道倾角，再由轨道倾角确定其余轨道参数，则按照下面的公式编程计算半长轴。

（2）由轨道倾角i，计算轨道半长轴a。

令

$$x = k \cdot R_e^3 \cdot \sqrt{R_e} \cdot \cos i \cdot \frac{1}{\delta\Omega_{\text{day}}} \tag{4-5}$$

则

$$a = x^{\frac{2}{7}} \tag{4-6}$$

设计好半长轴和倾角以后，升交点赤经的设计通常依赖卫星在空间的分布。例如星座由 12 颗卫星组成,要求每 2 颗卫星在一个轨道面上,共有 6 个轨道面,则卫星之间的升交点赤经共有 6 个不同的数值。

4.2.2 太阳同步冻结轨道星座设计

太阳同步冻结轨道星座的设计既要考虑太阳同步的问题,也要考虑冻结的问题。对于绕地球的冻结轨道来说,其设计计算公式为

$$\begin{cases} \omega = 90° \\ e = \dfrac{\sin i}{\dfrac{\cos^2 i}{\sin i} - \dfrac{2J_2 a}{J_3 R_e}} \end{cases} \quad (4\text{-}7)$$

对于绕火星的冻结轨道来说,其设计计算公式为

$$\begin{cases} \omega = 270° \\ e = \dfrac{\sin i}{\dfrac{\cos^2 i}{\sin i} + \dfrac{2J_2 a}{J_3 R_e}} \end{cases} \quad (4\text{-}8)$$

(1) 由轨道半长轴 a,计算轨道倾角 i、近地点幅角 ω 和偏心率 e。

对于绕地球的太阳同步冻结轨道星座来说,计算公式为

$$\begin{cases} i = \arccos\left(-\delta\Omega_{\text{day}} \cdot \dfrac{\pi}{180} \cdot \dfrac{1}{86400} \cdot 2 \cdot \dfrac{a^2}{3nJ_2 R_e^2}\right) \cdot \dfrac{180}{\pi} \ (°) \\ \omega = 90° \\ e = \dfrac{\sin i}{\dfrac{\cos^2 i}{\sin i} - \dfrac{2J_2 a}{J_3 R_e}} \end{cases} \quad (4\text{-}9)$$

对于绕火星的太阳同步冻结轨道星座来说,计算公式为

$$\begin{cases} i = \arccos\left(-\delta\Omega_{\text{day}} \cdot \dfrac{\pi}{180} \cdot \dfrac{1}{86400} \cdot 2 \cdot \dfrac{a^2}{3nJ_2 R_e^2}\right) \cdot \dfrac{180}{\pi} \ (°) \\ \omega = 270° \\ e = \dfrac{\sin i}{\dfrac{\cos^2 i}{\sin i} + \dfrac{2J_2 a}{J_3 R_e}} \end{cases} \quad (4\text{-}10)$$

(2) 由轨道倾角 i,计算轨道半长轴 a、近地点幅角 ω 和偏心率 e。

对于绕地球的太阳同步冻结轨道星座来说,计算公式为

$$\begin{cases} x = k \cdot R_e^3 \cdot \sqrt{R_e} \cdot \cos i \cdot \dfrac{1}{\delta \Omega_{\text{day}}} \\ a = x^{\frac{2}{7}} \\ \omega = 90° \\ e = \dfrac{\sin i}{\dfrac{\cos^2 i}{\sin i} - \dfrac{2J_2 a}{J_3 R_e}} \end{cases} \quad (4\text{-}11)$$

对于绕火星的太阳同步冻结轨道星座来说，计算公式为

$$\begin{cases} x = k \cdot R_e^3 \cdot \sqrt{R_e} \cdot \cos i \cdot \dfrac{1}{\delta \Omega_{\text{day}}} \\ a = x^{\frac{2}{7}} \\ \omega = 270° \\ e = \dfrac{\sin i}{\dfrac{\cos^2 i}{\sin i} + \dfrac{2J_2 a}{J_3 R_e}} \end{cases} \quad (4\text{-}12)$$

4.2.3 太阳同步回归轨道星座设计

根据

$$Q = I \pm \dfrac{C}{N} \quad (4\text{-}13)$$

设星座卫星为 N 天回归一次，在一个回归周期内卫星绕地球转动了 R 圈，每天卫星绕地球转动了 Q 圈，I 为接近 1 天的轨道圈数，例如 $Q = 14\dfrac{1}{7}$。

已知 I、C、N、$\text{Index} = \begin{cases} 1 \\ -1 \end{cases}$。

（1）计算 Q 和交点周期 T_N：

$$Q = I + \text{Index} \cdot \dfrac{C}{N} \quad (4\text{-}14)$$

$$T_N = \dfrac{86400}{Q} \quad (4\text{-}15)$$

（2）取半长轴和倾角的初值，用来迭代获取更精确的半长轴和倾角数值：例如对于绕地球的太阳同步回归轨道星座来说，取下面的数值作为初值

$$\begin{cases} a = (6378000 + 800000)\,\text{m} \\ i = 98° \end{cases} \quad (4\text{-}16)$$

(3) 迭代。

$$\begin{cases} T_0 = \dfrac{T_N}{1 + \dfrac{3J_2 R_e^2}{2a^2}(1 - 4\cos^2 i)} \\ a = \left(\dfrac{\mu T_0^2}{4\pi^2}\right)^{\frac{1}{3}} \\ i = \arccos\left(-\delta\Omega_{\text{day}} \cdot \dfrac{\pi}{180} \cdot \dfrac{1}{86400} \cdot 2 \cdot \dfrac{a^2}{3nJ_2 R_e^2}\right) \cdot \dfrac{180}{\pi}\,(°) \end{cases} \quad (4\text{-}17)$$

迭代 10 次左右即可，实际上迭代 3 次已经可达到很高的精度。

(4) 计算星座卫星的其余参数。

轨道周期：

$$T = \dfrac{2\pi}{\sqrt{\dfrac{\mu}{a^3}}} \quad (4\text{-}18)$$

连续相邻轨迹在赤道上的间隔，以度表示为

$$\Delta\lambda = \dfrac{360}{Q}\,(°) \quad (4\text{-}19)$$

连续相邻轨迹在赤道上的间隔，以米表示为

$$\Delta\lambda_m = \dfrac{2\pi R_e}{Q}\,(\text{m}) \quad (4\text{-}20)$$

其中，$R_e = 6378140\text{m}$。

任意相邻轨迹在赤道上的间隔为

$$\gamma = \dfrac{\Delta\lambda}{N}\,(°) \quad (4\text{-}21)$$

第 I 圈轨迹相对于初始轨迹的相移角为

$$a = (I \cdot \Delta\lambda - 360)(°) \quad (4\text{-}22)$$

当 $I \cdot \Delta\lambda - 360 > 0$ 时，一天后轨迹向东移动；当 $I \cdot \Delta\lambda - 360 < 0$ 时，一天后轨迹向西移动。

4.2.4 太阳同步回归冻结轨道星座设计

仍然按照式（4-17）迭代计算半长轴和轨道倾角。而近心点幅角和偏心率按照式（4-7）和式（4-8）计算。

4.2.5 准太阳同步轨道星座设计

实际的太阳同步轨道星座任务，要考虑到轨道摄动的作用，为了保证降交点地方时的漂移量在整个星座的寿命期或者维持周期内变化较小，往往在设计时要进行倾角偏置或者半长轴偏置。这种偏置后的太阳同步轨道星座叫作准太阳同步轨道星座。首先列出平交点周期和根据降交点地方时参数计算太阳同步轨道星座卫星的 $\frac{\mathrm{d}i}{\mathrm{d}t}$(°/年) 的公式。

根据下式计算平交点周期：

$$T_N = T\left[1 + \frac{3}{2}J_2 \frac{R_\mathrm{e}^2}{a^2}(1 - 4\cos^2 i)\right] \quad (4\text{-}23)$$

其中轨道半长轴和倾角均为平根，$T = 2\pi\sqrt{\dfrac{a^3}{\mu}}$。

对于 $\dfrac{\mathrm{d}i}{\mathrm{d}t}$(°/年) 的计算：

（1）设降交点地方时参数为 hour、min、sec，单位分别为时、分、秒。

（2）令

$$h = \mathrm{hour} + \frac{\min}{60} + \frac{\sec}{3600} \quad (4\text{-}24)$$

（3）计算真太阳时角：

$$\mathrm{Angle} = (12 - h) \times \frac{180}{12}(°) \quad (4\text{-}25)$$

若降交点地方时为 12 时，则 Angle = 0°；若降交点地方时为 0 时，则 Angle = 180°；若降交点地方时为 60 时，则 Angle = 90°。

（4）计算角速率。

太阳视运动的角速率为

$$n_\mathrm{sun} = \frac{360}{365.25} \times \frac{1}{86400} \times \frac{\pi}{180} \quad (4\text{-}26)$$

星座卫星轨道运动角速率为

$$n = \sqrt{\frac{\mu}{a^3}} \quad (4\text{-}27)$$

（5）计算 $\dfrac{\mathrm{d}i}{\mathrm{d}t}$(°/年)。

$$\frac{\mathrm{d}i}{\mathrm{d}t} = -\frac{3}{16}\left(\frac{n_\mathrm{sun}}{n}\right)^2 (\sin i) \times (1 + \cos\varepsilon)^2 \sin(2 \times \mathrm{Angle}) \times \frac{180}{\pi} \times 86400 \times 365 \; (°/\text{年})$$

$$(4\text{-}28)$$

其中，$\varepsilon = 23.45°$，为黄赤夹角，由 $\sin(2 \times \text{Angle})$ 可知，若降交点地方时为 0 时、6 时、12 时、18 时，$\dfrac{\mathrm{d}i}{\mathrm{d}t} = 0$。

1. 倾角偏置太阳同步回归轨道星座设计

由 $Q = I \pm \dfrac{C}{N} = I + \text{Index} \times \dfrac{C}{N}$

$\text{Index} = \begin{cases} 1 \\ -1 \end{cases}$，已知 I、C、N、Index，设计的太阳同步回归轨道星座的寿命期 LifeTime，降交点地方时 LocdlTime。

（1）调用 4.2.3 节的太阳同步回归轨道星座设计模块，计算 Q。

设偏置前的参数为：交点周期 $T_{N\text{beforeBiased}}$、倾角 $i_{\text{beforeBiased}}$、$a_{\text{beforeBiased}}$、$T_{\text{beforeBiased}}$ 另有以下 3 个量与偏置无关：$\Delta\lambda$、γ、α，参见 4.2.3 节。

（2）调用 $\dfrac{\mathrm{d}i}{\mathrm{d}t}$（°/年）公式计算偏置前每年的倾角摄动增量 $\Delta i_{\text{degYear}}$，单位为（°）。

（3）计算星座每个卫星需要满足的倾角总的偏置量：

$$\Delta i = (1 - \sqrt{2}) \times \Delta i_{\text{degYear}} \times \text{LifeTime} \div 365 \div 86400$$

其中 LifeTime 的单位是 s，角度的单位是（°）。

（4）计算半长轴偏置量：

$$\Delta a = -\dfrac{4 J_2 R_e^2 \sin(2i)}{a \left[1 - \dfrac{J_2 R_e^2 (1 - 4\cos^2 i)}{a^{\frac{5}{2}}} \right]} \Delta i \tag{4-29}$$

其推导过程为：对式（4-23）取变分，欲使 $\mathrm{d}T_N = 0$，则有

$$\mathrm{d}\left[a^{\frac{3}{2}} + \dfrac{3}{2} J_2 \dfrac{R_e^2}{\sqrt{a}}(1 - 4\cos^2 i) \right] = 0 \tag{4-30}$$

故有

$$\dfrac{3}{2}\sqrt{a}\Delta a + \dfrac{3}{2} J_2 \dfrac{R_e^2}{a\sqrt{a}}\left(-\dfrac{1}{2}\right)(1 - 4\cos^2 i)\Delta a + \dfrac{3}{2} J_2 \dfrac{R_e^2}{\sqrt{a}}(8\cos i \sin i \Delta i) = 0 \tag{4-31}$$

整理得到公式（4-29）。

（5）计算倾角和半长轴等参数偏置后的数值：

$$i_{\text{afterBiased}} = \Delta i + i_{\text{beforeBiased}} \tag{4-32}$$

$$a_{\text{afterBiased}} = \Delta a + a_{\text{beforeBiased}} \tag{4-33}$$

$$T_{\text{afterBiased}} = 2\pi\sqrt{\frac{a^3_{\text{afterBiased}}}{\mu}} \quad (4\text{-}34)$$

由公式（4-23）计算 $T_{N\text{afterBiased}}$。

（6）计算偏置前最大的降交点地方时漂移量

将 $\Delta i_{\text{degYear}}$ 代入下式计算偏置前最大的降交点地方时漂移量 ΔT_1

$$\Delta\Omega = -2\pi\tan i\left(\frac{1}{2}\Delta i_{\text{degYear}}t^2\right) \quad (4\text{-}35)$$

式（4-35）中单位为（°/年）。

（7）计算进行倾角和半长轴偏置后最大的降交点地方时漂移量

由公式（4-28）计算出倾角偏置后的倾角偏置量 Δi_{biased}，代入下式计算倾角和半长轴都进行偏置后最大的降交点地方时漂移量 ΔT_2：

$$\begin{aligned}\Delta\Omega &= -2\pi\tan i\left(\frac{1}{2}\Delta i_{\text{degYear}}t^2\right) - 2\pi\tan i \cdot \Delta i_{\text{degYear}}t \\ &= -2\pi\tan i\left(\Delta i_{\text{degYear}}t + \frac{1}{2}\Delta i_{\text{degYear}}t^2\right)\end{aligned} \quad (4\text{-}36)$$

（8）计算仅进行倾角偏置，不进行半长轴偏置，则最大的降交点地方时漂移量 ΔT_3

由式：

$$\Delta\dot{\Omega} = -\dot{\Omega}\cdot\left(\frac{7\Delta a}{2a}\right) \quad (4\text{-}37)$$

知道半长轴不偏置导致的降交点地方时漂移量为 ΔT_3。式（4-37）化为以年为单位，则

$$\Delta\Omega = 360 \times \left(\frac{7\Delta a}{2a}\right)t(°/\text{年}) \quad (4\text{-}38)$$

故仅进行倾角偏置导致的降交点地方时漂移量为

$$\Delta T_4 = \Delta T_2 + \Delta T_3 \quad (4\text{-}39)$$

2. 倾角偏置太阳同步回归冻结轨道星座设计

对于倾角偏置太阳同步回归冻结轨道星座的设计，只要按照上一节给出的倾角偏置太阳同步回归轨道星座的设计算法设计出相应的轨道参数后，再由 4.2.2 节冻结轨道星座的设计算法来设计近地点幅角和偏心率即可。为了让星座组成卫星的轨道冻结效果更好，这里给出其偏心率的精确设计算法。

由

$$\frac{d\omega}{dt} = \frac{3nJ_2R_e^2}{a^2(1-e^2)^2}\left(1-\frac{5}{4}\sin^2 i\right)\left[1+\frac{J_3R_e}{2J_2a(1-e^2)}\left(\frac{\sin^2 i - e^2\cos^2 i}{\sin i}\right)\frac{\sin\omega}{e}\right] \quad (4\text{-}40)$$

和

$$\frac{de}{dt} = -\frac{3nJ_3R_e^3 \sin i}{2a^3(1-e^2)^2}\left(1 - \frac{5}{4}\sin^2 i\right)\cos\omega \qquad (4\text{-}41)$$

若中心天体为地球，则 $\omega = 90°$；若中心天体为火星，则 $\omega = 270°$。再由

$$1 + \frac{J_3R_e}{2J_2a(1-e^2)}\left(\frac{\sin^2 i - e^2\cos^2 i}{\sin i}\right)\frac{\sin\omega}{e} = K = 0 \qquad (4\text{-}42)$$

迭代一步即可算出偏心率 e，初始的偏心率按照式（4-7）和式（4-8）计算。

令

$$\chi = K - 1 \qquad (4\text{-}43)$$

则

$$\ln\chi = \ln\left(\frac{J_3R_e}{2J_2a(1-e^2)}\right) + \ln\left(\frac{\sin^2 i - e^2\cos^2 i}{\sin i}\right) + \frac{\sin\omega}{e} \qquad (4\text{-}44)$$

故有

$$\frac{d\chi}{\chi} = -\frac{(-2e)de}{1-e^2} + \frac{(-2e\cos^2 i)}{\sin^2 i - e^2\cos^2 i}de + \frac{de}{e} = \left(\frac{2e}{1-e^2} - \frac{2e\cos^2 i}{\sin^2 i - e^2\cos^2 i} + \frac{1}{e}\right)de \qquad (4\text{-}45)$$

令

$$de = e\cdot\frac{d\chi}{\chi} = -ed\chi \qquad (4\text{-}46)$$

这是因为在迭代开始时，由式（4-7）和式（4-8）计算出来的偏心率 e 代入公式（4-42）计算 K，K 为 1×10^{-3} 量级，由式（4-43）计算 χ，χ 约等于 1。故

$$e = e + de = e(1 - d\chi) \qquad (4\text{-}47)$$

算法如下：

（1）若中心天体为地球，则

$$\omega = 90°, e = \frac{\sin i}{\dfrac{\cos^2 i}{\sin i} - \dfrac{2J_2a}{J_3R_e}} \qquad (4\text{-}48)$$

若中心天体为火星，则

$$\omega = 270°, e = \frac{\sin i}{\dfrac{\cos^2 i}{\sin i} + \dfrac{2J_2a}{J_3R_e}} \qquad (4\text{-}49)$$

（2）

$$K = 1 + \frac{J_3R_e}{2J_2a(1-e^2)}\left(\frac{\sin^2 i - e^2\cos^2 i}{\sin i}\right)\frac{\sin\omega}{e} \qquad (4\text{-}50)$$

（3）

$$e = e(1 - K) \qquad (4\text{-}51)$$

（4）将第（3）步得到的 e 代入第（2）步，再计算出新的 e；反复迭代 3~4 次

即可得到满意的结果。

算例：设需要设计的绕地球的倾角偏置太阳同步回归冻结轨道星座由 N 颗卫星组成，半长轴 $a=7341725.7742\mathrm{m}$，倾角 $i=99.314845°$。

采用上述算法，第（1）步为 $\omega=90°$，$e=0.0010056361757$；

第（2）步为 $K=-2.80398\times10^{-5}$；

第（3）步和第（4）步为 $e=0.00100566437356$，$K=-5.51887\times10^{-11}$。

设 N 为 12，初始时刻格林尼治平恒星时为 $30°$，轨道升交点赤经依次为 $0°,30°,60°,\cdots,330°$，平近点角均为 $0°$，则该倾角偏置太阳同步回归冻结轨道星座的地面回归轨迹如图 4-1 所示。

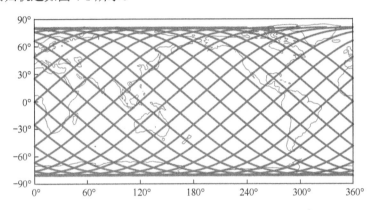

图 4-1 倾角偏置太阳同步回归冻结轨道星座的地面回归轨迹算例

4.3 连续覆盖通信卫星星座设计方法及星座参数描述

区域连续覆盖通信卫星星座的设计，一般要求各卫星轨道半长轴相同，卫星均处于回归轨道且回归轨迹重合。任意时刻地面目标区域均有至少一颗卫星处于可见范围之内。为了使各卫星在目标区域上空停留时间长，需要设计各卫星的轨道为大椭圆轨道。

卫星的连续相邻轨迹在赤道面上的间隔为

$$\Delta\lambda = T_N(\omega_e - \dot{\Omega}) \tag{4-52}$$

式中：ω_e 为地球自转角速度；$\dot{\Omega}$ 为卫星轨道节线进动的平均速率；T_N 为卫星轨道的节点周期。

$$T_N = 2\pi\sqrt{\frac{a^3}{\mu}}\left[1 - \frac{3J_2 R_e^2}{2a^2}\left(3 - \frac{5}{2}\sin^2 i\right)\right] \tag{4-53}$$

设卫星轨道在经过 N 天后，其地面轨迹回归一次，在一个回归周期内，卫星共转过 R 圈。每天回归圈数为

$$Q = \frac{R}{N} = \frac{2\pi}{\Delta\lambda} = I \pm \frac{C}{N} \tag{4-54}$$

其中：I，C，N 均是正整数，且 $C<N$，C 与 N 互质。
而

$$RT_N = ND_N \tag{4-55}$$

式中：$D_N = \dfrac{2\pi}{\omega_e - \dot{\Omega}}$，为节点日。

则卫星的轨道周期为

$$T_N = \frac{D_N}{Q} \tag{4-56}$$

如此，便给出了回归轨道的设计方法。

而对于地面轨迹回归，且各卫星的地面轨迹重合的针对特定区域连续覆盖卫星星座的设计，不仅要通过上述回归轨道的设计方法确定其轨道周期和轨道半长轴，还要根据轨道冻结的要求，使卫星轨道近地点幅角的变化率为零，即 $\dot{\omega}=0$。

由

$$\dot{\omega} = -\frac{3nJ_2 R_e^2}{2a^2(1-e^2)}\left(\frac{5}{2}\sin^2 i - 2\right) \tag{4-57}$$

得

$$\frac{5}{2}\sin^2 i - 2 = 0 \tag{4-58}$$

令 $i = 63.43°$ 即可。

4.4 连续覆盖通信卫星星座分析

设计局部热点区域的 24 小时连续覆盖的通信卫星星座，以亚丁湾区域作为热点区域来进行连续覆盖通信卫星星座的设计。亚丁湾区域的位置为东经 44.8°，北纬 12.5°。卫星轨道为大椭圆轨道，轨道远地点为 7000～18000km。要求卫星轨道为回归轨道，各卫星的地面轨迹重合。

4.4.1 亚丁湾区域连续覆盖通信卫星星座设计优化

取卫星星座为均为 1 天回归 3 圈的轨道，共 6 颗卫星，处于 3 个轨道面，每个轨道面 2 颗卫星。设初始时刻为 1 Jul 2014 12:00:00.000 UTCG，即 UTC 时间 2014 年 1 月 1 日 12 时。设计各卫星的初始时刻的轨道根数为

$$\begin{cases} a = 20267503\text{m} \\ e = 0.202819 \\ i = 63.43° \\ \Omega = 0° \\ \omega = 197.008° \\ f = 30° \end{cases} \begin{cases} a = 20267503\text{m} \\ e = 0.202819 \\ i = 63.43° \\ \Omega = 120° \\ \omega = 197.008° \\ f = 30° \end{cases} \begin{cases} a = 20267503\text{m} \\ e = 0.202819 \\ i = 63.43° \\ \Omega = 240° \\ \omega = 197.008° \\ f = 30° \end{cases}$$

$$\begin{cases} a = 20267503\text{m} \\ e = 0.202819 \\ i = 63.43° \\ \Omega = 172° \\ \omega = 194.008° \\ f = 210° \end{cases} \begin{cases} a = 20267503\text{m} \\ e = 0.202819 \\ i = 63.43° \\ \Omega = 292° \\ \omega = 194.008° \\ f = 210° \end{cases} \begin{cases} a = 20267503\text{m} \\ e = 0.202819 \\ i = 63.43° \\ \Omega = 52° \\ \omega = 194.008° \\ f = 210° \end{cases}$$

轨道外推考虑的摄动模型为 SGP4 模型。

4.4.2　亚丁湾区域连续覆盖通信卫星星座的覆盖特性分析

分析设计的亚丁湾区域连续覆盖通信卫星星座，其星座的地面轨迹如图 4-2 所示。星座卫星的轨道三维图如图 4-3 所示。

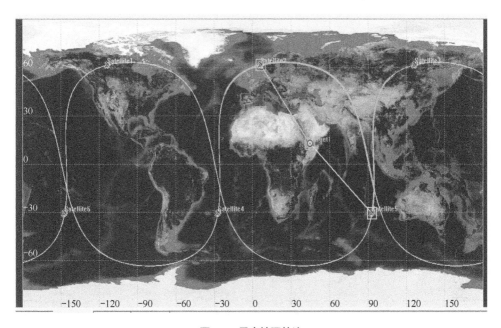

图 4-2　星座地面轨迹

图 4-2 为设计的 6 颗卫星的轨道共地面轨迹。

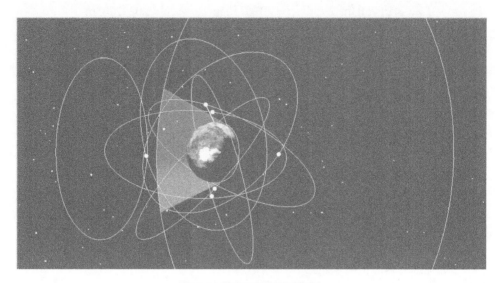

图 4-3　星座卫星轨道三维图

图 4-4 画出了星座卫星的地面覆盖情况,以检验设计的星座是否能对亚丁湾区域达到连续不间断覆盖的要求。由图 4-4 可见,设计的星座卫星可以达到对亚丁湾区域连续不间断覆盖的要求。图 4-5 给出了亚丁湾目标区域至星座各卫星的方位角变化情况,图 4-6 给出了亚丁湾目标区域至星座各卫星的通信距离变化情况。

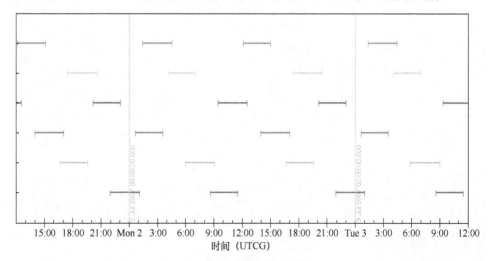

图 4-4　星座覆盖情况

由图 4-7 也可以看出,设计的星座卫星可以达到对亚丁湾区域连续不间断覆盖的要求,图 4-8 给出了覆盖重数,可见最少覆盖重数为 1,最多覆盖重数为 3。

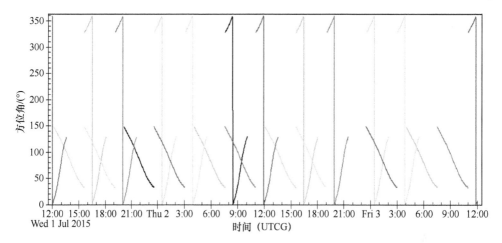

图 4-5　亚丁湾目标区域至星座各卫星的方位角变化

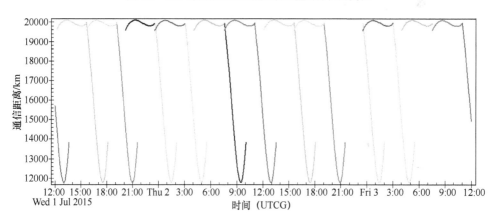

图 4-6　亚丁湾目标区域至星座各卫星的通信距离变化

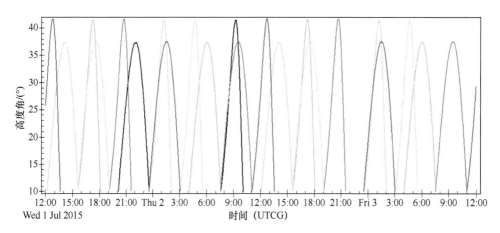

图 4-7　亚丁湾目标区域至星座各卫星的相对当地水平面高度角变化

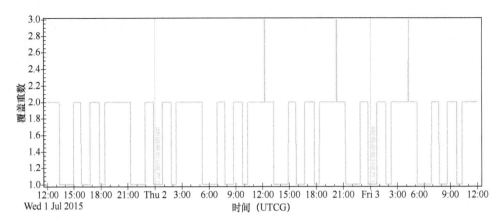

图 4-8 覆盖重数

4.4.3 多普勒频移分析

卫星 1 的多普勒频移如图 4-9 所示。

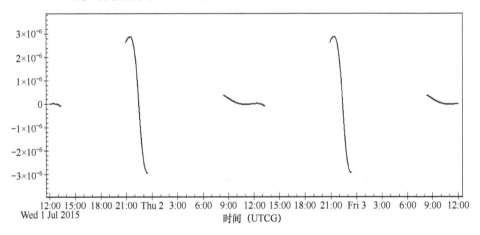

图 4-9 多普勒频移

可见多普勒频移的取值范围为 $\pm 3\times 10^{-6}$。由于各卫星共地面轨迹，因此其余 5 颗卫星的多普勒频移图与图 4-9 中曲线形状相同，仅横轴坐标不同。

4.4.4 链路余量分析

卫星通信链路设计的目的是在地球上两个通信点之间提供可靠且高质量的连接手段。发送站发出的信号到达接收站时，必须具有足够高的电平，而且不管对通信质量的总噪声影响如何，都要保证必需的业务质量。

设星上为 UHF 再生转发器，用户链路上行 240MHz，下行 400MHz，链路采用 QPSK 调制，(2，1，7) 卷积编码器，数据速率为 9.6kb/s，误码率要求

10^{-6}@Eb/No=5dB。星上天线直径为3.75m，LNA 的 NF 为 1.5dB，馈线损耗 0.5dB，每通道发射功率为 2W。地面手持天线增益为 0dB，发射功率为 2W。

根据初始参数的设计，对 g/T、Eb/No、BER 进行了计算。图 4-10 给出了卫星 1 的 Eb/No 变化图。Eb/No 的最大值为 17.5525dB，最小值为 12.0054dB，平均值为 13.8734dB。

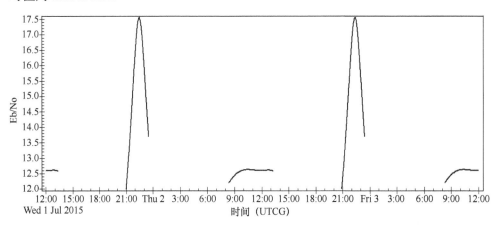

图 4-10　Eb/No 变化

4.5　快速重访对地观测卫星星座设计方法

快速重访对地观测卫星星座的设计，一般要求各卫星轨道半长轴相同，卫星均处于回归轨道且回归轨迹重合。任意时刻地面目标区域均有至少 1 颗卫星处于可见范围之内。为了使各卫星在目标区域上空停留时间长，需要设计各卫星的轨道为圆轨道。

卫星的连续相邻轨迹在赤道面上的间隔为

$$\Delta\lambda = T_N(\omega_e - \dot{\Omega}) \tag{4-59}$$

式中：ω_e 为地球自转角速度；$\dot{\Omega}$ 为卫星轨道节线进动的平均速率；T_N 为卫星轨道的节点周期。

$$T_N = 2\pi\sqrt{\frac{a^3}{\mu}}\left[1 - \frac{3J_2 R_e^2}{2a^2}\left(3 - \frac{5}{2}\sin^2 i\right)\right] \tag{4-60}$$

设卫星轨道在经过 N 天后，其地面轨迹回归一次，在一个回归周期内，卫星共转过 R 圈。每天回归圈数为

$$Q = \frac{R}{N} = \frac{2\pi}{\Delta\lambda} = I + \frac{C}{N} \tag{4-61}$$

其中：I，C，N 均是正整数，且 $C<N$，C 与 N 互质。

而
$$RT_N = ND_N \tag{4-62}$$

式中：$D_N = \dfrac{2\pi}{\omega_e - \dot{\Omega}}$，为节点日。

则卫星的轨道周期为
$$T_N = \dfrac{D_N}{Q} \tag{4-63}$$

如此便给出了回归轨道的设计方法。

要使快速重访对地观测卫星星座各卫星地面轨迹重合，则轨道根数满足关系式：
$$\dfrac{\Delta\Omega}{\omega_e} = -\dfrac{\Delta u}{n} \tag{4-64}$$

式中：$\Delta\Omega$ 为卫星之间的升交点赤经差；Δu 为卫星之间的幅角差；ω_e 为地球自转角速率；n 为卫星轨道角速率。

设计对黄岩岛区域的快速重访卫星星座，黄岩岛的经纬度为东经117°51′、北纬15°07′，轨道为圆轨道，轨道高度设计为 200～400km，要求卫星轨道为回归轨道，所有卫星共轨迹轨道，对地观测重访周期小于 15min。

设计的卫星数为18，$Q = I + \dfrac{C}{N} = 15 + \dfrac{2}{3}$，即一天中卫星绕地球转 $Q = 15 + \dfrac{2}{3}$ 圈。

初始轨道根数如下：

$$\begin{cases} a = 6637167.0\text{m} \\ e = 0.0 \\ i = 15.1167° \\ \Omega = 0° \\ \omega = 0° \\ M = 0° \end{cases} \begin{cases} a = 6637167.0\text{m} \\ e = 0.0 \\ i = 15.1167° \\ \Omega = 20° \\ \omega = 0° \\ M = 40° \end{cases} \begin{cases} a = 6637167.0\text{m} \\ e = 0.0 \\ i = 15.1167° \\ \Omega = 40° \\ \omega = 0° \\ M = 80° \end{cases} \begin{cases} a = 6637167.0\text{m} \\ e = 0.0 \\ i = 15.1167° \\ \Omega = 60° \\ \omega = 0° \\ M = 120° \end{cases}$$

$$\begin{cases} a = 6637167.0\text{m} \\ e = 0.0 \\ i = 15.1167° \\ \Omega = 80° \\ \omega = 0° \\ M = 160° \end{cases} \begin{cases} a = 6637167.0\text{m} \\ e = 0.0 \\ i = 15.1167° \\ \Omega = 100° \\ \omega = 0° \\ M = 200° \end{cases} \begin{cases} a = 6637167.0\text{m} \\ e = 0.0 \\ i = 15.1167° \\ \Omega = 120° \\ \omega = 0° \\ M = 240° \end{cases} \begin{cases} a = 6637167.0\text{m} \\ e = 0.0 \\ i = 15.1167° \\ \Omega = 140° \\ \omega = 0° \\ M = 280° \end{cases}$$

$$\begin{cases} a = 6637167.0\text{m} \\ e = 0.0 \\ i = 15.1167° \\ \Omega = 160° \\ \omega = 0° \\ M = 320° \end{cases} \begin{cases} a = 6637167.0\text{m} \\ e = 0.0 \\ i = 15.1167° \\ \Omega = 180° \\ \omega = 0° \\ M = 0° \end{cases} \begin{cases} a = 6637167.0\text{m} \\ e = 0.0 \\ i = 15.1167° \\ \Omega = 200° \\ \omega = 0° \\ M = 40° \end{cases} \begin{cases} a = 6637167.0\text{m} \\ e = 0.0 \\ i = 15.1167° \\ \Omega = 220° \\ \omega = 0° \\ M = 80° \end{cases}$$

$$\begin{cases} a = 6637167.0\text{m} \\ e = 0.0 \\ i = 15.1167° \\ \Omega = 240° \\ \omega = 0° \\ M = 120° \end{cases} \begin{cases} a = 6637167.0\text{m} \\ e = 0.0 \\ i = 15.1167° \\ \Omega = 260° \\ \omega = 0° \\ M = 160° \end{cases} \begin{cases} a = 6637167.0\text{m} \\ e = 0.0 \\ i = 15.1167° \\ \Omega = 280° \\ \omega = 0° \\ M = 200° \end{cases} \begin{cases} a = 6637167.0\text{m} \\ e = 0.0 \\ i = 15.1167° \\ \Omega = 300° \\ \omega = 0° \\ M = 240° \end{cases}$$

$$\begin{cases} a = 6637167.0\text{m} \\ e = 0.0 \\ i = 15.1167° \\ \Omega = 320° \\ \omega = 0° \\ M = 280° \end{cases} \begin{cases} a = 6637167.0\text{m} \\ e = 0.0 \\ i = 15.1167° \\ \Omega = 340° \\ \omega = 0° \\ M = 320° \end{cases}$$

4.6 快速重访对地观测卫星星座参数分析

4.6.1 覆盖性

对本章设计的快速重访对地观测星座的覆盖性进行分析，图 4-11 为覆盖情形的三维图。

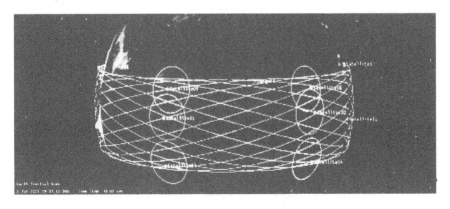

图 4-11 覆盖情形的三维图

图 4-12 为覆盖重数图。可见,对黄岩岛区域的覆盖比较均匀。

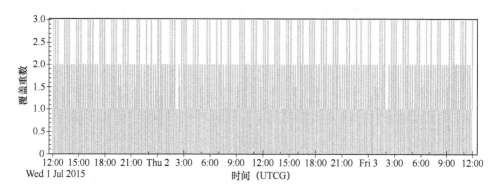

图 4-12 覆盖重数

4.6.2 重访时间

由图 4-13 可见,重访时间均小于 600s,最大重访时间为 572.731717s,即 9min32.732s。

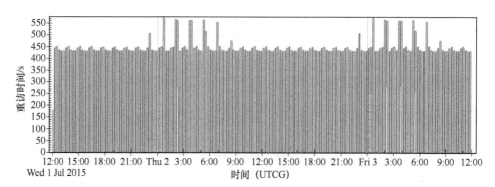

图 4-13 重访时间

4.6.3 星下点轨迹

画出星下点轨迹图,如图 4-14 所示,可见,设计的卫星星座上每颗卫星的轨道都是回归轨道,且星座所有卫星共地面轨迹。

4.6.4 侧摆角变化轨迹

星座卫星侧摆角变化轨迹如图 4-15 和图 4-16 所示。由图可见,侧摆角的变化轨迹呈现一定的周期规律性。

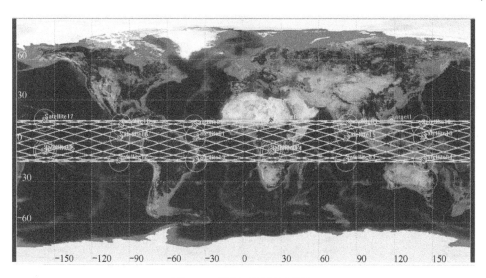

图 4-14　星座卫星星下点轨迹

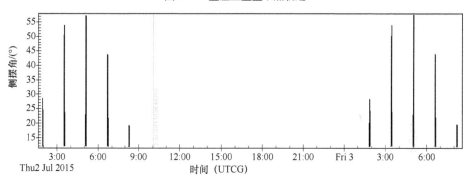

图 4-15　星座单个卫星的侧摆角变化

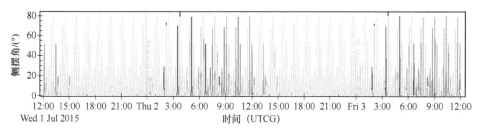

图 4-16　星座所有卫星的侧摆角变化

4.6.5　太阳光照特性

星座卫星的太阳高度角变化如图 4-17 所示，可见太阳高度角呈周期性变化。图 4-18 所示为卫星的太阳方位角与高度角变化图，可见卫星的太阳方位角与高度角呈周期性变化。

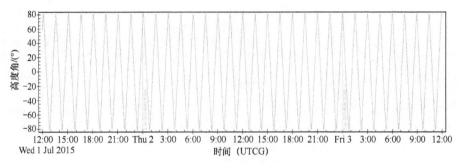

图 4-17　星座卫星 1 的太阳高度角变化

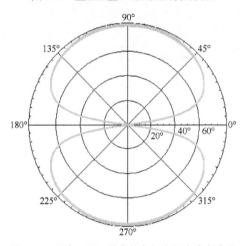

图 4-18　星座卫星 1 的方位角与太阳高度角变化

黄岩岛区域的太阳方位角与太阳高度角如图 4-19 所示,这是由除赤道外地球表面固定点的太阳光照呈春夏秋冬变化所致。而黄岩岛区域的太阳光照累计时间百分比如图 4-20 所示,与春夏秋冬四季变化有关。

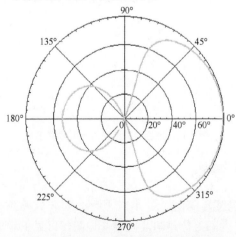

图 4-19　黄岩岛区域的太阳方位角与高度角

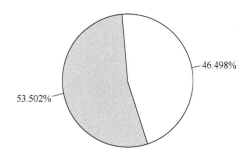

图 4-20 黄岩岛区域的太阳光照累计时间百分比，其中白色为光照间隙

4.6.6 轨道寿命分析

本节分析计算轨道维持 60 天所需的燃料消耗，设比冲为 300s。卫星的大气阻力相关参数设置为 Cd 取 2.2，Cr 取 1，大气阻力截面积和光压截面积均为 0.198 m²，卫星质量为 50kg，大气密度模型采用 Jacchia 1970 模型。图 4-21 所示为不做轨道维持情况下的卫星轨道衰减情况，即如果不做轨道维持，则 23 天后卫星将坠入大气层烧毁。

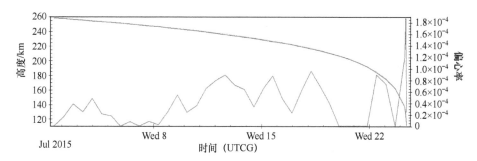

图 4-21 轨道衰减情况，逐渐衰减的曲线表示轨道近地点高度，有增有减的折线表示轨道偏心率

采用二阶保持环控制策略进行轨道保持，设每隔 5h 46min 控制一次，控制的半长轴量为 853.247m²，则每次控制速度增量为 0.9958m/s，60 天共控制 499 次，所需总速度增量为 497.32m/s，比冲为 300s，则由公式 $\Delta m = m_0 \left[1 - \exp\left(-\dfrac{\Delta v}{I_{sp} g}\right) \right]$ 计算得进行轨道维持 60 天所需的推进剂消耗量为 7.634kg。

4.7 小结

本章首先介绍了各类太阳同步轨道星座的设计方法，包括太阳同步轨道星座、太阳同步冻结轨道星座、太阳同步回归轨道星座、太阳同步回归冻结轨道星座、准太阳同步轨道星座，以及倾角偏置太阳同步回归轨道星座的设计。本章还介绍了连续覆盖卫星星座和快速重访对地观测卫星星座的设计，设计计算结果可为局部热点区域的连续覆盖星座的设计提供参考。

参考文献

[1] WALKER J G. Satellite constellations[J]. Journal of the British Interplanetary Society, 1984, 37: 559-572.

[2] LIN C H, HONG Z C. Mission and constellation design for low-cost weather observation satellites[J]. Journal of Spacecraft and Rocket, 2005, 42 (1): 118-123.

[3] MA D M, HONG Z C, LEE T H, et al. Design of a micro-satellite constellation for communication[J]. Acta Astronautica, 2013, 82(1): 54-59.

[4] CHOW C C, VILLAC B F. Mapping autonomous constellation design[J]. Journal of Guidance, Control, and Dynamics, 2012, 35(5): 1426-1434.

[5] DOYON M, SMYTH J, KROUPNIK G, et al. Radarsat Constellation Mission: Toward launch and operations[C]. Marseille: 2018 SpaceOps Conferences. 28 May . 1 June 2018, France.

[6] RADARSAT.Constellation Mission[EB/OL]. https://www.nrcan.gc.ca/science.and.data/research.centres.and. labs/canada.centre.remote.sensing/radarsat.constellation.mission/21831.

[7] Raytheon Delivers First SeeMe Satellite to DARPA[EB/OL]. https:// www. microwavejournal. Com/ articles/31146.raytheon.delivers.first.seeme.satellite.to.darpa.

[8] SCARDERA M, BAKER M, REYNOLDS R, et al. ALTAIR™: Millennium's DARPA SeeMe Satellite Solution Technical Revolution[C]. 28th Annual AIAA/USU Conference on Small Satellites. American Institute of Aeronautics and Astronautics (AIAA) and Utah State University (USU), in Logan, Utah. Aug, 4, 2014.

第 5 章 卫星编队稳定性分析与构形演化

5.1 引言

卫星编队飞行构形的稳定性是编队卫星有效执行任务的必要条件,然而卫星在轨飞行过程中,将受到地球非球形引力、大气阻力等多种摄动力的影响,从而影响构形的稳定性,导致编队构形的逐渐破坏。对于轨道高度在 500km 到几千千米的卫星的编队飞行来说,主要的摄动影响是地球非球形 J_2 项产生的。Alfriend 和 Schaub[1]研究了考虑 J_2 项的相对运动不变的编队飞行轨道,将其称为 J_2 不变相对轨道,给出了使用 Delaunay 变量表示的卫星编队飞行轨道满足 J_2 不变相对轨道的必要条件,即 J_2 项作用下卫星编队构形稳定的条件。Alfriend 和 Schaub[2]进一步给出了使用平均轨道根数表示的编队卫星满足 J_2 不变相对轨道的条件,即在 J_2 项的作用下,编队卫星的升交点赤经相对漂移速率为零,近地点幅角和平近点角之和的相对漂移速率为零。他们的工作为卫星编队飞行构形演化、构形稳定性及构形保持的研究奠定了基础,此后,众多优秀的轨道动力学与控制领域的专家投身于在考虑主要摄动力作用下的卫星编队飞行构形演化、构形稳定性及构形保持的研究中,取得了若干重要的研究成果。例如,孟鑫、李俊峰和高云峰[3-4]从交点周期和节线近动的角度分析了编队卫星满足 J_2 不变相对轨道的条件,并称之为零 J_2 摄动条件,满足这个条件的卫星编队构形在 J_2 项的作用下是长期稳定的;将编队椭圆绕飞轨道看作一个椭圆柱和一个平面的相交曲线,研究了 J_2 项引起的椭圆柱的漂移和平面法线的转动。Sabatini 等[5]使用遗传算法研究了卫星编队飞行的周期性相对运动,分别考虑了 J_2 项和大气阻力作用下的周期性相对运动的条件及构形稳定性,指出了在两个特殊的轨道倾角情况下 J_2 项摄动作用下存在周期性相对运动轨道,即任意椭圆轨道偏心率情况下的 63.4°倾角和近圆轨道的 49°倾角,Sabatini 等[6]进一步发展了这个结果,指出任意椭圆轨道偏心率情况下的 63.4°或 116.6°倾角和近圆轨道情况下的 49°或 131°倾角存在周期性相对运动轨道。

本章首先介绍作者在编队组成卫星的摄动分析方面的研究成果,给出了日月引力、太阳光压作用下编队组成卫星之间的倾角差、升交点赤经差以及偏心率矢量差的漂移速率计算公式；进一步基于几何法[7]，研究了考虑 J_2 项摄动情形的编队相对运动模型及相对运动漂移；针对几种典型的编队构形，给出了编队构形漂移的计算公式。

5.2 编队组成卫星的摄动分析

本节考虑编队组成卫星受到的中心天体非球形、日月引力和太阳光压几类摄动的影响。中心天体非球形 J_2 项对卫星的轨道倾角没有长期影响，但对升交点赤经、近地点幅角和平近点角有长期影响。日月引力对卫星的轨道倾角和升交点赤经有长期影响。这里给出了日月引力对卫星的轨道倾角和升交点赤经的长期影响公式，并有详细的推导过程。

5.2.1 中心天体非球形摄动

J_2 项摄动力引起的卫星平均轨道根数的长期变化率为[8]

$$\begin{cases} \dot{a} = \dot{e} = \dot{i} = 0 \\ \dot{\Omega} = -\frac{3}{2}J_2\left(\frac{R_e}{p}\right)^2 n\cos i \\ \dot{\omega} = \frac{3}{2}J_2\left(\frac{R_e}{p}\right)^2 n\left(2 - \frac{5}{2}\sin^2 i\right) \\ \dot{M} = n + \frac{3}{2}J_2\left(\frac{R_e}{p}\right)^2 n\left(1 - \frac{3}{2}\sin^2 i\right)\sqrt{1-e^2} \end{cases} \quad (5-1)$$

式中：$J_2 = 1.08263 \times 10^{-3}$；地球赤道半径 $R_e = 6378.140 \text{km}$；$n = \sqrt{\dfrac{\mu}{a^3}}$；$p = a(1-e^2)$。

由式（5-1）将各表达式关于轨道根数泰勒展开并保留一阶项可得 J_2 项引起的编队组成卫星之间轨道参数差所致的编队构形漂移速率差异计算公式[9]：

$$\begin{cases} \delta\dot{\Omega} = -\frac{7\dot{\Omega}}{2a}\delta a - (\dot{\Omega}\tan i)\delta i + \frac{4ae\dot{\Omega}}{p}\delta e \\ \delta\dot{\omega} = -\frac{7\dot{\omega}}{2a}\delta a - \left(\frac{15}{4}\frac{J_2 R_e^2}{p^2}n\sin 2i\right)\delta i + \frac{4ae\dot{\omega}}{p}\delta e \\ \delta\dot{M} = -\frac{3n}{2a}\delta a - \frac{7\dot{M}}{2a}\delta a + \frac{3ae\dot{M}}{p}\delta e - \left(\frac{9}{4}\frac{J_2 R_e^2}{p^2}n\sqrt{1-e^2}\sin 2i\right)\delta i \end{cases} \quad (5\text{-}2a)$$

对于近地轨道来说，月球引力对轨道的倾角影响较小。对于近地的非太阳同步轨道来说，太阳引力对轨道倾角影响也比较小。此时，地球非球形 J_3、J_4 项对轨道倾角的长周期影响就相对显著了。特别是对于太阳同步冻结轨道和倾角偏置准太阳同步冻结轨道来说，由于近地点幅角基本不变，倾角变化率方程的右端 ω 的项不再是周期性变化，因此倾角的长周期项变为长期项。

$$i = \frac{J_3 R_e e \cos i \sin \omega}{2 J_2 a (1-e^2)} - \frac{35 J_4 R_e^2 e^2 \sin 2i \cos 2\omega \left(\frac{9}{14} - \frac{3}{4} \sin^2 i\right)}{48 J_2 a^2 (1-e^2)^2 \left(2 - \frac{5}{2} \sin^2 i\right)} \quad (5\text{-}2b)$$

5.2.2 日月引力摄动在运动坐标系的分量

卫星受到的日月引力可以表示为

$$\boldsymbol{F} = m_{\text{sat}} n_{\text{sm}}^2 \left[\left(\frac{r_{\text{sm}}}{r_{\text{sm-sat}}}\right)^3 \boldsymbol{r}_{\text{sm-sat}} - \boldsymbol{r}_{\text{sm}}\right] \quad (5\text{-}3)$$

式中：下标 sat 表示卫星的参数；下标 sm 表示太阳或者月球的参数；m_{sat} 为卫星质量；$\boldsymbol{r}_{\text{sm}}$ 为从地心指向日月质心的矢量；$\boldsymbol{r}_{\text{sm-sat}}$ 为从卫星质心指向日月质心的矢量；r_{sm} 为 $\boldsymbol{r}_{\text{sm}}$ 的模；$r_{\text{sm-sat}}$ 为 $\boldsymbol{r}_{\text{sm-sat}}$ 的模。对于太阳来说，$n_{\text{sm}}^2 = n_s^2 = \frac{G m_s}{r_{\text{es}}^3}$，其中 G 为引力常数，m_s 为太阳质量，r_{es} 为地心至日心的距离；对于月球来说，$n_{\text{sm}}^2 = \sigma n_{\text{m}}^2 = \frac{m_m}{m_e + m_m} \frac{G m_s}{r_{\text{em}}^3}$，其中，$m_e$ 为地球质量，m_m 为月球质量，r_{em} 为地心至月心的距离，$\sigma = \frac{m_m}{m_e + m_m}$。

设 ξ 为地心至卫星方向矢量和地心至日/月方向矢量的两个矢量之间的夹角，则

$$\boldsymbol{F} = r n_{\text{sm}}^2 \left(3 \cos \xi \frac{\boldsymbol{r}_{\text{sm}}}{r_{\text{sm}}} - \frac{\boldsymbol{r}}{r}\right) \quad (5\text{-}4)$$

设卫星运动坐标系各方向的单位矢量为 $\boldsymbol{r}_0$、$\boldsymbol{\theta}_0$、$\boldsymbol{n}_0$，其中 $\boldsymbol{r}_0$ 为地心至卫星方向，$\boldsymbol{\theta}_0$ 为轨道面内与 $\boldsymbol{r}_0$ 垂直并与卫星运动方向重合或夹角为锐角的方向，$\boldsymbol{n}_0$ 指向轨道面法线方向，即 $\boldsymbol{r} \times \boldsymbol{v}$ 方向的单位矢量。则由于 $\boldsymbol{r}_0 \cdot \boldsymbol{r} = 0$，$\boldsymbol{r}_0 \cdot \frac{\boldsymbol{r}_{\text{sm}}}{r_{\text{sm}}} = \cos \xi$，$\boldsymbol{F}$ 在此运动坐标系的分量为

$$\begin{cases} \boldsymbol{F} \cdot \boldsymbol{r}_0 = r n_{\text{sm}}^2 (3 \cos^2 \xi - 1) \\ \boldsymbol{F} \cdot \boldsymbol{\theta}_0 = 3 r n_{\text{sm}}^2 \left(\frac{\boldsymbol{r}_{\text{sm}}}{r_{\text{sm}}} \cdot \boldsymbol{\theta}_0\right) \cos \xi \\ \boldsymbol{F} \cdot \boldsymbol{n}_0 = 3 r n_{\text{sm}}^2 \left(\frac{\boldsymbol{r}_{\text{sm}}}{r_{\text{sm}}} \cdot \boldsymbol{n}_0\right) \cos \xi \end{cases} \quad (5\text{-}5)$$

太阳方向单位矢量在赤道惯性系的分量为

$$\frac{\boldsymbol{r}_{sm}}{r_{sm}} = \begin{pmatrix} \cos\beta_s \\ \sin\beta_s \cos i_s \\ \sin\beta_s \sin i_s \end{pmatrix} \tag{5-6}$$

式中：β_s 为太阳视运动的黄经，i_s 为黄道相对于赤道的倾角。

由

$$\boldsymbol{r} = r\boldsymbol{P}\cos f + r\boldsymbol{Q}\sin f \tag{5-7}$$

其中

$$\boldsymbol{P} = \begin{pmatrix} \cos\omega\cos\Omega - \sin\omega\sin\Omega\cos i \\ \cos\omega\sin\Omega + \sin\omega\cos\Omega\cos i \\ \sin\omega\sin i \end{pmatrix} \tag{5-8}$$

$$\boldsymbol{Q} = \begin{pmatrix} -\sin\omega\cos\Omega - \cos\omega\sin\Omega\cos i \\ -\sin\omega\sin\Omega + \cos\omega\cos\Omega\cos i \\ \cos\omega\sin i \end{pmatrix} \tag{5-9}$$

得到月球方向在赤道惯性系的分量为

$$\boldsymbol{r}_m = r_m \boldsymbol{P}\cos f_m + r_m \boldsymbol{Q}\sin f_m \tag{5-10}$$

月球方向单位矢量在赤道惯性系的分量为

$$\frac{\boldsymbol{r}_m}{r_m} = \begin{pmatrix} \cos\beta_m \cos\Omega_m - \sin\beta_m \sin\Omega_m \cos i_m \\ \cos\beta_m \sin\Omega_m + \sin\beta_m \cos\Omega_m \cos i_m \\ \sin\beta_m \sin i_m \end{pmatrix} \tag{5-11}$$

式中：β_m 为月球在月球轨道上相距白道升交点的角距，$\beta_m = \omega_m + f_m$。

由于从赤道惯性系 $(\boldsymbol{x}_0, \boldsymbol{y}_0, \boldsymbol{z}_0)$ 到运动坐标系 $(\boldsymbol{r}_0, \boldsymbol{\theta}_0, \boldsymbol{n}_0)$ 是 313 旋转，即

$$\boldsymbol{A}_{313}(\psi,\theta,\varphi) = \boldsymbol{R}_z(\varphi)\boldsymbol{R}_x(\theta)\boldsymbol{R}_z(\psi) = \boldsymbol{A}_{313}(\Omega,i,\omega+f) \tag{5-12}$$

故

$$\boldsymbol{A}_{313}(\psi,\theta,\varphi) = \\
\begin{pmatrix} \cos(\omega+f)\cos\Omega - \cos i\sin(\omega+f)\sin\Omega & \cos(\omega+f)\sin\Omega + \cos i\sin(\omega+f)\cos\Omega & \sin i\sin(\omega+f) \\ -\sin(\omega+f)\cos\Omega - \cos i\cos(\omega+f)\sin\Omega & -\sin(\omega+f)\sin\Omega + \cos i\cos(\omega+f)\cos\Omega & \sin i\cos(\omega+f) \\ \sin i\sin\Omega & -\sin i\cos\Omega & \cos i \end{pmatrix}$$

$$\tag{5-13}$$

$$\begin{pmatrix} \boldsymbol{r}_0^{\mathrm{T}} \\ \boldsymbol{\theta}_0^{\mathrm{T}} \\ \boldsymbol{n}_0^{\mathrm{T}} \end{pmatrix} = \boldsymbol{A}_{313}(\Omega, i, \omega+f) \begin{pmatrix} \boldsymbol{x}_0^{\mathrm{T}} \\ \boldsymbol{y}_0^{\mathrm{T}} \\ \boldsymbol{z}_0^{\mathrm{T}} \end{pmatrix} \tag{5-14}$$

其中：$\boldsymbol{x}_0^{\mathrm{T}} = (1\ \ 0\ \ 0), \boldsymbol{y}_0^{\mathrm{T}} = (0\ \ 1\ \ 0), \boldsymbol{z}_0^{\mathrm{T}} = (0\ \ 0\ \ 1)$。

于是

$$\begin{pmatrix} \boldsymbol{r}_0^{\mathrm{T}} \\ \boldsymbol{\theta}_0^{\mathrm{T}} \\ \boldsymbol{n}_0^{\mathrm{T}} \end{pmatrix} = \boldsymbol{A}_{313}(\Omega, i, \omega+f) \begin{pmatrix} 1 & 0 & 0 \\ 0 & 1 & 0 \\ 0 & 0 & 1 \end{pmatrix} = \boldsymbol{A}_{313}(\Omega, i, \omega+f) \tag{5-15}$$

$$\boldsymbol{r}_0 = \begin{pmatrix} \cos(\omega+f)\cos\Omega - \cos i \sin(\omega+f)\sin\Omega \\ \cos(\omega+f)\sin\Omega + \cos i \sin(\omega+f)\cos\Omega \\ \sin i \sin(\omega+f) \end{pmatrix} \tag{5-16}$$

$$\boldsymbol{\theta}_0 = \begin{pmatrix} -\sin(\omega+f)\cos\Omega - \cos i \cos(\omega+f)\sin\Omega \\ -\sin(\omega+f)\sin\Omega + \cos i \cos(\omega+f)\cos\Omega \\ \sin i \cos(\omega+f) \end{pmatrix} \tag{5-17}$$

$$\boldsymbol{n}_0 = \begin{pmatrix} \sin i \sin\Omega \\ -\sin i \cos\Omega \\ \cos i \end{pmatrix} \tag{5-18}$$

将上面的结果代入日月引力在运动坐标系的分量得到：

对于太阳引力摄动，有

$$\begin{cases} \boldsymbol{F} \cdot \boldsymbol{r}_0 = r n_{\mathrm{sm}}^2 (3\cos^2\xi - 1) \\ \boldsymbol{F} \cdot \boldsymbol{\theta}_0 = 3 r n_{\mathrm{sm}}^2 \cos\xi \{\cos\beta_{\mathrm{s}}[-\sin(\omega+f)\cos\Omega - \cos i \cos(\omega+f)\sin\Omega] + \sin\beta_{\mathrm{s}} \cos i_{\mathrm{s}} \\ \qquad [-\sin(\omega+f)\sin\Omega + \cos i \cos(\omega+f)\cos\Omega] + \sin\beta_{\mathrm{s}} \sin i_{\mathrm{s}} \sin i \cos(\omega+f)\} \\ \boldsymbol{F} \cdot \boldsymbol{n}_0 = 3 r n_{\mathrm{sm}}^2 \cos\xi (\cos\beta_{\mathrm{s}} \sin i \sin\Omega - \sin\beta_{\mathrm{s}} \cos i_{\mathrm{s}} \sin i \cos\Omega + \sin\beta_{\mathrm{s}} \sin i_{\mathrm{s}} \cos i) \end{cases}$$

$$\tag{5-19}$$

对于月球引力摄动，有

$$\begin{cases} \boldsymbol{F} \cdot \boldsymbol{r}_0 = r n_{\mathrm{sm}}^2 (3\cos^2\xi - 1) \\ \boldsymbol{F} \cdot \boldsymbol{\theta}_0 = 3 r n_{\mathrm{sm}}^2 \cos\xi \{[\cos\beta_{\mathrm{m}} \cos\Omega_{\mathrm{m}} - \sin\beta_{\mathrm{m}} \sin\Omega_{\mathrm{m}} \cos i_{\mathrm{m}}][-\sin(\omega+f)\cos\Omega - \\ \qquad \cos i \cos(\omega+f)\sin\Omega] + [\cos\beta_{\mathrm{m}} \sin\Omega_{\mathrm{m}} + \sin\beta_{\mathrm{m}} \cos\Omega_{\mathrm{m}} \cos i_{\mathrm{m}}][-\sin(\omega+f)\sin\Omega + \\ \qquad \cos i \cos(\omega+f)\cos\Omega] + \sin\beta_{\mathrm{m}} \sin i_{\mathrm{m}} \sin i \cos(\omega+f)\} \\ \boldsymbol{F} \cdot \boldsymbol{n}_0 = 3 r n_{\mathrm{sm}}^2 \cos\xi [\sin i \sin\Omega (\cos\beta_{\mathrm{m}} \cos\Omega_{\mathrm{m}} - \sin\beta_{\mathrm{m}} \sin\Omega_{\mathrm{m}} \cos i_{\mathrm{m}}) - \\ \qquad \sin i \cos\Omega [\cos\beta_{\mathrm{m}} \sin\Omega_{\mathrm{m}} + \sin\beta_{\mathrm{m}} \cos\Omega_{\mathrm{m}} \cos i_{\mathrm{m}}] + \cos i \sin\beta_{\mathrm{m}} \sin i_{\mathrm{m}}] \end{cases}$$

$$\tag{5-20}$$

当卫星的轨道倾角 $i=0$ 时，太阳引力摄动在运动坐标系的分量变为

$$\begin{cases} \boldsymbol{F}\cdot\boldsymbol{r}_0 = rn_{\text{sm}}^2(3\cos^2\xi - 1) \\ \boldsymbol{F}\cdot\boldsymbol{\theta}_0 = 3rn_{\text{sm}}^2\cos\xi[-\cos\beta_s\sin(\omega+f+\Omega) + \sin\beta_s\cos i_s\cos(\omega+f+\Omega)] \\ \boldsymbol{F}\cdot\boldsymbol{n}_0 = 3rn_{\text{sm}}^2\cos\xi\sin\beta_s\sin i_s \end{cases} \quad (5\text{-}21)$$

当卫星的轨道倾角 $i=0$ 时，月球引力摄动在运动坐标系的分量变为

$$\begin{cases} \boldsymbol{F}\cdot\boldsymbol{r}_0 = rn_{\text{sm}}^2(3\cos^2\xi - 1) \\ \boldsymbol{F}\cdot\boldsymbol{\theta}_0 = 3rn_{\text{sm}}^2\cos\xi[-\cos\beta_m\sin(\omega+f+\Omega-\Omega_m) + \sin\beta_m\cos i_m\cos(\omega+f+\Omega-\Omega_m)] \\ \boldsymbol{F}\cdot\boldsymbol{n}_0 = 3rn_{\text{sm}}^2\cos\xi\sin\beta_m\sin i_m \end{cases}$$

$$(5\text{-}22)$$

对于太阳引力摄动来说，有

$$\cos\xi = \boldsymbol{r}_0 \cdot \frac{\boldsymbol{r}_{\text{es}}}{r_{\text{es}}} = \cos\beta_s[\cos(\omega+f)\cos\Omega - \cos i\sin(\omega+f)\sin\Omega] + \\ \sin\beta_s\cos i_s[\cos(\omega+f)\sin\Omega + \cos i\sin(\omega+f)\cos\Omega] + \sin\beta_s\sin i_s\sin i\sin(\omega+f) \quad (5\text{-}23)$$

对于月球引力摄动来说，有

$$\cos\xi = \boldsymbol{r}_0 \cdot \frac{\boldsymbol{r}_{\text{em}}}{r_{\text{em}}} = [\cos(\omega+f)\cos\Omega - \cos i\sin(\omega+f)\sin\Omega](\cos\beta_m\cos\Omega - \\ \cos i_m\sin\beta_m\sin\Omega_m) + [\cos(\omega+f)\sin\Omega + \cos i\sin(\omega+f)\cos\Omega] \quad (5\text{-}24) \\ (\cos\beta_m\sin\Omega_m + \cos i_m\sin\beta_m\cos\Omega_m) + \sin\beta_m\sin i_m\sin i\sin(\omega+f)$$

5.2.3 太阳引力摄动对倾角的影响

考虑太阳引力摄动引起的卫星轨道倾角变化率，将前面推导出来的太阳引力摄动的 $\boldsymbol{F}\cdot\boldsymbol{n}_0$ 和 $\cos\xi$ 代入倾角的摄动方程得到

$$\frac{\mathrm{d}i}{\mathrm{d}t} = \frac{\cos(\omega+f)}{na}\boldsymbol{F}\cdot\boldsymbol{n}_0 \\ = \frac{3rn_s^2\cos(\omega+f)\cos\xi}{na}(\cos\beta_s\sin i\sin\Omega - \sin\beta_s\cos i_s\sin i\cos\Omega + \sin\beta_s\sin i_s\cos i)$$

$$(5\text{-}25)$$

由于 $\cos(\omega+f)\cos\xi$ 的长期项为

$$\frac{1}{2}\cos\beta_s\cos\Omega + \frac{1}{2}\sin\beta_s\cos i_s\sin\Omega \quad (5\text{-}26)$$

式（5-26）与 $(\cos\beta_s\sin i\sin\Omega - \sin\beta_s\cos i_s\sin i\cos\Omega + \sin\beta_s\sin i_s\cos i)$ 的乘积的长期项为

$$\frac{1}{4}\sin i\sin\Omega\cos\Omega - \frac{1}{4}\cos i_s^2\sin i\sin\Omega\cos\Omega + \frac{1}{4}\sin i_s\cos i_s\sin\Omega\cos i \quad (5\text{-}27)$$

因此太阳引力摄动引起的卫星轨道倾角长期变化率的计算公式为

$$\frac{\mathrm{d}i}{\mathrm{d}t} = \frac{3n_s^2}{2n}(\cos\beta_s\cos\Omega + \sin\beta_s\cos i_s\sin\Omega)(\cos\beta_s\sin i\sin\Omega - \sin\beta_s\cos i_s\sin i\cos\Omega +$$
$$\sin\beta_s\sin i_s\cos i) \tag{5-28}$$

此处，n_s 为地球绕太阳公转的角速率。

如果不计 β_s 的周期项，则化为

$$\begin{aligned}\frac{\mathrm{d}i}{\mathrm{d}t} &= \frac{3n_s^2}{8n}(\sin 2\Omega\sin i + \sin 2i_s\sin\Omega\cos i - \sin 2\Omega\cos^2 i_s\sin i)\\ &= \frac{3n_s^2}{8n}(\sin i\sin 2\Omega\sin^2 i_s + \cos i\sin\Omega\sin 2i_s)\end{aligned} \tag{5-29}$$

对太阳同步轨道，式（5.25）则化简为熟知的结论作为其特例：

$$\frac{\mathrm{d}i}{\mathrm{d}t} = -\frac{3n_s^2}{16n}\sin i(1+\cos i_s)^2\sin(2\beta_s - 2\Omega) \tag{5-30}$$

根据太阳同步轨道的降交点地方时和轨道根数，代入式（5-30）可以方便地算出倾角变化率。首先根据降交点地方时算出 $(2\beta_s - 2\Omega)$，若降交点地方时为上午 9 时，则 $2\beta_s - 2\Omega = 2\times(12-9)\div 12\times 180 = 90(°)$。

某卫星轨道半长轴 7169056m，倾角 98.58918°，降交点地方时为上午 9 时，则太阳引力摄动引起的倾角 5 年变化如图 5-1 所示。

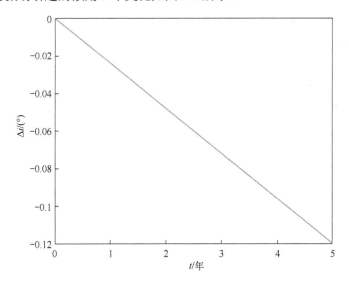

图 5-1　太阳引力摄动引起的倾角 5 年变化

（轨道半长轴 7169056m，倾角 98.58918°，降交点地方时为上午 9 时）

以轨道高度 5000km，倾角 55°，升交点赤经 20° 的轨道为例，太阳引力摄动引起的倾角 10 年变化如图 5-2 所示。

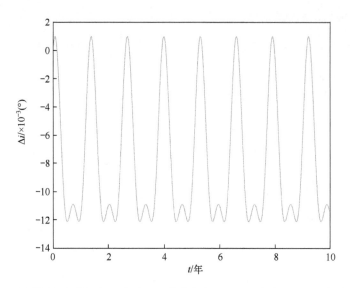

图 5-2 太阳引力摄动引起的倾角 10 年变化（轨道高度 5000km，倾角 55°，升交点赤经 20°）

北斗 MEO 的轨道高度是 21500km，倾角 55°。以轨道高度 21500km，倾角 55°，升交点赤经 20° 的轨道为例，太阳引力摄动引起的倾角 50 年变化如图 5-3 所示。

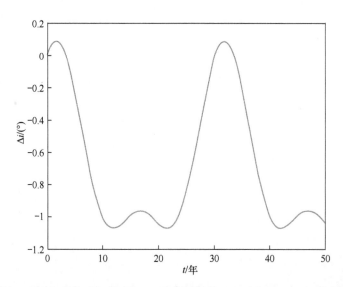

图 5-3 太阳引力摄动引起的倾角 50 年变化（轨道高度 21500km，倾角 55°，升交点赤经 20°）

以轨道高度 35860km，倾角 55°，升交点赤经 20° 的轨道为例，太阳引力摄动引起的倾角 200 年变化如图 5-4 所示。

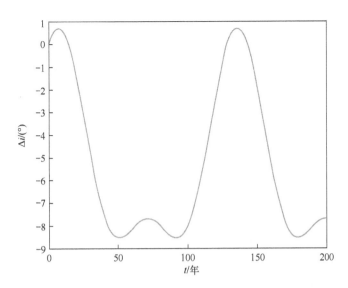

图 5-4 太阳引力摄动引起的倾角 200 年（轨道高度 35860km，倾角 55°，升交点赤经 20°）

5.2.4 太阳引力摄动对升交点赤经的影响

考虑太阳引力摄动引起的卫星轨道升交点赤经变化率，将前面推导出来的太阳引力摄动的 $F \cdot n_0$ 和 $\cos\xi$ 代入升交点赤经的摄动方程得到

$$\frac{\mathrm{d}\Omega}{\mathrm{d}t} = \frac{\sin(\omega+f)}{na\sin i} F \cdot n_0$$

$$= \frac{3rn_s^2 \sin(\omega+f)\cos\xi}{na\sin i}(\cos\beta_s \sin i \sin\Omega - \sin\beta_s \cos i_s \sin i \cos\Omega + \sin\beta_s \sin i_s \cos i)$$

由于 $\sin(\omega+f)\cos\xi$ 的长期项为

$$-\frac{1}{2}\cos\beta_s \cos i \sin\Omega + \frac{1}{2}\sin\beta_s \cos i_s \cos i \cos\Omega + \frac{1}{2}\sin\beta_s \sin i_s \sin i \quad (5\text{-}31)$$

得到太阳引力摄动引起的卫星轨道升交点赤经长期变化率的计算公式为

$$\frac{\mathrm{d}\Omega}{\mathrm{d}t} = \frac{3n}{8\sin i}\left(\frac{n_s}{n}\right)^2 (-\sin 2i \sin^2\Omega - \sin 2i \cos^2 i_s \cos^2\Omega + \sin 2i \sin^2 i_s + \sin 2i_s \cos^2 i \cos\Omega - \sin 2i_s \sin^2 i \cos\Omega) \quad (5\text{-}32)$$

即

$$\frac{\mathrm{d}\Omega}{\mathrm{d}t} = \frac{3n}{8\sin i}\left(\frac{n_s}{n}\right)^2 [\sin 2i(\sin^2 i_s - \sin^2\Omega - \cos^2 i_s \cos^2\Omega) + \sin 2i_s \cos 2i \cos\Omega] \quad (5\text{-}33)$$

也可写为

$$\frac{\mathrm{d}\Omega}{\mathrm{d}t} = \frac{3n}{16\sin i}\left(\frac{n_\mathrm{s}}{n}\right)^2 [\sin 2i(1-3\cos^2 i_\mathrm{s}) + 2\cos 2i\cos\Omega\sin 2i_\mathrm{s} + \sin 2i\cos 2\Omega\sin^2 i_\mathrm{s}]$$

（5-34）

对太阳同步轨道，则太阳引力摄动引起的卫星轨道升交点赤经长期变化率的计算公式为

$$\frac{\mathrm{d}\Omega}{\mathrm{d}t} = \frac{3rn_\mathrm{s}^2}{2na\sin i}(-\cos i\sin\Omega\cos\beta_\mathrm{s} + \sin\beta_\mathrm{s}\cos i_\mathrm{s}\cos i\cos\Omega + \sin\beta_\mathrm{s}\sin i_\mathrm{s}\sin i)$$

$$(\cos\beta_\mathrm{s}\sin i\sin\Omega - \sin\beta_\mathrm{s}\cos i_\mathrm{s}\sin i\cos\Omega + \sin\beta_\mathrm{s}\sin i_\mathrm{s}\cos i)$$

$$\approx \frac{3rn_\mathrm{s}^2}{2na}[\cos i\sin(\beta_\mathrm{s}-\Omega) + \sin\beta_\mathrm{s}\sin i_\mathrm{s}][-\sin(\beta_\mathrm{s}-\Omega) + \sin\beta_\mathrm{s}\sin i_\mathrm{s}\cos i]$$

$$\approx \frac{3n_\mathrm{s}^2}{4n}[-2\cos i\sin^2(\beta_\mathrm{s}-\Omega) + \sin^2 i_\mathrm{s}\cos i]$$

（5-35）

5.2.5 月球引力摄动对倾角的影响

考虑月球引力摄动引起的卫星轨道倾角变化率，将前面推导出来的月球引力摄动的 $F \cdot n_0$ 和 $\cos\xi$ 代入倾角摄动方程得到

$$\frac{\mathrm{d}i}{\mathrm{d}t} = \frac{\cos(\omega+f)}{na}F \cdot n_0$$

$$= \frac{3r\sigma n_\mathrm{m}^2\cos(\omega+f)\cos\xi}{na}[\sin i\sin\Omega(\cos\beta_\mathrm{m}\cos\Omega_\mathrm{m} - \sin\beta_\mathrm{m}\sin\Omega_\mathrm{m}\cos i_\mathrm{m}) -$$

$$\sin i\cos\Omega(\cos\beta_\mathrm{m}\sin\Omega_\mathrm{m} + \sin\beta_\mathrm{m}\cos\Omega_\mathrm{m}\cos i_\mathrm{m}) + \cos i\sin\beta_\mathrm{m}\sin i_\mathrm{m}]$$
（5-36）

式中：$\sigma = \dfrac{m_\mathrm{m}}{m_\mathrm{e}+m_\mathrm{m}} = \dfrac{1}{82.3}$，其中 m_m 为月球质量，m_e 为地球质量；$n_\mathrm{m}^2 = \dfrac{Gm_\mathrm{m}}{\sigma r_\mathrm{em}^3}$，$m_\mathrm{m}$ 为月球质量；i_m 为月球轨道的倾角；Ω_m 为月球轨道的升交点赤经；n_m 为月球绕地球运动的角速率。

得到长期项为

$$\frac{\mathrm{d}i}{\mathrm{d}t} = \frac{3r\sigma n_\mathrm{m}^2}{2na}[\cos\Omega(\cos\beta_\mathrm{m}\cos\Omega_\mathrm{m} - \sin\beta_\mathrm{m}\sin\Omega_\mathrm{m}\cos i_\mathrm{m}) + \sin\Omega(\cos\beta_\mathrm{m}\sin\Omega_\mathrm{m} +$$

$$\sin\beta_\mathrm{m}\cos\Omega_\mathrm{m}\cos i_\mathrm{m}) + \sin i\sin\Omega(\cos\beta_\mathrm{m}\cos\Omega_\mathrm{m} - \sin\beta_\mathrm{m}\sin\Omega_\mathrm{m}\cos i_\mathrm{m}) -$$

$$\sin i\cos\Omega(\cos\beta_\mathrm{m}\sin\Omega_\mathrm{m} + \sin\beta_\mathrm{m}\cos\Omega_\mathrm{m}\cos i_\mathrm{m}) + \cos i\sin\beta_\mathrm{m}\sin i_\mathrm{m}]$$

$$= \frac{3r\sigma n_\mathrm{m}^2}{2na}\left[\frac{\cos(\Omega-\Omega_\mathrm{m})}{2}(\sin i\sin\Omega\cos\Omega_\mathrm{m} - \sin i\cos\Omega\sin\Omega_\mathrm{m}) + \right.$$

$$\left.\frac{\cos i_\mathrm{m}\sin(\Omega-\Omega_\mathrm{m})}{2}(-\sin i\sin\Omega\sin\Omega_\mathrm{m}\cos i_\mathrm{m} - \sin i\cos\Omega\cos\Omega_\mathrm{m}\cos i_\mathrm{m} + \cos i\sin i_\mathrm{m})\right]$$

（5-37）

化简得到月球引力摄动引起的近圆轨道卫星的倾角长期变化率计算公式为

$$\frac{\mathrm{d}i}{\mathrm{d}t} = \frac{3}{4}\sigma n\left(\frac{n_\mathrm{m}}{n}\right)^2 \sin(\Omega-\Omega_\mathrm{m})[\cos(\Omega-\Omega_\mathrm{m})\sin i - \cos^2 i_\mathrm{m}\cos(\Omega-\Omega_\mathrm{m})\sin i + \sin i_\mathrm{m}\cos i_\mathrm{m}\cos i]$$

$$= \frac{3}{8}\sigma n\left(\frac{n_\mathrm{m}}{n}\right)^2 [\sin 2(\Omega-\Omega_\mathrm{m})\sin i + \sin(\Omega-\Omega_\mathrm{m})\sin 2i_\mathrm{m}\cos i - \cos^2 i_\mathrm{m}\sin i\sin 2(\Omega-\Omega_\mathrm{m})]$$

$$= \frac{3}{8}\sigma n\left(\frac{n_\mathrm{m}}{n}\right)^2 \sin(\Omega-\Omega_\mathrm{m})[2\sin^2 i_\mathrm{m}\cos(\Omega-\Omega_\mathrm{m})\sin i + \sin 2i_\mathrm{m}\cos i]$$

(5-38)

月球在地球赤道惯性系的轨道根数按照下面的方法计算：
首先根据 $J_{2000.0}$ 地心平黄道坐标系的月球平均轨道根数：

$$\begin{cases} a_\mathrm{LE} = 384747.981\mathrm{km} \\ e_\mathrm{LE} = 0.054879905 \\ i_\mathrm{LE} = 5.129835017° \\ \Omega_\mathrm{LE} = 125.044555556 - 1934.1361850T + 0.0020767T^2 ° \\ \omega_\mathrm{LE} = 318.308686110 + 6003.1498961T - 0.0124003T^2 ° \\ M_\mathrm{LE} = 134.963413889 + 13.06499315537d + 0.0089939d^2 ° \end{cases}$$

式中：下标 LE 表示月球（Lunar）在黄道系（Ecliptic）的根数；T 的单位为儒略世纪，1 儒略世纪=36525 儒略月；d 的单位为地球日；i_LE 为平黄白交角。

月球在地球赤道惯性系的轨道根数按照下式计算：

$$\begin{cases} \cos i_\mathrm{m} = \cos\varepsilon\cos i_\mathrm{LE} - \sin\varepsilon\cos i_\mathrm{LE}\cos\Omega_\mathrm{LE} \\ \sin i_\mathrm{m} = \sqrt{1-\cos^2 i} \\ \sin\Omega_\mathrm{m} = \dfrac{\sin i_\mathrm{LE}\sin\Omega_\mathrm{LE}}{\sin i_\mathrm{m}} \\ \cos\Omega_\mathrm{m} = \dfrac{\cos i_\mathrm{LE} - \cos\varepsilon\cos i_\mathrm{m}}{\sin\varepsilon\sin i_\mathrm{m}} \end{cases}$$

式中：ε 为黄赤夹角。

5.2.6 月球引力摄动对升交点赤经的影响

考虑月球引力摄动引起的卫星轨道升交点赤经变化率，将前面推导出来的月球引力摄动的 $\boldsymbol{F}\cdot\boldsymbol{n}_0$ 和 $\cos\xi$ 代入升交点赤经的摄动方程得到

$$\frac{\mathrm{d}\Omega}{\mathrm{d}t} = \frac{\sin(\omega+f)}{na\sin i}\boldsymbol{F}\cdot\boldsymbol{n}_0$$

$$= \frac{3r\sigma n_\mathrm{m}^2 \sin(\omega+f)}{na\sin i}\{[\cos(\omega+f)\cos\Omega - \cos i\sin(\omega+f)\sin\Omega][\cos\beta_\mathrm{m}\cos\Omega - $$

$$\begin{aligned}&\cos i_\mathrm{m}\sin\beta_\mathrm{m}\sin\varOmega_\mathrm{m}]+[\cos(\omega+f)\sin\varOmega+\cos i\sin(\omega+f)\cos\varOmega][\cos\beta_\mathrm{m}\sin\varOmega_\mathrm{m}+\\&\cos i_\mathrm{m}\sin\beta_\mathrm{m}\cos\varOmega_\mathrm{m}]+\sin\beta_\mathrm{m}\sin i_\mathrm{m}\sin i\sin(\omega+f)\}\cdot[\sin i\sin\varOmega(\cos\beta_\mathrm{m}\cos\varOmega_\mathrm{m}-\\&\sin\beta_\mathrm{m}\sin\varOmega_\mathrm{m}\cos i_\mathrm{m})-\sin i\cos\varOmega(\cos\beta_\mathrm{m}\sin\varOmega_\mathrm{m}+\sin\beta_\mathrm{m}\cos\varOmega_\mathrm{m}\cos i_\mathrm{m})+\\&\cos i\sin\beta_\mathrm{m}\sin i_\mathrm{m}]\end{aligned}\quad(5\text{-}39)$$

考虑长期项，略去 $\omega+f$ 的周期项，得到

$$\begin{aligned}\frac{\mathrm{d}\varOmega}{\mathrm{d}t}=&\frac{3r\sigma n_\mathrm{m}^2}{na\sin i}[\cos i\cos\beta_\mathrm{m}\sin(\varOmega_\mathrm{m}-\varOmega)+\cos i\cos i_\mathrm{m}\sin\beta_\mathrm{m}\cos(\varOmega-\varOmega_\mathrm{m})+\\&\cos i\sin\beta_\mathrm{m}\sin i_\mathrm{m}]\cdot[\sin i\cos\beta_\mathrm{m}\sin(\varOmega-\varOmega_\mathrm{m})-\sin i\cos i_\mathrm{m}\sin\beta_\mathrm{m}\cos(\varOmega-\varOmega_\mathrm{m})+\\&\cos i\sin\beta_\mathrm{m}\sin i_\mathrm{m}]\end{aligned}\quad(5\text{-}40)$$

略去 β_m 的周期项，得到

$$\begin{aligned}\frac{\mathrm{d}\varOmega}{\mathrm{d}t}=&\frac{3\sigma n}{8\sin i}\left(\frac{n_\mathrm{m}}{n}\right)^2\{\sin 2i[\sin^2 i_\mathrm{m}-\sin^2(\varOmega-\varOmega_\mathrm{m})-\cos^2 i_\mathrm{m}\cos^2(\varOmega-\varOmega_\mathrm{m})]+\\&\sin 2i_\mathrm{m}\cos 2i\cos(\varOmega-\varOmega_\mathrm{m})\}=\frac{3\sigma n}{16\sin i}\left(\frac{n_\mathrm{m}}{n}\right)^2[\sin 2i(1-3\cos^2 i_\mathrm{m})+\\&2\cos 2i\cos(\varOmega-\varOmega_\mathrm{m})\sin 2i_\mathrm{m}+\sin 2i\cos 2(\varOmega-\varOmega_\mathrm{m})\sin^2 i_\mathrm{m}]\end{aligned}\quad(5\text{-}41)$$

5.2.7 太阳光压摄动分析

卫星受到的太阳光压力表示为

$$\boldsymbol{F}_\mathrm{s}=-Kp\left(\frac{A}{m}\right)\boldsymbol{S}\quad(5\text{-}42)$$

式中：A 为卫星垂直于光线方向的截面积；m 为卫星质量；K 为光压系数，全吸收，则 $K=1$；p 为光压强度；S 为从卫星至太阳方向的单位矢量。

则 $\boldsymbol{F}_\mathrm{s}$ 在运动坐标系 $(\boldsymbol{r}_0,\boldsymbol{\theta}_0,\boldsymbol{n}_0)$ 的分量为

$$\begin{cases}F_r=\boldsymbol{F}_\mathrm{s}\cdot\boldsymbol{r}_0=-Kp\left(\dfrac{A}{m}\right)\boldsymbol{S}\cdot\boldsymbol{r}_0\\[6pt]F_\theta=\boldsymbol{F}_\mathrm{s}\cdot\boldsymbol{\theta}_0=-Kp\left(\dfrac{A}{m}\right)\boldsymbol{S}\cdot\boldsymbol{\theta}_0\\[6pt]F_n=\boldsymbol{F}_\mathrm{s}\cdot\boldsymbol{n}_0=-Kp\left(\dfrac{A}{m}\right)\boldsymbol{S}\cdot\boldsymbol{n}_0\end{cases}\quad(5\text{-}43)$$

由于

$$\boldsymbol{S}=\begin{pmatrix}\cos\beta_\mathrm{s}\\\sin\beta_\mathrm{s}\cos i_\mathrm{s}\\\sin\beta_\mathrm{s}\sin i_\mathrm{s}\end{pmatrix}\quad(5\text{-}44)$$

将 $(\boldsymbol{r}_0,\boldsymbol{\theta}_0,\boldsymbol{n}_0)$ 的表达式和 $\boldsymbol{S}$ 代入 $\boldsymbol{F}_\mathrm{s}$ 在运动坐标系的分量公式，得到

$$\begin{cases} F_r = -Kp\left(\dfrac{A}{m}\right)\{\cos\beta_s[\cos(\omega+f)\cos\Omega - \cos i\sin(\omega+f)\sin\Omega] + \\ \qquad \sin\beta_s\cos i_s[\cos(\omega+f)\sin\Omega + \cos i\sin(\omega+f)\cos\Omega] + \sin\beta_s\sin i_s\sin i\sin(\omega+f)\} \\ F_\theta = -Kp\left(\dfrac{A}{m}\right)\{\cos\beta_s[-\sin(\omega+f)\cos\Omega - \cos i\cos(\omega+f)\sin\Omega] + \\ \qquad \sin\beta_s\cos i_s[-\sin(\omega+f)\sin\Omega + \cos i\cos(\omega+f)\cos\Omega] + \sin\beta_s\sin i_s\sin i\cos(\omega+f)\} \\ F_n = -Kp\left(\dfrac{A}{m}\right)(\cos\beta_s\sin i\sin\Omega - \sin\beta_s\cos i_s\sin i\cos\Omega + \sin\beta_s\sin i_s\cos i) \end{cases}$$

(5-45)

当卫星的轨道倾角 $i=0$ 时，太阳光压摄动力在运动坐标系的分量变为

$$\begin{cases} F_r = -Kp\left(\dfrac{A}{m}\right)[\cos\beta_s\cos(\omega+f+\Omega) + \sin\beta_s\cos i_s\sin(\omega+f+\Omega)] \\ F_\theta = -Kp\left(\dfrac{A}{m}\right)[-\cos\beta_s\sin(\omega+f+\Omega) + \sin\beta_s\cos i_s\cos(\omega+f+\Omega)] \\ F_n = -Kp\left(\dfrac{A}{m}\right)\sin\beta_s\sin i_s \end{cases} \quad (5\text{-}46)$$

5.2.8 太阳光压摄动对偏心率矢量的影响

定义偏心率矢量 $\begin{cases} \xi = e\cos\omega \\ \eta = -e\sin\omega \end{cases}$，则

$$\begin{aligned} \dfrac{\mathrm{d}\xi}{\mathrm{d}t} &= \dfrac{1}{na}[F_r\sin(\omega+f) + 2F_\theta\cos(\omega+f)] \\ &= -\dfrac{KpA}{nam}\sin\lambda\begin{bmatrix}\cos\beta_s(\cos\lambda\cos\Omega - \cos i\sin\lambda\sin\Omega) + \\ \sin\beta_s\cos i_s(\cos\lambda\sin\Omega + \cos i\sin\lambda\cos\Omega) + \sin\beta_s\sin i_s\sin i\sin\lambda\end{bmatrix} - \\ &\quad \dfrac{2KpA}{nam}\cos\lambda\begin{bmatrix}\cos\beta_s(-\sin\lambda\cos\Omega - \cos i\cos\lambda\sin\Omega) + \\ \sin\beta_s\cos i_s(-\sin\lambda\sin\Omega + \cos i\cos\lambda\cos\Omega) + \sin\beta_s\sin i_s\sin i\cos\lambda\end{bmatrix} \end{aligned}$$

(5-47)

$$\begin{aligned} \dfrac{\mathrm{d}\eta}{\mathrm{d}t} &= \dfrac{1}{na}[F_r\cos(\omega+f) - 2F_\theta\sin(\omega+f)] \\ &= -\dfrac{KpA}{nam}\cos\lambda\begin{bmatrix}\cos\beta_s(\cos\lambda\cos\Omega - \cos i\sin\lambda\sin\Omega) + \\ \sin\beta_s\cos i_s(\cos\lambda\sin\Omega + \cos i\sin\lambda\cos\Omega) + \sin\beta_s\sin i_s\sin i\sin\lambda\end{bmatrix} + \\ &\quad \dfrac{2KpA}{nam}\sin\lambda\begin{bmatrix}\cos\beta_s(-\sin\lambda\cos\Omega - \cos i\cos\lambda\sin\Omega) + \\ \sin\beta_s\cos i_s(-\sin\lambda\sin\Omega + \cos i\cos\lambda\cos\Omega) + \sin\beta_s\sin i_s\sin i\cos\lambda\end{bmatrix} \end{aligned}$$

(5-48)

其中，$\lambda = \omega + f$，不考虑 λ 的周期项，则得到太阳光压摄动对编队卫星偏心率矢量的长周期影响的变化率计算公式为

$$\begin{cases} \dfrac{\mathrm{d}\xi}{\mathrm{d}t} = -\dfrac{3KpA}{2nam}(-\cos\beta_s \cos i \sin\Omega + \sin\beta_s \cos i_s \cos i \cos\Omega + \sin\beta_s \sin i_s \sin i) \\ \dfrac{\mathrm{d}\eta}{\mathrm{d}t} = -\dfrac{3KpA}{2nam}(\cos\beta_s \cos\Omega + \sin\beta_s \cos i_s \sin\Omega) \end{cases} \quad (5\text{-}49)$$

可见太阳光压摄动对编队组成卫星的偏心率矢量的影响是周期的，在一年的周期中叠加有卫星运动一圈的周期。将上式对太阳视运动的轨道进行积分，得到根据初始时刻 t_0 的偏心率矢量 $[\xi(t_0),\eta(t_0)]$ 计算 t 时刻的偏心率矢量 $[\xi(t),\eta(t)]$ 的公式为

$$\begin{cases} \xi(t) = \xi(t_0) - \dfrac{3KpA}{2nam}\{-[\sin\beta_s(t) - \sin\beta_s(t_0)]\cos i \sin\Omega - \\ \qquad\qquad [\cos\beta_s(t) - \cos\beta_s(t_0)](\cos i_s \cos i \cos\Omega + \sin i_s \sin i)\} \\ \eta(t) = \eta(t_0) - \dfrac{3KpA}{2nam}\{[\sin\beta_s(t) - \sin\beta_s(t_0)]\cos\Omega - [\cos\beta_s(t) - \cos\beta_s(t_0)]\cos i_s \sin\Omega\} \end{cases}$$

$$(5\text{-}50)$$

在式（5-50）中，若卫星的轨道倾角为 90°，则化简为

$$\begin{cases} \xi(t) = \xi(t_0) + \dfrac{3KpA}{2nam}[\cos\beta_s(t) - \cos\beta_s(t_0)]\sin i_s \\ \eta(t) = \eta(t_0) - \dfrac{3KpA}{2nam}\{[\sin\beta_s(t) - \sin\beta_s(t_0)]\cos\Omega - [\cos\beta_s(t) - \cos\beta_s(t_0)]\cos i_s \sin\Omega\} \end{cases}$$

$$(5\text{-}51)$$

5.2.9　编队组成卫星受摄计算

综合上面各节的分析可知，编队组成卫星受到地球非球形摄动力、日月引力、太阳光压作用下的轨道倾角和升交点赤经变化的计算公式为

$$\begin{aligned}
\dfrac{\mathrm{d}i}{\mathrm{d}t} = & \dfrac{3n_s^2}{8n}(\sin i \sin 2\Omega \sin^2 i_s + \cos i \sin\Omega \sin 2i_s) + \\
& \dfrac{3}{8}\sigma n\left(\dfrac{n_\mathrm{m}}{n}\right)^2 \sin(\Omega - \Omega_\mathrm{m})[2\sin^2 i_\mathrm{m}\cos(\Omega - \Omega_\mathrm{m})\sin i + \sin 2i_\mathrm{m}\cos i] + \\
& \dfrac{J_3 R_\mathrm{e} e \cos i \sin\omega}{2J_2 a(1-e^2)} - \dfrac{35 J_4 R_\mathrm{e}^2 e^2 \sin 2i \cos 2\omega \left(\dfrac{9}{14} - \dfrac{3}{4}\sin^2 i\right)}{48 J_2 a^2 (1-e^2)^2 \left(2 - \dfrac{5}{2}\sin^2 i\right)}
\end{aligned} \quad (5\text{-}52)$$

$$\frac{\mathrm{d}\Omega}{\mathrm{d}t} = \frac{3n}{16\sin i}\left(\frac{n_s}{n}\right)^2 [\sin 2i(1-3\cos^2 i_s) + 2\cos 2i \cos\Omega \sin 2i_s + \sin 2i \cos 2\Omega \sin^2 i_s] +$$

$$\frac{3\sigma n}{16\sin i}\left(\frac{n_m}{n}\right)^2 [\sin 2i(1-3\cos^2 i_m) + 2\cos 2i \cos(\Omega-\Omega_m)\sin 2i_m + \sin 2i \cos 2$$

$$(\Omega - \Omega_m)\sin^2 i_m] - \frac{3}{2}J_2\left(\frac{R_e}{p}\right)^2 n\cos i \tag{5-53}$$

对于太阳同步轨道来说，倾角的变化率按照下式计算：

$$\frac{\mathrm{d}i}{\mathrm{d}t} = -\frac{3n_s^2}{16n}\sin i(1+\cos i_s)^2 \sin(2\beta_s - 2\Omega) +$$

$$\frac{3}{8}\sigma n\left(\frac{n_m}{n}\right)^2 \sin(\Omega-\Omega_m)[2\sin^2 i_m \cos(\Omega-\Omega_m)\sin i + \sin 2i_m \cos i] +$$

$$\frac{J_3 R_e e \cos i \sin\omega}{2J_2 a(1-e^2)} - \frac{35 J_4 R_e^2 e^2 \sin 2i \cos 2\omega\left(\frac{9}{14} - \frac{3}{4}\sin^2 i\right)}{48 J_2 a^2 (1-e^2)^2 \left(2 - \frac{5}{2}\sin^2 i\right)} \tag{5-54}$$

若要计算卫星一段时间以来的轨道倾角和升交点赤经的变化，考虑到倾角和升交点赤经都体现在倾角和升交点赤经变化率的公式中，则在编程序过程中，每步都用式（5-54）计算该步的倾角和升交点赤经增量，代入循环计算。

对于近地轨道的卫星，其近地点幅角和平近点角的变化按照式（5-55）、式（5-56）计算：

$$\dot{\omega} = \frac{3}{2}J_2\left(\frac{R_e}{p}\right)^2 n\left(2 - \frac{5}{2}\sin^2 i\right) \tag{5-55}$$

$$\dot{M} = n + \frac{3}{2}J_2\left(\frac{R_e}{p}\right)^2 n\left(1 - \frac{3}{2}\sin^2 i\right)\sqrt{1-e^2} \tag{5-56}$$

对于 MEO 和地球同步轨道卫星，其近地点幅角的变化按照偏心率矢量的变化计算后求出，偏心率矢量的变化按照下式计算

$$\begin{cases} \xi(t) = \xi(t_0) - \frac{3KpA}{2nam}\{-[\sin\beta_s(t) - \sin\beta_s(t_0)]\cos i \sin\Omega \\ \qquad -[\cos\beta_s(t) - \cos\beta_s(t_0)](\cos i_s \cos i \cos\Omega + \sin i_s \sin i)\} \\ \eta(t) = \eta(t_0) - \frac{3KpA}{2nam}\{[\sin\beta_s(t) - \sin\beta_s(t_0)]\cos\Omega - [\cos\beta_s(t) - \cos\beta_s(t_0)]\cos i_s \sin\Omega\} \end{cases}$$

$$\tag{5-57}$$

5.2.10 日月引力作用下的倾角差漂移速率

记

$$i_{1,s} = \frac{di}{dt} = i = \frac{3n_s^2}{8n}(\sin i \sin 2\Omega \sin^2 i_s + \cos i \sin \Omega \sin 2i_s) \quad (5\text{-}58)$$

式中：下标"1"为一阶项；s 为太阳引力摄动。由于太阳引力摄动和月球引力摄动都会引起轨道倾角的漂移，由式（5-29）得到对于非太阳同步轨道，由太阳引力引起的编队卫星之间的倾角的漂移速率差异为

$$\delta i_{1,s} = \frac{3}{2}\frac{i_{1,s}}{a}\delta a + \frac{3n_s^2}{8n}\begin{bmatrix}\delta\Omega(2\cos 2\Omega \sin i \sin^2 i_s + \sin 2i_s \cos\Omega\cos i) + \\ \delta i(\sin 2\Omega \cos i \sin^2 i_s - \sin 2i_s \sin\Omega \sin i)\end{bmatrix} \quad (5\text{-}59)$$

式（5-59）也是编队卫星之间的倾角差的漂移速率。

对于太阳同步轨道，太阳引力引起的编队组成卫星之间的倾角漂移速率差异为

$$\delta i_{1,s} = \frac{3}{2}\cdot\frac{i_{1,s}}{a}\delta a - \frac{3n_s^2\delta i}{16n}\cos i(1+\cos i_s)^2\sin(2\beta_s - 2\Omega) + \frac{3n_s^2}{8n}\delta\Omega\sin i(1+\cos i_s)^2\cos(2\beta_s - 2\Omega) \quad (5\text{-}60)$$

月球引力引起的编队卫星之间的倾角漂移速率差异为

$$\delta i_{1,m} = \frac{3}{2}\cdot\frac{i_{1,m}}{a}\delta a + \frac{3}{8}\frac{n_m^2}{n}\sigma\delta i[\sin 2(\Omega-\Omega_m)\cos i - \sin(\Omega-\Omega_m)\sin 2i_m \sin i - \cos^2 i_m \cos i \sin 2(\Omega-\Omega_m)] + \frac{3}{8}\cdot\frac{n_m^2}{n}\sigma\delta\Omega[2\cos 2(\Omega-\Omega_m)\sin i + \cos(\Omega-\Omega_m)\sin 2i_m \cos i - 2\cos^2 i_m \sin i \cos 2(\Omega-\Omega_m)] \quad (5\text{-}61)$$

下标"m"表示月球引力摄动。其中

$$i_{1,m} = \frac{3}{8}\sigma n\left(\frac{n_m}{n}\right)^2 \sin(\Omega-\Omega_m)[2\sin^2 i_m \cos(\Omega-\Omega_m)\sin i + \sin 2i_m \cos i] \quad (5\text{-}62)$$

将太阳引力和月球引力分别引起的编队组成卫星之间的倾角漂移速率差异的计算公式相加，即得到编队构形组成卫星之间的倾角差漂移速率计算公式。

5.2.11 日月引力作用下的升交点赤经差漂移速率

记

$$\Omega_{1,s} = \frac{3n}{8\sin i}\left(\frac{n_s}{n}\right)^2[\sin 2i(\sin^2 i_s - \sin^2\Omega - \cos^2 i_s \cos^2\Omega) + \sin 2i_s \cos 2i \cos\Omega] \quad (5\text{-}63)$$

则对于非太阳同步轨道，由太阳引力引起的编队卫星之间的升交点赤经差漂移速率为

$$\delta\Omega_{1,s} = \frac{3}{2}\frac{\Omega_{1,s}}{a}\delta a - (\Omega_{1,s}\cot i)\delta i + \frac{3n}{8\sin i}\left(\frac{n_s}{n}\right)^2[2\cos 2i(\sin^2 i_s - \sin^2\Omega - \cos^2 i_s \cos^2\Omega) - 2\sin 2i_s \sin 2i \cos\Omega]\delta i -$$

$$\frac{3n}{8\sin i}\left(\frac{n_s}{n}\right)^2[\sin 2\Omega \sin 2i \sin^2 i_s + \sin 2i_s \cos 2i \sin\Omega]\delta\Omega \tag{5-64}$$

对于太阳同步轨道，由太阳引力引起的编队卫星之间的升交点赤经差漂移速率为

$$\delta\Omega_{1,s} = \frac{3}{2}\cdot\frac{\Omega_{1,s}}{a}\delta a + \frac{3n_s^2}{4n}\sin i[2\sin^2(\beta_s - \Omega) - \sin^2 i_s]\delta i + \frac{3n_s^2}{2n}\cos i \sin 2(\beta_s - \Omega)\delta\Omega \tag{5-65}$$

其中

$$\Omega_{1,s} = \frac{3n_s^2}{4n}\cos i[\sin^2 i_s - 2\sin^2(\beta_s - \Omega)] \tag{5-66}$$

记

$$\Omega_{1,m} = \frac{3\sigma n}{8\sin i}\left(\frac{n_m}{n}\right)^2 \begin{Bmatrix} \sin 2i[\sin^2 i_m - \sin^2(\Omega - \Omega_m) - \cos^2 i_m \cos^2(\Omega - \Omega_m)] + \\ \sin 2i_m \cos 2i \cos(\Omega - \Omega_m) \end{Bmatrix} \tag{5-67}$$

则月球引力引起的编队卫星之间的升交点赤经差漂移速率为

$$\begin{aligned}\delta\Omega_{1,m} = &\frac{3}{2}\frac{\Omega_{1,m}}{a}\delta a - (\Omega_{1,m}\cot i)\delta i + \\ &\frac{3\sigma n}{8\sin i}\left(\frac{n_m}{n}\right)^2\{2\cos 2i[\sin^2 i_m - \sin^2(\Omega - \Omega_m) - \cos^2 i_m \cos^2(\Omega - \Omega_m)] - \\ &2\sin 2i_m \sin 2i \cos(\Omega - \Omega_m)\}\delta i - \frac{3\sigma n}{8\sin i}\left(\frac{n_m}{n}\right)^2[\sin 2i \sin 2(\Omega - \Omega_m)\sin^2 i_m + \\ &\sin 2i_m \cos 2i \sin(\Omega - \Omega_m)]\delta\Omega\end{aligned} \tag{5-68}$$

将 J_2 项、太阳引力和月球引力分别引起的编队组成卫星之间的升交点赤经漂移速率差异的计算公式相加，即得到编队构形组成卫星之间的升交点赤经差漂移速率计算公式。

5.2.12 太阳光压作用下的偏心率矢量差漂移速率

以式（5-69）表示太阳光压作用下编队卫星轨道倾角矢量变化率的一阶项。

$$\begin{cases}\xi_{1,sp} = -\dfrac{3KpA}{2nam}(-\cos\beta_s \cos i \sin\Omega + \sin\beta_s \cos i_s \cos i \cos\Omega + \sin\beta_s \sin i_s \sin i) \\ \eta_{1,sp} = -\dfrac{3KpA}{2nam}(\cos\beta_s \cos\Omega + \sin\beta_s \cos i_s \sin\Omega)\end{cases} \tag{5-69}$$

则太阳光压作用下的编队构形组成卫星之间偏心率矢量差漂移速率计算公式为

$$\begin{cases} \delta\xi_{1,sp} = \dfrac{\delta a}{2a}\xi_{1,sp} - \dfrac{3KpA}{2nam}(\cos\beta_s \sin i \sin\Omega - \sin\beta_s \cos i_s \sin i \cos\Omega + \sin\beta_s \sin i_s \cos i)\delta i + \\ \qquad\qquad \dfrac{3KpA}{2nam}(\cos\beta_s \cos i \cos\Omega + \sin\beta_s \cos i_s \cos i \sin\Omega)\delta\Omega \\ \delta\eta_{1,sp} = \dfrac{\eta_{1,sp}}{2a}\delta a - \dfrac{3KpA}{2nam}(-\cos\beta_s \sin\Omega + \sin\beta_s \cos i_s \cos\Omega)\delta\Omega \end{cases}$$

（5-70）

5.3 卫星编队构形描述及摄动

以主星 S 的质心为原点建立轨道坐标系 $S\text{-}xyz$，Sx 轴方向与地心至主星质心方向相同，Sz 轴指向主星轨道面法线方向，Sy 轴和 Sz 轴、Sx 轴成右手正交坐标系。设 r 为卫星到地心的距离，a 为半长轴，e 为偏心率，i 为倾角，Ω 为升交点赤经，ω 为近地点幅角，f 为真近点角，M 为平近点角，则 $u=\omega+f$，$\lambda=\omega+M$。设下标"c"和"d"分别代表主星和副星，$e_c \ll e_d \ll 1$。令 $\delta a = a_d - a_c$，$\delta r = r_d - r_c$，$\delta i = i_d - i_c$，$\delta\Omega = \Omega_d - \Omega_c$，$\delta u = u_d - u_c$，$\delta M = M_d - M_c$。当编队飞行过程中主星和副星距离很近时，有 $\delta r \ll r_c$，$\delta i \ll 1$，$\delta\Omega \ll 1$，$\delta u \ll 1$。则副星 d 相对主星 c 的位置矢量在主星轨道坐标系 $c\text{-}xyz$ 各轴分量为[7,10]

$$\begin{pmatrix} x \\ y \\ z \end{pmatrix} = \begin{pmatrix} \delta r \\ r_c(\delta u + \delta\Omega \cos i_c) \\ r_c(\delta i \sin u_c - \delta\Omega \cos u_c \sin i_c) \end{pmatrix} \quad (5\text{-}71)$$

由于 $e_c \ll e_d \ll 1$，不计二阶以上小量，有 $\delta u = \delta\omega + \delta M + 2\delta e \sin M_c$，故式（5-71）化简为

$$\begin{pmatrix} x \\ y \\ z \end{pmatrix} = \begin{pmatrix} \delta a - a_c \delta e \cos M_d \\ a_c[(\delta\omega + \delta M + \delta\Omega \cos i_c) + 2\delta e \sin M_d] \\ a_c[\delta i \sin(\omega_d + M_d) - \delta\Omega \cos(\omega_d + M_d)\sin i_c] \end{pmatrix} \quad (5\text{-}72)$$

考虑转轮式编队构形，为了让编队构形能更加长期地稳定，编队的各卫星之间尽量满足 $\delta a=0, \delta e=0, \delta i=0$。倘若初始时刻编队构形满足 $\delta a_0 \neq 0, \delta e_0 \neq 0, \delta i_0 \neq 0$，则由于太阳引力摄动和月球引力摄动都会引起轨道倾角的漂移，J_2 项会引起升交点赤经、近地点幅角和平近点角的漂移，编队的各卫星之间的参数差 δa、δe 和 δi 都会在摄动力的影响下继续发生漂移。

$$\begin{cases} \delta a = \delta a_0 + \left(\dfrac{\mathrm{d}a_\mathrm{d}}{\mathrm{d}t} - \dfrac{\mathrm{d}a_\mathrm{c}}{\mathrm{d}t}\right)\Delta t \\ \delta e = \delta e_0 + \left(\dfrac{\mathrm{d}e_\mathrm{d}}{\mathrm{d}t} - \dfrac{\mathrm{d}e_\mathrm{c}}{\mathrm{d}t}\right)\Delta t \\ \delta i = \delta i_0 + \left(\dfrac{\mathrm{d}i_\mathrm{d}}{\mathrm{d}t} - \dfrac{\mathrm{d}i_\mathrm{c}}{\mathrm{d}t}\right)\Delta t \end{cases} \qquad (5\text{-}73)$$

5.4 J_2 不变相对轨道条件

J_2 不变相对轨道条件，即在 J_2 项摄动作用下，近距离近圆轨道编队的卫星之间满足一定的条件，则相对运动轨迹不发生漂移。

5.4.1 卫星编队漂移及 J_2 不变相对轨道条件

设编队构形形成的初始时刻为 t_0，则在 J_2 项摄动的作用下，有

$$\begin{cases} \delta\Omega(t) = \delta\Omega(t_0) + (t + t_0)\delta\dot\Omega \\ \delta\omega(t) = \delta\omega(t_0) + (t + t_0)\delta\dot\omega \\ \delta M(t) = \delta M(t_0) + (t + t_0)\delta\dot M \end{cases} \qquad (5\text{-}74)$$

不考虑摄动情形，则 t 时刻理想的编队相对运动模型为

$$\begin{pmatrix}\tilde x \\ \tilde y \\ \tilde z\end{pmatrix} = \begin{pmatrix} \delta a - a_\mathrm{c}\delta e\cos M_\mathrm{d}(t) \\ a_\mathrm{c}[\delta\omega(t_0) + \delta M(t_0) + \delta\Omega(t_0)\cos i_\mathrm{c} + 2\delta e\sin M_\mathrm{d}(t)] \\ a_\mathrm{c}[\delta i \sin(\omega_\mathrm{d} + M_\mathrm{d}(t)) - \delta\Omega(t_0)\cos(\omega_\mathrm{d} + M_\mathrm{d}(t))\sin i_\mathrm{c}] \end{pmatrix} \qquad (5\text{-}75)$$

考虑 J_2 项摄动情形，则 t 时刻实际的编队相对运动模型为

$$\begin{cases} x = \delta a - a_\mathrm{c}\delta e\cos M_\mathrm{d} \\ y = a_\mathrm{c}[\delta\omega(t_0) + \delta M(t_0) + \delta\Omega(t_0)\cos i_\mathrm{c} + 2\delta e\sin M_\mathrm{d}] + \\ \qquad a_\mathrm{c}(t - t_0)(\delta\dot\omega + \delta\dot M + \delta\dot\Omega\cos i_\mathrm{c}) \\ z = a_\mathrm{c}[\delta i\sin(\omega_\mathrm{d} + M_\mathrm{d}) - \delta\Omega(t_0)\cos(\omega_\mathrm{d} + M_\mathrm{d})\sin i_\mathrm{c}] - \\ \qquad a_\mathrm{c}(t - t_0)\delta\dot\Omega\cos(\omega_\mathrm{d} + M_\mathrm{d})\sin i_\mathrm{c} \end{cases} \qquad (5\text{-}76)$$

在 J_2 项摄动作用下，t 时刻的编队飞行相对运动漂移为

$$\begin{pmatrix} x - \tilde x \\ y - \tilde y \\ z - \tilde z \end{pmatrix} = \begin{pmatrix} 0 \\ a_\mathrm{c}(t - t_0)(\delta\dot\omega + \delta\dot M + \delta\dot\Omega\cos i_\mathrm{c}) \\ -a_\mathrm{c}(t - t_0)\delta\dot\Omega\cos(\omega_\mathrm{d} + M_\mathrm{d})\sin i_\mathrm{c} \end{pmatrix} \qquad (5\text{-}77)$$

由编队飞行相对运动漂移还可得到文献[1-2]提出的 J_2 不变相对轨道条件，即如果只考虑 J_2 项摄动，那么近距离近圆轨道编队的卫星之间满足式（5-78）的条件，则相对运动轨迹就不会发生漂移。

$$\begin{cases} \delta\dot{\Omega} = 0 \\ \delta\dot{\omega} + \delta\dot{M} = 0 \end{cases} \tag{5-78}$$

即 J_2 不变相对轨道条件为

$$\begin{cases} -\dfrac{7\dot{\Omega}}{2a_c}\delta a - (\dot{\Omega}\tan i_c)\delta i + \dfrac{4a_c e_c \dot{\Omega}}{p_c}\delta e = 0 \\ -\left(\dfrac{7\dot{\omega} + 3n_c + 7\dot{M}}{2a_c}\right)\delta a + \dfrac{a_c e_c}{p_c}(4\dot{\omega} + 3\dot{M})\delta e - \dfrac{3}{4}\dfrac{J_2 R_e^2}{p_c^2}n_c(5 + 3\sqrt{1-e_c^2})\sin(2i_c)\delta i = 0 \end{cases}$$

$$\tag{5-79}$$

对于轨道高度在 500 km 到几千千米的卫星的编队飞行来说，主要的摄动影响是地球非球形 J_2 项产生的，因而编队构形长期稳定保持要求编队满足 J_2 不变相对轨道条件[1-2]。

5.4.2 不满足 J_2 不变相对轨道条件的编队构形例子

J_2 不变相对轨道条件对很多类型的编队构形的保持来说是比较苛刻的。对于某些编队构形来说，往往编队构形设计与构形长期稳定保持之间不能兼顾。例如对空间圆形编队来说，严格的构形设计要求 $\delta a = 0$，$\sqrt{\delta i^2 + \delta\Omega^2 \sin^2 i_c} = \sqrt{3}\delta e$，编队半径为 $2a_c\delta e > 0$，如果要求这样设计的空间圆形编队还满足 J_2 不变相对轨道条件，则 $\delta e = 0$ 且 $\delta i = \delta\Omega = 0$，与空间圆形编队的编队半径大于零的条件矛盾。另外，很多编队构形的设计要求 $\delta a = 0$，如果要使这样的编队构形严格满足设计要求并满足 J_2 不变相对轨道条件，则由式（5-79）得 $\delta i = 0$，$\delta e = 0$，而编队构形的设计往往要求 δi 和 δe 非零且满足某些特定要求。再如对于平面内椭圆编队来说，构形设计要求副星和主星运行在同一个轨道面上，副星相对主星的绕飞轨迹为椭圆，因而 $\delta a = 0$，$\delta i = \delta\Omega = 0$，如果要求平面内椭圆编队满足 J_2 不变相对轨道条件，则 $\delta e = 0$，于是副星相对主星的轨迹便不是椭圆了。由此可见 J_2 不变相对轨道条件在许多种类的编队构形的保持中存在着局限性。

下面我们以不满足 J_2 不变相对轨道条件的平面内椭圆编队为例，详细分析该编队构形的漂移规律。平面内椭圆编队要求[10]副星和主星运行在同一个轨道面上，副星相对主星的绕飞轨迹为椭圆。令 $\delta a = 0$，$\delta i = \delta\Omega = 0$，$e_c \ll e_d \ll 1$，则由式（5-71）可得平面内椭圆编队的相对运动模型为

$$\begin{pmatrix} x \\ y \\ z \end{pmatrix} = \begin{pmatrix} -a_c \delta e \cos M_d \\ a_c[(\delta\omega + \delta M) + 2\delta e \sin M_d] \\ 0 \end{pmatrix} \tag{5-80}$$

满足

$$\left(\frac{x}{a_c \delta e}\right)^2 + \left[\frac{y - a_c(\delta\omega + \delta M)}{2a_c \delta e}\right]^2 = 1 \quad (5\text{-}81)$$

椭圆中心在主星轨道坐标系中的坐标为$[0, a_c(\delta\omega+\delta M), 0]$，当$\delta\omega+\delta M=0$时，副星相对主星的绕飞椭圆中心为主星质心。

设初始时刻t_0有$\delta a(t_0)=0$，$\delta i(t_0)=\delta\Omega(t_0)=0$，$n_c=\sqrt{\frac{\mu}{a_c^3}}$，则由式（5-71）得在$J_2$项摄动的作用下$t$时刻平面内椭圆编队的相对运动模型变为

$$\begin{cases} x = a_c \delta e \cos M_d \\ y = a_c \left[\delta\omega(t_0) + \delta M(t_0) + (t-t_0)\dfrac{4a_c e_c \dot{\Omega}}{p_c}\delta e \cos i_c\right] + \\ \qquad a_c \left[\dfrac{(4a_c e_c \dot{\omega} + 3a_c e_c \dot{M})(t-t_0)}{p_c}\delta e + 2\delta e \sin M_d\right] \\ z = -\dfrac{4a_c^2 e_c \dot{\Omega}(t-t_0)\delta e}{p_c}\cos(\omega_d + M_d)\sin i_c \end{cases} \quad (5\text{-}82)$$

$$\begin{cases} \dot{x} = a_c n_c \delta e \sin M_d \\ \dot{y} = a_c^2 e_c \dfrac{(4\dot{\omega}+3\dot{M})}{p_c}\delta e + \dfrac{4a_c^2 e_c \dot{\Omega}}{p_c}\delta e \cos i_c + 2a_c n_c \delta e \cos M_d \\ \dot{z} = -\dfrac{4a_c^2 e_c \dot{\Omega}\delta e}{p_c}\cos(\omega_d+M_d)\sin i_c + \dfrac{4a_c^2 e_c n_c(t-t_0)\dot{\Omega}\delta e}{p_c}\sin(\omega_d+M_d)\sin i_c \end{cases} \quad (5\text{-}83)$$

t时刻平面内椭圆编队的相对运动漂移为

$$\begin{cases} x - \tilde{x} = 0 \\ y - \tilde{y} = (t-t_0)\dfrac{4a_c^2 e_c \dot{\Omega}}{p_c}\delta e \cos i_c + \dfrac{(4a_c^2 e_c \dot{\omega}+3a_c^2 e_c \dot{M})(t-t_0)}{p_c}\delta e \\ z - \tilde{z} = -\dfrac{4a_c^2 e_c \dot{\Omega}(t-t_0)\delta e}{p_c}\cos(\omega_d+M_d)\sin i_c \end{cases} \quad (5\text{-}84)$$

由于

$$\begin{cases} \delta e \neq 0 \\ 4a_c^2 e_c \dot{\Omega}\cos i_c + 4a_c^2 e_c \dot{\omega} + 3a_c^2 e_c \dot{M} \neq 0 \\ 4a_c^2 e_c \dot{\Omega}\sin i_c \neq 0 \end{cases} \quad (5\text{-}85)$$

因而式（5-84）右端第二分量不为零，第三分量不恒为零，故平面内椭圆编队无法满足J_2不变相对轨道条件。由式（5-84）可知：在J_2项摄动的作用下，平面

内椭圆编队的构形发生漂移，副星不再在主星轨道面内绕飞，副星绕飞平面逐渐偏离主星轨道面，副星相对主星的绕飞不再是周期性的椭圆轨迹。径向相对距离 x 仍是周期性变化，J_2 项摄动对径向相对距离没有影响；切向相对距离 y 的漂移量线性增大；法向相对距离 z 的漂移量的平均值不变，是振幅逐渐增大的周期性振荡。

5.4.3 数值仿真

设计编队半径为 10km 的空间圆形编队，$\delta M = 76.2°$，设主星的轨道根数为

$$\begin{cases} a_c = 747100\text{m} \\ e_c = 10^{-7} \\ i_c = 63.41° \\ \Omega_c = 352.38° \\ \omega_c = 123.71° \\ M_c = 269.04° \end{cases}$$

副星的轨道根数为

$$\begin{cases} a_d = 7471000\text{m} \\ e_d = 0.000669354 \\ i_d = 63.361042° \\ \Omega_d = 352.430189° \\ \omega_d = 47.487535° \\ M_d = 345.24° \end{cases}$$

仿真结果如图 5-5 和图 5-6 所示，可见 J_2 项摄动引起的空间圆形编队构形漂移是非常显著的。

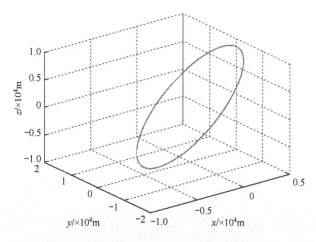

图 5-5　不考虑摄动的空间圆形编队的副星轨迹

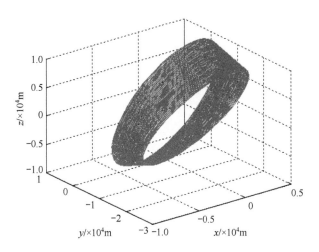

图 5-6 考虑 J_2 项摄动的空间圆形编队副星的 100 个轨道周期的空间轨迹漂移

下面我们设计平面内椭圆编队的算例，设计主副星最大距离为 20km 的平面内椭圆编队，设主星轨道根数为

$$\begin{cases} a_c = 7471000\text{m} \\ e_c = 10^{-7} \\ i_c = 63.41° \\ \Omega_c = 352.38° \\ \omega_c = 123.71° \\ M_c = 269.04° \end{cases}$$

则副星轨道根数可设计为

$$\begin{cases} a_d = 7471000\text{m} \\ e_d = 0.00133861 \\ i_d = 63.41° \\ \Omega_d = 352.38° \\ \omega_d = 227.51° \\ M_d = 165.24° \end{cases}$$

仿真结果如图 5-7、图 5-8、图 5-9 所示，可见 J_2 项摄动引起的平面内椭圆编队的构形发生漂移。副星不再在主星轨道面内绕飞，副星绕飞平面逐渐偏离主星轨道面，副星相对主星的绕飞不再是周期性的椭圆轨迹。J_2 项摄动作用下，径向相对距离没有影响；切向相对距离的漂移线性增大；法向相对距离的漂移量平均值不变，是振幅逐渐增大的周期性振荡。与理论分析的结论相吻合。

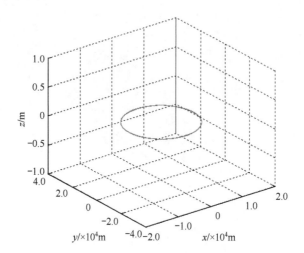

图 5-7 无摄情形的平面内椭圆编队的副星轨迹

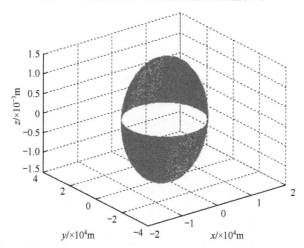

图 5-8 考虑 J_2 项摄动的平面内椭圆编队副星的 100 个轨道周期的空间轨迹漂移

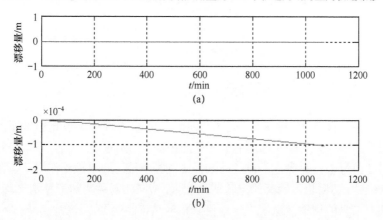

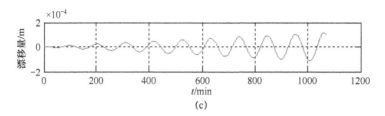

图 5-9 考虑 J_2 项摄动的平面内椭圆编队副星的 10 个轨道周期的各方向漂移
（a）x 方向的漂移量；（b）y 方向的漂移量；（c）z 方向的漂移量。

5.5 不同编队构形的稳定性与构形漂移计算

本节研究不同编队构形在地球非球形摄动、日月引力摄动和太阳光压摄动作用下的稳定性，并计算编队构形的演化漂移特征。

5.5.1 转轮式编队的稳定性与构形漂移

我们梳理一下转轮式编队构形的主要参数，研究这些主要参数在摄动的影响下的变化，进而探知编队构形的稳定性及其演化情况。转轮式编队第 j 颗副星在主星轨道坐标系三轴位置坐标为

$$\begin{cases} x_j = -a_c \delta e_j \cos M_j \\ y_j = 2a_c \delta e_j \sin M_j \\ z_j = a_c \sqrt{\delta i_j^2 + \delta \Omega_j^2 \sin^2 i_c} \cos(\omega_j + M_j + \varphi_j) \end{cases} \quad (5\text{-}86)$$

在 x 轴的振幅为 $A_{xj} = a_c \delta e_j$，在 y 轴的振幅是 x 轴振幅的两倍，为 $A_{yj} = 2a_c \delta e_j$，在 z 轴的振幅为 $A_{zj} = a_c \sqrt{\delta i_j^2 + \delta \Omega_j^2 \sin^2 i_c}$。

绕飞平面的法向量为

$$\boldsymbol{n}_j = \begin{pmatrix} \dfrac{\sin \omega_j \delta i_j - \delta \Omega_j \cos \omega_j \sin i_c}{\delta e_j} \\ -\dfrac{(\cos \omega_j \delta i_j + \delta \Omega_j \sin \omega_j \sin i_c)}{2\delta e_j} \\ 1 \end{pmatrix} = \begin{pmatrix} K \cos(\omega_j + \varphi_j) \\ \dfrac{K}{2} \sin(\omega_j + \varphi_j) \\ 1 \end{pmatrix} \quad (5\text{-}87)$$

其中

$$\begin{cases} \varphi_j = \arctan\left(\dfrac{\delta i_j}{\delta \Omega_j \sin i_c}\right) \in \left[-\dfrac{\pi}{2}, \dfrac{\pi}{2}\right] \\ K_j = \dfrac{\sqrt{\delta i_j^2 + \delta \Omega_j^2 \sin^2 i_c}}{\delta e_j} \end{cases} \quad (5\text{-}88)$$

则编队构形在三轴的振幅随时间的变化率为

$$\begin{cases} \dfrac{\mathrm{d}A_{xj}}{\mathrm{d}t} = \dot{a}_c \delta e_j + a_c \delta \dot{e}_j \\ \dfrac{\mathrm{d}A_{yj}}{\mathrm{d}t} = 2\dot{a}_c \delta e_j + 2 a_c \delta \dot{e}_j \\ \dfrac{\mathrm{d}A_{zj}}{\mathrm{d}t} = \dot{a}_c \sqrt{\delta i_j^2 + \delta \Omega_j^2 \sin^2 i_c} + \\ \qquad\qquad \dfrac{a_c}{\sqrt{\delta i_j^2 + \delta \Omega_j^2 \sin^2 i_c}} \left(\delta i_j \cdot \delta \dot{i}_j + \delta \Omega_j \cdot \delta \dot{\Omega}_j \sin^2 i_c + \dfrac{\mathrm{d}i_c}{\mathrm{d}t} \delta \Omega_j^2 \sin i_c \cos i_c \right) \end{cases} \quad (5\text{-}89)$$

其在 x 轴和 y 轴的振幅主要由半长轴衰减率决定。若根据定轨结果得到半长轴衰减率为每天 Δa（$\Delta a > 0$，单位为 m），则右边第一项，即半长轴变化率引起编队 x 轴振幅变化率的计算公式为

$$\left.\dfrac{\mathrm{d}A_{xj}}{\mathrm{d}t}\right|_a = -\dfrac{\Delta a}{86400}\delta e_j \qquad (\mathrm{s}^{-1}) = -\Delta a \delta e_j \qquad (\mathrm{d}^{-1}) \quad (5\text{-}90)$$

即半长轴变化率引起编队 y 轴振幅变化率的计算公式为

$$\left.\dfrac{\mathrm{d}A_{yj}}{\mathrm{d}t}\right|_a = -\dfrac{2\Delta a}{86400}\delta e_j \qquad (\mathrm{s}^{-1}) = -2\Delta a \delta e_j \qquad (\mathrm{d}^{-1}) \quad (5\text{-}91)$$

而当设计的编队构形的副星和主星之间倾角存在偏差，半长轴存在控制偏差时，引起的转轮式编队构形 z 轴振幅变化率为

$$\dfrac{\mathrm{d}A_{zj}}{\mathrm{d}t} = \dfrac{a_c}{\sqrt{\delta i_j^2 + \delta \Omega_j^2 \sin^2 i_c}}(\delta i_j \cdot \delta \dot{i}_j + \delta \Omega_j \cdot \delta \dot{\Omega}_j \sin^2 i_c) \quad (5\text{-}92)$$

若 δi_j 与 $\delta \Omega_j$ 的量级相当，由于 J_2 项引起的 $\delta \dot{\Omega}_j$ 远大于日月引力引起的 $\delta \dot{i}_j$，故式（5-92）化简为

$$\begin{aligned}\dfrac{\mathrm{d}A_{zj}}{\mathrm{d}t} &= \dfrac{a_c}{\sqrt{\delta i_j^2 + \delta \Omega_j^2 \sin^2 i_c}} \delta \Omega_j \cdot \delta \dot{\Omega}_j \sin^2 i_c \\ &= -\dfrac{a_c \delta \Omega_j}{\sqrt{\delta i_j^2 + \delta \Omega_j^2 \sin^2 i_c}} \left(\dfrac{7\dot{\Omega}}{2a}\delta a + (\dot{\Omega}\tan i)\delta i\right)\sin^2 i_c \end{aligned} \quad (5\text{-}93)$$

因此在设计转轮式编队构形的时候，尽量让初始的 $\delta a = 0, \delta i = 0$ 为宜。

若初始时刻编队副星和主星轨道参数差满足 $\delta a = 0, \delta i = 0$，则转轮式编队构形 z 轴

振幅变化率主要由下面的项引起：

$$\frac{\mathrm{d}A_{zj}}{\mathrm{d}t} = \dot{a}_c \sqrt{\delta i_j^2 + \delta \Omega_j^2 \sin^2 i_c} + \frac{a_c \delta \Omega_j^2 \sin i_c \cos i_c}{\sqrt{\delta i_j^2 + \delta \Omega_j^2 \sin^2 i_c}} \frac{\mathrm{d}i_c}{\mathrm{d}t} \quad (5\text{-}94)$$

右边第一项是大气阻力引起的编队构形半长轴的变化率引起的编队 z 轴振幅变化率，右边第二项是日月引力引起的编队构形倾角变化率引起的编队构形 z 轴振幅变化率。若根据定轨结果得到半长轴衰减率为每天 Δa（$\Delta a > 0$，单位为 0）。则右边第一项，即半长轴变化率引起编队 z 轴振幅变化率的计算公式为

$$\left. \frac{\mathrm{d}A_{zj}}{\mathrm{d}t} \right|_a = -\frac{\Delta a}{86400} \sqrt{\delta i_j^2 + \delta \Omega_j^2 \sin^2 i_c} \quad (5\text{-}95)$$

右边第二项可通过将日月引力对倾角的影响公式代入计算。

通过 5.2.11 节可计算太阳光压摄动引起的编队卫星偏心率差的变化。

设计的转轮式编队绕飞平面与水平面的夹角 α，且 $\cos(\omega_j + \varphi_j) = 1$，有 $K = \frac{1}{\tan \alpha}$。此时编队绕飞平面与水平面的夹角的漂移率为

$$\frac{\mathrm{d}\alpha}{\mathrm{d}t} = -\frac{\cos^2 \alpha}{K^2} \frac{\mathrm{d}K}{\mathrm{d}t} \quad (5\text{-}96)$$

考虑 J_2 项引起的编队参数差 δa、δi、$\delta \Omega$ 的累积漂移导致的编队绕飞平面与水平面的夹角的漂移率的计算公式为

$$\begin{aligned}\frac{\mathrm{d}\alpha}{\mathrm{d}t} &= -\frac{\cos^2 \alpha}{K^2} \frac{\mathrm{d}K}{\mathrm{d}t} = -\frac{\cos^2 \alpha}{K^2} \frac{\mathrm{d}\left(\frac{\sqrt{\delta i_j^2 + \delta \Omega_j^2 \sin^2 i_c}}{\delta e_j}\right)}{\mathrm{d}t} \\ &= \frac{\delta \Omega_j \cdot [7\dot{\Omega} \delta a_j + 2a(\dot{\Omega} \tan i)\delta i_j] \cos^2 \alpha \sin^2 i_c}{aK^2 \delta e_j}\end{aligned} \quad (5\text{-}97)$$

5.5.2 钟摆式编队的稳定性与构形漂移

钟摆式编队的副星在主星轨道坐标系 xyz 三轴分量为

$$\begin{cases} x_j = \delta a + a_c e_c \cos M_c - a_j e_j \cos M_j \\ y_j \triangleq Y_{j0} = a_c(\delta u_j + \delta \Omega \cos i_c) = a_c(\delta \theta_j + \delta \Omega \cos i_c + 2\delta e_j \sin M_j + O((\delta e_j)^2)) \\ \quad = a_c(\delta \theta_j + \delta \Omega \cos i_c) \\ z_j = a_c(\delta i_j \sin u_j - \delta \Omega_j \cos u_j \sin i_c) = -a_c \sqrt{\delta i_j^2 + \delta \Omega_j^2 \sin^2 i_c} \cos(\omega_j + M_j + \psi_{ji\Omega}) \\ \quad = -Q_j \cos(\omega_j + M_j + \psi_{ji\Omega}) \end{cases}$$

$$(5\text{-}98)$$

其中

$$\begin{cases} \psi_{ji\Omega} = \arctan\left(\dfrac{\delta i_j}{\delta \Omega_j \sin i_c}\right) \in \left[-\dfrac{\pi}{2}, \dfrac{\pi}{2}\right] \\ Q_j = a_c \sqrt{\delta i_j^2 + \delta \Omega_j^2 \sin^2 i_c} \end{cases} \quad (5\text{-}99)$$

根据

$$\begin{aligned}\delta\dot\theta &= \delta\dot\omega + \delta\dot M \\ &= -\frac{3n}{2a}\delta a - \frac{7(\dot\omega + \dot M)}{2a}\delta a + \frac{ae(4\dot\omega + 3\dot M)}{p}\delta e - \frac{3J_2 R_e^2}{4p^2} n\sin 2i(5+3\sqrt{1-e^2})\delta i\end{aligned}$$

$$(5\text{-}100)$$

得到 $\delta\dot\theta$ 的主项是

$$\delta\dot\theta = -\frac{3n}{2a}\delta a \quad (5\text{-}101)$$

$$\begin{aligned}\frac{\mathrm{d}y_j}{\mathrm{d}t} &= \frac{\mathrm{d}Y_{j0}}{\mathrm{d}t} = (\delta\theta_j + \delta\Omega_j \cos i_c)\frac{\mathrm{d}a_c}{\mathrm{d}t} + a_c\left(\delta\dot\theta_j + \delta\dot\Omega_j \cos i_c - \frac{\mathrm{d}i_c}{\mathrm{d}t}\delta\Omega_j \sin i_c\right) \\ &= (\delta\theta_j + \delta\Omega_j \cos i_c)\frac{\mathrm{d}a_c}{\mathrm{d}t} + a_c\left(-\frac{3n_c}{2a_c}\delta a_j + \delta\dot\Omega_j \cos i_c - \frac{\mathrm{d}i_c}{\mathrm{d}t}\delta\Omega_j \sin i_c\right) \\ &= (\delta\theta_j + \delta\Omega_j \cos i_c)\frac{\mathrm{d}a_c}{\mathrm{d}t} + a_c\left\{-\frac{3n_c}{2a_c}\delta a_j + \left[-\frac{7\dot\Omega_c}{2a_c}\delta a_j - (\dot\Omega_c \tan i_c)\delta i_j + \frac{4a_c e_c \dot\Omega_c}{p_c}\delta e_j\right]\right. \\ &\quad \left. \cos i_c - \frac{\mathrm{d}i_c}{\mathrm{d}t}\delta\Omega_j \sin i_c\right\} \\ &= (\delta\theta_j + \delta\Omega_j \cos i_c)\frac{\mathrm{d}a_c}{\mathrm{d}t} - a_c \delta\Omega_j \sin i_c \frac{\mathrm{d}i_c}{\mathrm{d}t} - \frac{(3n_c + 7\dot\Omega_c)}{2a_c} a_c \delta a_j - a_c(\dot\Omega_c \sin i_c)\delta i_j + \\ &\quad 4a_c e_c \dot\Omega_c \cos i_c \delta e_j \\ &\approx (\delta\theta_j + \delta\Omega_j \cos i_c)\frac{\mathrm{d}a_c}{\mathrm{d}t} - a_c \delta\Omega_j \sin i_c \frac{\mathrm{d}i_c}{\mathrm{d}t} - \frac{(3n_c + 7\dot\Omega_c)}{2a_c} a_c \delta a_j - a_c(\dot\Omega_c \sin i_c)\delta i_j\end{aligned}$$

$$(5\text{-}102)$$

钟摆式编队的副星 z 轴振幅和转轮式编队的副星 z 轴表达式相同。故 5.5.1 节有关转轮式编队 z 轴振幅稳定性和变化率的分析也适用于钟摆式编队。

5.5.3　星下点轨迹重合编队的稳定性与构形漂移

对于星下点轨迹重合编队，根据

$$\begin{cases} x = a_c(e_c \cos f_c - e_d \cos f_d) + a_c \delta a \\ y = a_c \delta\theta \left(1 - \dfrac{n_e}{n}\cos i_c\right) \\ z = a_c \dfrac{n_e}{n}\delta\theta \sin i_c \cos u_c \end{cases} \quad (5\text{-}103)$$

得到编队构形沿卫星飞行方向的有向距离 y 的漂移率为

$$\begin{aligned} \dfrac{dy}{dt} &= \dfrac{da_c}{dt}\delta\theta\left(1-\dfrac{n_e}{n}\cos i_c\right) + a_c \delta\dot\theta\left(1-\dfrac{n_e}{n}\cos i_c\right) + a_c\delta\theta\left(\dfrac{di_c}{dt}\dfrac{n_e}{n}\sin i_c - \dfrac{3}{2}\dfrac{n_e \cos i_c}{\sqrt{\mu}}\sqrt{a_j}\dfrac{da_j}{dt}\right) \\ &\approx \dfrac{da_c}{dt}\delta\theta\left(1-\dfrac{n_e}{n}\cos i_c\right) - \dfrac{3}{2}(n - n_e\cos i_c)\delta a + a_c\delta\theta\dfrac{di_c}{dt}\dfrac{n_e}{n}\sin i_c \end{aligned}$$

$$(5\text{-}104)$$

初始时刻的副星和主星半长轴偏差引起的星下点轨迹重合编队的有向距离 y 的漂移率计算公式为

$$\left.\dfrac{dy}{dt}\right|_{\delta a} = -\dfrac{3}{2}(n - n_e \cos i_c)\delta a \quad (5\text{-}105)$$

半长轴衰减率为每天 Δa（$\Delta a > 0$，单位为 m），则大气阻力摄动引起的半长轴衰减导致的星下点轨迹重合编队的有向距离 y 的漂移率为

$$\left.\dfrac{dy}{dt}\right|_a = \dfrac{da_c}{dt}\delta\theta\left(1-\dfrac{n_e}{n}\cos i_c\right) \quad (5\text{-}106)$$

至于倾角受到日月引力的摄动作用，进而引起的有向距离 y 的漂移率的数值 $a_c \delta\theta \dfrac{di_c}{dt}\dfrac{n_e}{n}\sin i_c$ 相对较小，可以忽略。

综合上述分析可知，星下点轨迹重合编队的稳定性主要受到初始时刻的副星和主星半长轴偏差和半长轴衰减率的影响，特别是轨道确定精度、轨道控制执行机构控制误差等的影响，导致初始时刻的副星和主星半长轴存在的偏差，是影响星下点轨迹重合编队稳定性的最主要因素。

z 轴振幅为

$$A_z = a_c \dfrac{n_e}{n}\delta\theta\sin i_c \quad (5\text{-}107)$$

$$\begin{aligned} \dfrac{dA_z}{dt} &= \dfrac{da_c}{dt}\dfrac{n_e}{n}\delta\theta\sin i_c + \dfrac{3}{2}a_c\dfrac{n_e}{\sqrt{\mu}}\sqrt{a}\dfrac{da_c}{dt}\delta\theta\sin i_c + a_c\dfrac{n_e}{n}\delta\dot\theta\sin i_c + a_c\dfrac{di_c}{dt}\dfrac{n_e}{n}\delta\theta\cos i_c \\ &\approx \dfrac{da_c}{dt}\left(\dfrac{5n_e}{2n}\delta\theta\sin i_c\right) - \dfrac{3}{2}n_e \delta a \sin i_c + a_c \dfrac{di_c}{dt}\dfrac{n_e}{n}\delta\theta\cos i_c \end{aligned}$$

$$(5\text{-}108)$$

可知半长轴衰减引起的 z 轴振幅的漂移率为

$$\left.\dfrac{dA_z}{dt}\right|_a = \dfrac{da_c}{dt}\left(\dfrac{5n_e}{2n}\delta\theta\sin i_c\right) \quad (5\text{-}109)$$

初始时刻的副星和主星半长轴偏差引起的编队 z 轴振幅的漂移率为

$$\left.\frac{dA_z}{dt}\right|_{\delta a} = -\frac{3}{2} n_e \delta a \sin i_c \tag{5-110}$$

倾角受到日月引力的摄动作用，进而引起编队 z 轴振幅的漂移率为

$$\left.\frac{dA_z}{dt}\right|_i = a_c \frac{di_c}{dt} \frac{n_e}{n} \delta\theta \cos i_c \tag{5-111}$$

5.5.4　一般的近圆轨道编队构形的稳定性与构形漂移

一般的近圆轨道编队，主副星近距离且都运行在近圆轨道上，则

$$\begin{cases} x_j = \delta a + a_c e_c \cos f_c - a_j e_j \cos f_j \\ y_j = a_c(\delta u + \delta\Omega \cos i_c) \\ z_j = a_c(\delta i \sin u_c - \delta\Omega \sin i_c \cos u_c) = a_c\sqrt{\delta i_j^2 + \delta\Omega_j^2 \sin^2 i_c}\cos(\omega_j + M_j + \varphi_j) \end{cases} \tag{5-112}$$

其中

$$\begin{cases} \cos\varphi_j = \dfrac{-\delta\Omega_j \sin i_c}{\sqrt{\delta i_j^2 + \delta\Omega_j^2 \sin^2 i_c}} \\ \sin\varphi_j = \dfrac{-\delta i_j}{\sqrt{\delta i_j^2 + \delta\Omega_j^2 \sin^2 i_c}} \end{cases} \tag{5-113}$$

z 轴振幅为

$$A_{zj} = a_c\sqrt{\delta i_j^2 + \delta\Omega_j^2 \sin^2 i_c} \tag{5-114}$$

则

$$\frac{dy_j}{dt} = (\delta\theta_j + \delta\Omega_j \cos i_c)\frac{da_c}{dt} - a_c \delta\Omega_j \sin i_c \frac{di_c}{dt} - \frac{(3n_c + 7\dot{\Omega}_c)}{2a_c} a_c \delta a_j - a_c(\dot{\Omega}_c \sin i_c)\delta i_j \tag{5-115}$$

$$\begin{aligned}\frac{dA_{zj}}{dt} &= \dot{a}_c\sqrt{\delta i_j^2 + \delta\Omega_j^2 \sin^2 i_c} + \frac{a_c}{\sqrt{\delta i_j^2 + \delta\Omega_j^2 \sin^2 i_c}}\\ &\quad \left(\delta i_j \cdot \delta\dot{i}_j + \delta\Omega_j \cdot \delta\dot{\Omega}_j \sin^2 i_c + \frac{di_c}{dt}\delta\Omega_j^2 \sin i_c \cos i_c\right)\\ &= \frac{da_c}{dt}\sqrt{\delta i_j^2 + \delta\Omega_j^2 \sin^2 i_c} + \frac{a_c \delta\Omega_j^2 \sin i_c \cos i_c}{\sqrt{\delta i_j^2 + \delta\Omega_j^2 \sin^2 i_c}}\frac{di_c}{dt} +\\ &\quad \frac{a_c}{\sqrt{\delta i_j^2 + \delta\Omega_j^2 \sin^2 i_c}}\left\{\delta i_j \cdot \delta\dot{i}_j + \delta\Omega_j \cdot \left[\frac{7\dot{\Omega}}{2a_c}\delta a_j + (\dot{\Omega}\tan i_c)\delta i_j\right]\sin^2 i_c\right\}\end{aligned} \tag{5-116}$$

通常来说，J_2 项引起的 $\delta\dot{\Omega}_j$ 远大于日月引力引起的 δi_j，于是 z 轴振幅漂移率为

$$\frac{\mathrm{d}A_{zj}}{\mathrm{d}t} = \sqrt{\delta i_j^2 + \delta\Omega_j^2 \sin^2 i_c} \frac{\mathrm{d}a_c}{\mathrm{d}t} + \frac{a_c \delta\Omega_j^2 \sin i_c \cos i_c}{\sqrt{\delta i_j^2 + \delta\Omega_j^2 \sin^2 i_c}} \frac{\mathrm{d}i_c}{\mathrm{d}t} +$$

$$\frac{a_c \delta\Omega_j \cdot \sin^2 i_c}{\sqrt{\delta i_j^2 + \delta\Omega_j^2 \sin^2 i_c}} \left[\frac{7\dot{\Omega}}{2a_c} \delta a_j + (\dot{\Omega}\tan i_c)\delta i_j \right] \tag{5-117}$$

5.6 小结

本章导出了日月引力摄动对倾角和升交点赤经影响的计算公式、太阳光压摄动对偏心率矢量影响的计算公式。针对编队飞行的构形漂移，导出了日月引力、太阳光压作用下编队组成卫星之间的倾角差、升交点赤经差以及偏心率矢量差的漂移速率计算公式。继而对 J_2 项摄动作用下卫星编队飞行的相对运动漂移和 J_2 不变相对轨道条件进行了分析。对于主要摄动力为 J_2 项摄动的卫星编队飞行来说，满足 J_2 不变相对轨道条件是卫星编队构形长期保持的必要条件。本章指出 J_2 不变相对轨道条件对很多类型的编队构形的保持来说是比较苛刻的，对于某些编队构形来说，编队构形设计与构形长期稳定保持之间往往不能兼顾；指出严格的空间圆形编队构形设计不能满足 J_2 不变相对轨道条件；指出平面内椭圆编队构形也无法满足 J_2 不变相对轨道条件。在 J_2 项摄动的作用下，平面内椭圆编队的构形发生漂移，副星不再在主星轨道面内绕飞，副星绕飞平面逐渐偏离主星轨道面，副星相对主星的绕飞不再是周期性的椭圆轨迹。J_2 项摄动作用下，径向相对距离没有漂移；切向相对距离漂移线性增大；法向相对距离平均漂移量不变，是漂移量的振幅逐渐增大的周期性振荡。本章最后针对转轮式编队、钟摆式编队、星下点轨迹重合编队以及一般的近圆轨道编队这 4 种典型的编队构形，分析了编队稳定性，给出了编队构形漂移的计算公式。

参考文献

[1] ALFRIEND K T, SCHAUB H. Dynamics and control of spacecraft formations:challenges and some solutions [J]. AAS Journal of the Astronautical Sciences, 2000, 48(2-3): 249-267.

[2] SCHAUB H, ALFRIEND K T. J_2 invariant relative orbit for spacecraft formations [J]. Celestial Mechanics and Dynamical Astronomy, 2001, 79(2): 77-95.

[3] 孟鑫, 李俊峰, 高云峰. 编队飞行卫星相对运动的零 J_2 摄动条件[J]. 清华大学学报, 2004, 44(2): 219-223.

[4] 孟鑫, 李俊峰, 高云峰. 卫星编队飞行中相对轨道的 J_2 摄动分析[J]. 力学学报, 2006, 38(1): 89-96.

[5] SABATINI M, BEVILACQUA R, PANTALEONI M, et al. Periodic relative motion of formation flying satellites [C]. Florida: 16th AAS/AIAA Space Flight Mechanics Conference. Tampa, 2006: Published for the American Astronautical Society by Univelt. AAS 06-206.

[6] SABATINI M, IZZO D, BEVILACQUA R. Special inclinations allowing minimal drift orbits for formation flying satellites[J]. Journal of Guidance, Control, and Dynamics, 2008, 31(1): 94-100.

[7] ALFRIEND K T, SCHAUB H, GIM D W. Gravitational perturbations, nonlinearity and circular orbit assumption effects on formation flying control strategies[C]. Breckenridge: Annual AAS Rocky Mountain Guidance and Control Conference, American Astronautical Society, 2000: 139-158.

[8] 刘林. 航天器轨道理论[M]. 北京: 国防工业出版社, 2000:121-138.

[9] 侯育卓, 赵军. 近圆轨道编队飞行星座相对构型稳定性分析[J]. 航天控制, 2004, 22(1):11-16.

[10] YEH H H, SPARKS A. Geometry and control of satellite formations[C]. Chicago: Proceedings of the American Control Conference. American Automatic Control Council. International Federation of Automatic Control., 2000:384-388.

第6章 卫星星座稳定性与构形演化

6.1 引言

在地球非球形摄动、日月引力摄动、大气阻力摄动等摄动力[1-4]的作用下，卫星星座的构形会发生演化。一方面，星座中各卫星的轨道在摄动力的作用下会发生演化；另一方面，不同的轨道上的卫星所受摄动力不同，会引起星座相对构形的演化。地球扁率 J_2 项摄动影响下的星座构形会发生演化，在有入轨偏差情况下，卫星所受到的地球扁率 J_2 项摄动不同也会引起星座构形发生演化。

地球扁率 J_2 项摄动对卫星轨道半长轴、偏心率和倾角没有长期影响，对升交点赤经、近地点幅角和平近点角均有长期影响。此外，卫星轨道倾角的长期摄动主要由日月引力引起，对于近地轨道上的卫星来说，旋转大气也会对卫星轨道倾角产生长期摄动影响；卫星轨道升交点赤经的长期摄动主要由地球扁率 J_2 项摄动和日月引力摄动引起。

星座各卫星间的平根数半长轴差、倾角差、偏心率差均可引起星座卫星轨道面法向、轨道沿迹方向的相对演化。对于星座各卫星轨道高度和倾角均相等的星座来说，即使将星座的平均轨道根数的半长轴、偏心率和倾角均完全按照设计结果控制至相等，此时日月引力引起星座不同轨道面上的卫星倾角摄动不同，太阳光压引起星座不同轨道面上的卫星偏心率矢量摄动不同，进而星座卫星之间半长轴差、偏心率差、倾角差的绝对值逐渐增大，引起星座的摄动，导致星座构形的漂移。

卫星星座的摄动可分为星座卫星轨道相对惯性空间的摄动变化和星座卫星所形成的空间几何形状的演化。由对星座中卫星的轨道相对惯性空间的变化可知，星座构形相对惯性空间的摄动变化，这就是通常所说的卫星轨道摄动分析。星座卫星所形成的空间几何形状的演化是表征星座构形本身的形变情况，研究星座构形本身的形变，就不能以惯性空间为参考基准，而应以星座本身为参考基准。在选取星座本身为参考基准时，本章提出两种方法：第一种方法是以初始时刻的星座标称构形为参考基准，第二种方法是以当前时刻星座构形本身为参考基准。推导了以初始标称构形为参考基准的星座构形演化方程和以当前构形为参考基准的星座构形演化方程。

如果要分析计算巨型星座的构形演化，则应首先分析其子星座的构形演化，然后对各个子星座的构形演化进行综合分析，即可得到巨型星座的构形演化结果。因此，本章进一步介绍作者在太阳同步轨道星座、临界轨道星座、冻结轨道星座、回归轨道星座以及倾角偏置太阳同步轨道星座等方面的稳定性分析、构形演化、偏置研究结果。

6.2 星座卫星轨道摄动分析

星座卫星轨道相对惯性空间的长期摄动变化可通过分析卫星轨道平跟数的长期变化获知。一般，对于近地轨道上的星座卫星，需要考虑大气阻力摄动对轨道半长轴的长期影响。对于地球静止轨道上的星座卫星，需要考虑太阳光压摄动对偏心率向量的长期影响；对于近地轨道上的星座卫星，需要考虑大气阻力摄动对偏心率和近地点幅角的长期影响和地球扁率对近地点幅角的长期影响。无论星座卫星处于何种绕地轨道，都存在日月引力对轨道倾角的长期影响；对于近地轨道上的星座卫星，旋转大气对轨道倾角也有长期影响。地球扁率、日月引力对升交点赤经都有长期影响；对于近地轨道上的卫星，地球扁率引起的升交点赤经长期变化比日月引力引起的升交点赤经长期变化要大得多；卫星轨道高度越高，地球扁率对升交点赤经的长期影响越小，而日月引力对升交点赤经的长期影响则越显著。地球扁率和大气阻力都对轨道平近点角有长期影响，当卫星轨道高度较高时，大气阻力摄动迅速减小；对于在数千千米高度以上的轨道上运行的卫星，可以完全忽略大气阻力摄动对平近点角的长期影响。

地球扁率 J_2 项摄动引起的星座卫星平均轨道根数的长期变化率为[1-2]

$$\begin{cases} \dot{a} = \dot{e} = \dot{i} = 0 \\ \dot{\Omega} = -\frac{3}{2} J_2 \left(\frac{R_e}{p}\right)^2 n \cos i \\ \dot{\omega} = \frac{3}{2} J_2 \left(\frac{R_e}{p}\right)^2 n \left(2 - \frac{5}{2}\sin^2 i\right) \\ \dot{M} = \frac{3}{2} J_2 \left(\frac{R_e}{p}\right)^2 n \left(1 - \frac{3}{2}\sin^2 i\right)\sqrt{1-e^2} \end{cases} \quad (6-1)$$

式中：a 为半长轴；e 为偏心率；i 为倾角；Ω 为升交点赤经；ω 为近地点幅角；M 为平近点角；$J_2 = 1.08263 \times 10^{-3}$；地球赤道半径 $R_e = 6378.140 \text{km}$；$n = \sqrt{\mu/a^3}$；μ 为地球引力常数；$p = a(1-e^2)$。

可见地球扁率 J_2 项摄动对卫星轨道半长轴、偏心率和倾角没有长期影响，对升交点赤经、近地点幅角和平近点角均有长期影响。在 J_2 项摄动的作用下，卫星轨道升交点赤经的变化率、近地点幅角的变化率以及平近点角的变化率均与卫星的轨道半长轴、偏心率和倾角有关。轨道倾角为锐角时，地球扁率 J_2 项摄动引起卫星的轨道面相对于惯性坐标系西退；而当轨道倾角为钝角时，地球扁率 J_2 项摄动引起卫星的轨道面相对于惯性坐标系东进。

下面考虑星座卫星轨道为近圆轨道情形，分析日月引力摄动引起的卫星轨道倾角和升交点赤经的长期演化。

卫星轨道倾角的摄动主要由日月引力引起，太阳引力摄动引起的卫星轨道倾角长期变化率为[3]

$$\frac{\mathrm{d}i}{\mathrm{d}t} = \frac{3n_s^2}{8n}(\sin i \sin^2 i_s \sin 2\Omega + \cos i \sin 2i_s \sin \Omega) \tag{6-2}$$

式中：t 为时间；i_s 为黄道倾角；n_s 为地球绕太阳公转的角速率。

若星座卫星轨道为太阳同步轨道或准太阳同步轨道，则由于共振影响导致太阳引力摄动作用下的卫星轨道倾角长期变化率为[5]

$$\frac{\mathrm{d}i}{\mathrm{d}t} = -\frac{3n_s^2}{16n}\sin i(1+\cos i_s)^2 \sin(2\beta_s - 2\Omega) \tag{6-3}$$

式中：β_s 为太阳视运动的黄经。

此时星座卫星轨道倾角的长期变化率与卫星的升交点赤经无关，而与卫星降交点地方时有关。$(\beta_s - \Omega)$ 是由降交点地方时决定的量，与升交点赤经 Ω 无直接关系。如果准太阳同步轨道星座中某卫星的降交点地方平太阳时为 12:00，则 $\beta_s - \Omega$ 的值转到区间 $[0,360°)$ 后等于 $180°$。

月球引力摄动引起的卫星轨道倾角长期变化率为[3]

$$\frac{\mathrm{d}i}{\mathrm{d}t} = \frac{3}{8}n\sigma\left(\frac{n_m}{n}\right)^2 \sin(\Omega - \Omega_m)[2\cos(\Omega - \Omega_m)\sin i + \sin 2i_m \cos i - 2\cos^2 i_m \sin i \cos(\Omega - \Omega_m)] \tag{6-4}$$

式中：$\sigma = \dfrac{m_m}{m_e + m_m} = \dfrac{1}{82.3}$；$m_m$ 为月球质量；m_e 为地球质量；$n_m^2 = \dfrac{Gm_m}{\sigma r_{em}^3}$；$i_m$ 为月球轨道的倾角；Ω_m 为月球轨道的升交点赤经；n_m 为月球绕地球运动的角速率；r_{em} 为地月平均距离。

太阳引力摄动引起的卫星轨道升交点赤经长期变化率为

$$\frac{\mathrm{d}\Omega}{\mathrm{d}t} = \frac{3n}{8\sin i}\left(\frac{n_s}{n}\right)^2[\sin 2i(\sin^2 i_s - \sin^2\Omega - \cos^2 i_s \cos^2\Omega) + \cos 2i \sin 2i_s \cos\Omega] \tag{6-5}$$

月球引力摄动引起的卫星轨道升交点赤经长期变化率为

$$\frac{\mathrm{d}\Omega}{\mathrm{d}t} = \frac{3n\sigma}{8\sin i}\left(\frac{n_m}{n}\right)^2[\sin 2i(\sin^2 i_m - \sin^2(\Omega - \Omega_m) - \cos^2 i_m \cos^2(\Omega - \Omega_m)) + \cos 2i \sin 2i_m \cos(\Omega - \Omega_m)] \tag{6-6}$$

可见日月引力摄动对卫星轨道倾角和升交点赤经的长期变化率的影响均与卫星的轨道半长轴、倾角和升交点赤经有关，且轨道半长轴越大，日月引力摄动引起的卫星轨道倾角和升交点赤经的长期变化率的绝对值均越大。此外，月球引力摄动对卫星轨道倾角和升交点赤经的长期变化率的影响均与月球轨道与卫星轨道的升交点赤经差有关。

对于近地轨道的卫星来说，大气阻力摄动对卫星轨道的长期影响不可忽略，考虑旋转大气，则大气阻力摄动[5]引起的星座卫星平均轨道根数的长期变化率为

$$\begin{cases} \dfrac{\mathrm{d}a}{\mathrm{d}t} = -\dfrac{C_\mathrm{D} S_0}{m}\left(1-\dfrac{r\omega_\mathrm{e}}{v}\cos i\right)^2 \dfrac{na^2}{(1-e^2)^{\frac{3}{2}}}(1+2e\cos f + e^2)^{\frac{3}{2}}\rho \\[2mm] \dfrac{\mathrm{d}e}{\mathrm{d}t} = -\dfrac{C_\mathrm{D} S_0}{m}\left(1-\dfrac{r\omega_\mathrm{e}}{v}\cos i\right)^2 \dfrac{na^2}{(1-e^2)^{\frac{1}{2}}}(1+2e\cos f + e^2)^{\frac{1}{2}}(\cos f + e)\rho \\[2mm] \dfrac{\mathrm{d}i}{\mathrm{d}t} = -\dfrac{C_\mathrm{D} S_0 \omega_\mathrm{e}}{4m}\left(1-\dfrac{r\omega_\mathrm{e}}{v}\cos i\right)^2 \dfrac{r^2 \sin i}{a(1-e^2)}(1+2e\cos f + e^2)^{\frac{1}{2}}(1+\cos 2u)\rho \\[2mm] \dfrac{\mathrm{d}\varOmega}{\mathrm{d}t} = 0 \\[2mm] \dfrac{\mathrm{d}\omega}{\mathrm{d}t} = -\dfrac{C_\mathrm{D} S_0}{m}\left(1-\dfrac{r\omega_\mathrm{e}}{v}\cos i\right)^2 \dfrac{na^2}{e(1-e^2)^{\frac{1}{2}}}(1+2e\cos f + e^2)^{\frac{1}{2}}\rho\sin f \\[2mm] \dfrac{\mathrm{d}M}{\mathrm{d}t} = -\dfrac{3n}{2a}\delta a + \dfrac{C_\mathrm{D} S_0}{m}\left(1-\dfrac{r\omega_\mathrm{e}}{v}\cos i\right)^2 \dfrac{nr}{e(1-e^2)}(1+2e\cos f + e^2)^{\frac{1}{2}}(1+e\cos f + e^2)\rho\sin f \end{cases}$$

（6-7）

式中：C_D 为大气阻力系数；S_0 为卫星的迎风特征面积；m 为卫星质量；ω_e 为地球自转角速率；f 为轨道真近点角；ρ 为大气密度；δa 为摄动力作用下轨道平根数半长轴的变化量。

可见，大气阻力摄动对卫星轨道升交点赤经无长期影响；对近地点幅角的长期影响的一阶项为零；对半长轴、偏心率、倾角、平近点角均有长期影响。大气阻力摄动作用下，卫星半长轴的变化率、偏心率的变化率、倾角的变化率、近地点幅角的变化率以及平近点角的变化率均与卫星的迎风特征面积、卫星质量、半长轴、偏心率、倾角有关；其中卫星半长轴的变化率、偏心率的变化率、倾角的变化率与卫星的迎风特征面积成正比，与卫星质量成反比。

6.3 星座摄动分析与构形演化

6.2 节分析了星座单颗卫星的轨道摄动。在本节开始前，分析一下卫星星座摄动规律同单颗卫星轨道摄动规律的区别与联系。首先，星座的摄动运动同星座中单

星的摄动运动密切相关,对于纯二体情形,单星无摄动,则星座的摄动也无从谈起。其次,星座的摄动运动不仅体现在星座卫星轨道相对惯性空间的漂移上,还体现在星座构形本身的几何形状发生变化方面;在仅仅知道单星的摄动规律的情况下,就能知道星座卫星轨道相对惯性空间的漂移规律,却无法断定星座构形本身几何形状的变化规律。星座摄动分析的目的是研究关于星座入轨偏差和单星摄动通过地球扁率 J_2 项摄动和大气阻力摄动影响星座的整体构形的规律。研究了星座摄动规律之后,就可研究以初始标称构形为参考基准的星座构形演化规律和以当前构形为参考基准的星座构形演化规律,从而获知在入轨偏差与各种摄动力的作用下星座构形相对设计的初始标称构形的形变趋势、将来的星座构形相对当前的星座构形的形变趋势。

6.3.1 星座摄动分析

将星座中任意一颗卫星作为参考卫星,a、e、i、Ω、ω、n、p 看作参考卫星的轨道参数,任取星座中另外一颗卫星作为研究的目标卫星,则 δa、δe、δi 分别为目标卫星相对参考卫星的轨道平根数差,即目标卫星的轨道平根减去参考卫星的轨道平根。$\delta \dot{\Omega}$、$\delta \dot{\omega}$、$\delta \dot{M}$ 为目标卫星相对参考卫星的轨道平根数差的变化率。由式(6-1)将各表达式变分得到如下关于星座卫星轨道平根数差的一阶微分方程[3-4]:

$$\begin{cases} \delta \dot{\Omega} = -\frac{7\dot{\Omega}}{2a}\delta a - (\dot{\Omega}\tan i)\delta i + \frac{4ae\dot{\Omega}}{p}\delta e \\ \delta \dot{\omega} = -\frac{7\dot{\omega}}{2a}\delta a - \left(\frac{15}{4}\frac{J_2 R_e^2}{p^2}n\sin 2i\right)\delta i + \frac{4ae\dot{\omega}}{p}\delta e \\ \delta \dot{M} = -\frac{3n}{2a}\delta a - \frac{7\dot{M}}{2a}\delta a + \frac{3ae\dot{M}}{p}\delta e - \\ \qquad \left(\frac{9}{4}\frac{J_2 R_e^2}{p^2}n\sqrt{1-e^2}\sin 2i\right)\delta i \end{cases} \quad (6\text{-}8)$$

式(6-8)描述了星座在存在入轨偏差情况下地球扁率 J_2 项摄动的相异引起的星座构形摄动。其中 δa、δe、δi 同相应的轨道根数相比均为小量,即 $|\delta a| \ll a$、$|\delta e| \ll e$、$|\delta i| \ll i$。例如对于星座卫星处于半长轴为 7000km、倾角为 63.4° 的近圆轨道情形,式(6-8)的适用范围约为 $|\delta a| < 200$km、$|\delta i| < 5°$,并且偏差越小,用式(6-8)计算的描述星座演化的参数的精度越高。可见,星座的卫星间的平根数半长轴差、倾角差、偏心率差会在地球扁率 J_2 项摄动的作用下引起星座卫星轨道面法向、轨道沿迹方向的相对演化。$\delta \dot{\Omega}$ 表征了星座构形的进动速率。对于星座各卫星轨道高度和倾角均相等的星座来说,即使将星座的平均轨道根数的半长轴、偏心率和倾角均完全按照设计结果控制至相等,此时地球扁率 J_2 项摄动不会引起星

座构形的演化；但日月引力引起星座不同轨道面上的卫星倾角摄动不同，太阳光压引起星座不同轨道面上的卫星偏心率矢量摄动不同，进而引起星座卫星之间偏心率差 δe、倾角差 δi 的绝对值逐渐增大，由式（6-8）可知，存在半长轴差、倾角差、或偏心率差的星座卫星间的 J_2 项摄动不同，故而引起星座构形的漂移。如果星座各卫星设计为圆轨道或近圆轨道，则星座卫星之间偏心率差 δe 对 $\delta\dot{\Omega}$、$\delta\dot{\omega}$、$\delta\dot{M}$ 的影响同倾角差 δi 和半长轴差 δa 相比是高阶小量，可以略去不计。

如果星座卫星轨道处于近地轨道，则还需考虑大气阻力作用下的星座摄动。仅考虑星座卫星轨道处于近圆轨道情形。记

$$\begin{cases} a_{\mathrm{Pa}} = -\dfrac{C_D S_0}{m}\left(1-\dfrac{r\omega_e}{v}\cos i\right)^2 na^2 \rho \\ i_{\mathrm{Pa}} = -\dfrac{C_D S_0 \omega_e}{4m}\left(1-\dfrac{r\omega_e}{v}\cos i\right)\dfrac{r^2 \sin i}{a}\rho \end{cases} \quad (6\text{-}9)$$

式中：δa、δi 分别为目标卫星相对参考卫星的轨道平根数差；$\delta\dot{a}$、$\delta\dot{i}$ 为目标卫星相对参考卫星的轨道平根数半长轴差、偏心率差的变化率。由式（6-7）将各表达式关于轨道根数做变分得到如下关于星座卫星轨道平根数差的一阶微分方程：

$$\begin{cases} \delta\dot{a} = a_{\mathrm{Pa}}\left[\dfrac{1}{2a} - \dfrac{3\omega_e n\sqrt{a}\cos i}{(n-\omega_e \cos i)\sqrt{\mu}}\right]\delta a - a_{\mathrm{Pa}}\dfrac{2\omega_e \sin i}{(n-\omega_e \cos i)}\delta i \\ \delta\dot{i} = i_{\mathrm{Pa}}\left[\dfrac{1}{a} - \dfrac{3\omega_e n\sqrt{a}\cos i}{2(n-\omega_e \cos i)\sqrt{\mu}}\right]\delta a - i_{\mathrm{Pa}}\left[\cot i + \dfrac{\omega_e \sin i}{(n-\omega_e \cos i)}\right]\delta i \end{cases} \quad (6\text{-}10)$$

式（6-10）中 δa 和 δi 同相应的轨道根数相比均为小量，即 $|\delta a| \ll a$，$|\delta i| \ll i$。此即近地轨道星座在存在入轨偏差情况下大气阻力摄动的相异引起的星座构形摄动方程。由式（6-10）可见，对于近地轨道上的卫星星座来说，星座卫星间轨道平根数半长轴差和倾角差会在大气阻力摄动的作用下引起星座卫星间轨道半长轴差和倾角差的长期演化，进而引起星座卫星间轨道沿迹方向和轨道面法向的相对演化。

6.3.2 以初始标称构形为参考基准的星座构形演化方程

以初始时刻的星座标称构形为参考基准，研究星座当前的实际构形相对初始时刻的标称构形的形变，可以直观地看出在入轨偏差与各种摄动力的作用下星座构形相对设计的初始标称构形的形变趋势。对关于星座卫星轨道平根数差的一阶微分方程积分，可得星座构形相对初始标称构形的演化方程。

首先，令 $\lambda = \omega + M$，则对于近圆轨道上的卫星星座，有

$$\delta\dot{\lambda} = -\dfrac{3n}{2a}\delta a - \dfrac{7(\dot{\omega}+\dot{M})}{2a}\delta a - \dfrac{3}{4}\dfrac{J_2 R_e^2 n}{p^2}(5+3\sqrt{1-e^2})\sin 2i \cdot \delta i \quad (6\text{-}11)$$

其中，$|\delta a| \ll a$，$|\delta i| \ll i$。

星座卫星轨道平根数半长轴与倾角差的演化满足：

$$\begin{cases} \delta a(t) = \delta a(t_0) + \dfrac{\mathrm{d}a}{\mathrm{d}t} \cdot (t-t_0) \\ \delta i(t) = \delta i(t_0) + \dfrac{\mathrm{d}i}{\mathrm{d}t} \cdot (t-t_0) \end{cases} \quad (6\text{-}12)$$

将式（6-12）代入式（6-8）与式（6-11）并积分得到星座卫星轨道相对自身的初始标称轨道的演化的另外两个参数满足的方程为

$$\begin{cases} \delta \Omega(t) = \delta \Omega(t_0) - \dfrac{7\dot{\Omega}}{2a}\delta a(t_0) \cdot (t-t_0) - \dfrac{7\dot{\Omega}}{4a} \cdot \dfrac{\mathrm{d}a}{\mathrm{d}t} \cdot (t-t_0)^2 - (\dot{\Omega}\tan i) \cdot \delta i(t_0) \cdot (t-t_0) - \\ \quad \dfrac{1}{2}(\dot{\Omega}\tan i) \cdot \dfrac{\mathrm{d}i}{\mathrm{d}t} \cdot (t-t_0)^2 \\ \delta \lambda(t) = \delta \lambda(t_0) - \dfrac{3n+7(\dot{\omega}+\dot{M})}{2a} \cdot \delta a(t_0) \cdot (t-t_0) - \dfrac{3n+7(\dot{\omega}+\dot{M})}{4a} \cdot \dfrac{\mathrm{d}a}{\mathrm{d}t} \cdot (t-t_0)^2 - \\ \quad \dfrac{3}{4}\dfrac{J_2 R_e^2 n}{p^2}(5+3\sqrt{1-e^2})\sin 2i \cdot \delta i(t_0) \cdot (t-t_0) - \dfrac{3}{8}\dfrac{J_2 R_e^2 n}{p^2}(5+3\sqrt{1-e^2}) \\ \quad \sin 2i \cdot \dfrac{\mathrm{d}i}{\mathrm{d}t} \cdot (t-t_0)^2 \end{cases}$$

$$(6\text{-}13)$$

其中，$|\delta a(t_0)| \ll a$，$|\delta i(t_0)| \ll i$。

式（6-12）和式（6-13）组成了星座单星轨道相对自身的初始标称轨道的演化方程。可见，描述星座当前的实际构形相对初始时刻的标称构形的形变方程中，关于半长轴和倾角演化的方程具有简单的形式，方程右端仅有常数项和关于时间的一次项；而关于升交点赤经和相位演化的方程则较为复杂，方程右端不仅有常数项和关于时间的一次项，还有关于时间的二次项，且半长轴初始偏差及半长轴变化率、倾角初始偏差及倾角变化率均能引起星座当前的实际构形相对初始时刻的标称构形的升交点赤经和相位的演化。

值得指出的是，日月引力摄动引起的卫星轨道倾角长期变化率式（6-2）和式（6-4）中，有升交点赤经项，而升交点赤经受地球扁率 J_2 项摄动的影响，变化较为显著。因此也可以对式（6-2）和式（6-3）做变分，得到星座卫星轨道倾角相对初始标称轨道倾角的更为精确的演化方程，其中含有关于时间的二次项。由于星座构形的形变主要体现在升交点赤经差的漂移和相位差的漂移上，因而我们不对星座卫星轨道倾角差的漂移进行类似的分析。

考虑方程式（6-13），在星座部署阶段如果使卫星之间的半长轴相差较大，如几十千米到几百千米甚至更多，则星座卫星间相位差和升交点赤经差的演化满足方程：

$$\begin{cases} \delta\Omega(t) = \delta\Omega(t_0) - \dfrac{7\dot{\Omega}}{2a}\delta a(t_0)\cdot(t-t_0) \\ \delta\lambda(t) = \delta\lambda(t_0) - \dfrac{3n+7(\dot{\omega}+\dot{M})}{2a}\cdot\delta a(t_0)\cdot(t-t_0) \end{cases} \quad (6\text{-}14)$$

其中，$|\delta a(t_0)| \ll a$。

可见，星座卫星部署阶段，可以通过消耗少量的推进剂对星座卫星间的半长轴差进行控制，进而借用地球扁率 J_2 项摄动进行星座卫星轨道面的部署控制，将卫星之间的升交点赤经差拉开或者拉近。特别是对于一箭多星的卫星星座，借用地球扁率 J_2 项摄动将星座卫星控制到不同的轨道面上，同直接控制升交点赤经差相比，可极大地节约推进剂的消耗。借用地球扁率 J_2 项摄动的星座部署控制方程为

$$\frac{\delta\Omega(t)-\delta\Omega(t_0)}{\delta\lambda(t)-\delta\lambda(t_0)} = \frac{7\dot{\Omega}}{3n+7(\dot{\omega}+\dot{M})} \quad (6\text{-}15)$$

特别地，对于一箭多星的星座来说，星箭分离后，各卫星近似地在一个轨道面上，升交点赤经一般相差不大；同时各卫星相距不远，相位角一般也相差不大。此时，借用地球扁率 J_2 项摄动的星座部署控制方程式（6-15）可以简化为

$$\frac{\delta\Omega(t)}{\delta\lambda(t)} = \frac{7\dot{\Omega}}{3n+7(\dot{\omega}+\dot{M})} \quad (6\text{-}16)$$

在星座构形形成以后的星座长期在轨运行阶段，要考虑星座构形的保持。此时，星座卫星平根数半长轴的初始偏差与变化率对星座卫星轨道相对初始标称轨道的升交点赤经差的影响，同平根数轨道倾角的初始偏差与变化率对星座卫星轨道相对初始标称轨道的升交点赤经差的影响相比，是高阶小量，可以忽略不计。从而得到星座长期在轨运行阶段及星座构形保持过程中，需要考虑的星座卫星轨道相对初始标称轨道的升交点赤经差漂移方程为

$$\delta\Omega(t) = \delta\Omega(t_0) - (\dot{\Omega}\tan i)\cdot\delta i(t_0)\cdot(t-t_0) - \frac{1}{2}(\dot{\Omega}\tan i)\cdot\frac{\mathrm{d}i}{\mathrm{d}t}\cdot(t-t_0)^2 \quad (6\text{-}17)$$

其中，$|\delta i(t_0)| \ll i$，而

$$\begin{aligned}
\frac{\mathrm{d}i}{\mathrm{d}t} = & -\frac{C_D S_0 \omega_e}{4m}\left(1-\frac{r\omega_e}{v}\cos i\right)\frac{r^2\sin i}{a(1-e^2)}(1+2e\cos f+e^2)^{\frac{1}{2}}(1+\cos 2u)\rho + \\
& \frac{3n_s^2}{8n}(\sin i\sin^2 i_s\sin 2\Omega+\cos i\sin 2i_s\sin\Omega) + \\
& \frac{3}{8}n\sigma\left(\frac{n_m}{n}\right)^2\sin(\Omega-\Omega_m)[2\cos(\Omega-\Omega_m)\sin i+\sin 2i_m\cos i-2\cos^2 i_m\sin i\cos(\Omega-\Omega_m)]
\end{aligned}$$

$$(6\text{-}18)$$

因为星座卫星轨道倾角的长期变化率，主要由日月引力与大气阻力引起，若星座卫星轨道为太阳同步轨道，则应使用共振情况下的表达式（6-3）与式（6-4）相加。而地球扁率 J_2 项摄动和日月引力摄动引起的卫星轨道升交点赤经的长期变化率 $\dot{\Omega}$ 为

$$\dot{\Omega} = -\frac{3}{2}J_2\left(\frac{R_e}{p}\right)^2 n\cos i + \frac{3n}{8\sin i}\left(\frac{n_s}{n}\right)^2 [\sin 2i(\sin^2 i_s - \sin^2 \Omega - \cos^2 i_s \cos^2 \Omega) +$$

$$\cos 2i \sin 2i_s \cos\Omega] + \frac{3n\sigma}{8\sin i}\left(\frac{n_m}{n}\right)^2 [\sin 2i(\sin^2 i_m - \sin^2(\Omega - \Omega_m) -$$

$$\cos^2 i_m \cos^2(\Omega - \Omega_m)) + \cos 2i \sin 2i_m \cos(\Omega - \Omega_m)] \tag{6-19}$$

星座卫星倾角差决定了星座构形的章动运动，星座卫星升交点赤经差决定了星座构形的进动运动。

对于中轨道或高轨道（高度大于 1000km）的卫星星座来说，星座构形的演化规律如下：星座单颗卫星的轨道倾角的变化主要由日月引力引起，不同轨道面上的卫星的轨道倾角受到的日月引力摄动不同，引起星座构形的章动运动。星座单颗卫星升交点赤经的变化由地球扁率 J_2 项摄动和日月引力摄动引起，入轨偏差、半长轴差的长期变化率、倾角差的长期变化率均会引起星座构形的进动运动。

对于低轨道（高度小于 1000km）的卫星星座来说，星座构形的演化规律如下：星座单颗卫星的轨道倾角的变化主要由日月引力和旋转大气引起，不同升交点赤经的卫星的轨道倾角受到的日月引力摄动不同，引起星座构形的章动运动；不同倾角或不同半长轴的卫星的轨道倾角受到的大气阻力摄动不同，也能引起星座构形的章动运动。星座单颗卫星升交点赤经的变化由地球扁率 J_2 项摄动和日月引力摄动引起，入轨偏差、半长轴差的长期变化率、倾角差的长期变化率均会引起星座构形的进动运动。

6.3.3 以当前构形为参考基准的星座构形演化方程

要研究星座构形将来的形变趋势，就要以当前时刻星座构形本身为参考基准，研究星座卫星轨道之间的相对变化趋势，此时参考基准是动态变化的。

以下标 a、b 记星座中任意两颗卫星的轨道参数，以卫星 a 为参考，研究星座中卫星 b 相对卫星 a 的轨道长期演化规律。由于 $\delta\Omega_a(t)$ 为卫星 a 在 t 时刻的实际轨道相对初始时刻标称轨道的升交点赤经漂移值，$\delta\Omega_b(t)$ 为卫星 b 在 t 时刻的实际轨道相对初始时刻标称轨道的升交点赤经漂移值，则 $\delta\Omega_{ab}(t) = \delta\Omega_b(t) - \delta\Omega_a(t)$ 为卫星 b 相对卫星 a 的升交点赤经漂移值，同理，记 $\delta i_{ab}(t) = \delta i_b(t) - \delta i_a(t)$、$\delta\lambda_{ab}(t) = \delta\lambda_b(t) - \delta\lambda_a(t)$ 为卫星 b 相对卫星 a 的倾角和相位角漂移值。则以当前构形为参考基准的星座构形演化方程为

$$\begin{cases}
\delta i_{ab}(t+\Delta t) = \delta i_{ab}(t) + \Delta t\left(\dfrac{\mathrm{d}i_b}{\mathrm{d}t} - \dfrac{\mathrm{d}i_a}{\mathrm{d}t}\right) \\
\delta \Omega_{ab}(t+\Delta t) = \delta \Omega_{ab}(t) - \dfrac{7\Delta t}{2a_a}(\dot{\Omega}_b \cdot \delta a_b - \dot{\Omega}_a \cdot \delta a_a) - \dfrac{7\Delta t^2}{4a_a}\left(\dot{\Omega}_b \cdot \dfrac{\mathrm{d}a_b}{\mathrm{d}t} - \dot{\Omega}_a \cdot \dfrac{\mathrm{d}a_a}{\mathrm{d}t}\right) - \\
\qquad \Delta t \tan i_a \cdot (\dot{\Omega}_b \cdot \delta i_b - \dot{\Omega}_a \cdot \delta i_a) - \dfrac{\Delta t^2 \tan i_a}{2}\cdot\left(\dot{\Omega}_b \cdot \dfrac{\mathrm{d}i_b}{\mathrm{d}t} - \dot{\Omega}_a \cdot \dfrac{\mathrm{d}i_a}{\mathrm{d}t}\right) \\
\delta \lambda_{ab}(t+\Delta t) = \delta \lambda_{ab}(t) - \dfrac{3n_a \Delta t}{2a_a}(\delta a_b - \delta a_a) - \dfrac{7\Delta t}{2a_a}(\dot{\lambda}_b \cdot \delta a_b - \dot{\lambda}_a \cdot \delta a_a) - \dfrac{3n_a \Delta t^2}{4a_a}\left(\dfrac{\mathrm{d}a_b}{\mathrm{d}t} - \dfrac{\mathrm{d}a_a}{\mathrm{d}t}\right) - \\
\qquad \dfrac{7\Delta t^2}{4a_a}\cdot\left(\dot{\lambda}_b \dfrac{\mathrm{d}a_b}{\mathrm{d}t} - \dot{\lambda}_a \dfrac{\mathrm{d}a_a}{\mathrm{d}t}\right) - \dfrac{3}{4}\dfrac{J_2 R_e^2 n_a \sin 2i_a}{p_a^2}\Delta t[(5+3\sqrt{1-e_b^2})\cdot \delta i_b - \\
\qquad (5+3\sqrt{1-e_a^2})\cdot \delta i_a] - \dfrac{3}{8}\dfrac{J_2 R_e^2 n_a \sin 2i_a}{p_a^2}\Delta t^2 \\
\qquad \left[(5+3\sqrt{1-e_b^2})\cdot \dfrac{\mathrm{d}i_b}{\mathrm{d}t} - (5+3\sqrt{1-e_a^2})\cdot \dfrac{\mathrm{d}i_a}{\mathrm{d}t}\right]
\end{cases}$$

（6-20）

其中，$|\delta a_a| \ll a_a, |\delta a_b| \ll a_b, |\delta i_a| \ll i_a, |\delta i_b| \ll i_b$，$\delta\Omega_{ab}(t+\Delta t)$ 和 $\delta\lambda_{ab}(t+\Delta t)$ 为经过 Δt 时间后的卫星 b 相对卫星 a 的升交点赤经漂移值和相位角漂移值，等式右边的 a_a、$\dot{\Omega}_b$、$\dfrac{\mathrm{d}i_b}{\mathrm{d}t}$ 等轨道参数均为 t 时刻的值；式（6-20）中的 $\dfrac{\mathrm{d}a}{\mathrm{d}t}$ 按照式（6-7）计算；$\dfrac{\mathrm{d}i}{\mathrm{d}t}$ 按照式（6-18）计算，对于轨道高度大于 1000km 的星座来说，在计算 $\dfrac{\mathrm{d}i}{\mathrm{d}t}$ 时可以忽略大气阻力摄动；$\dot{\Omega}$ 按照式（6-19）计算，在精度要求不太高时，也可按照式（6-1）计算。

可见，以当前构形为参考基准的星座构形演化方程中，关于倾角差演化的方程具有简单的形式，方程右端仅有常数项和关于时间的一次项；而关于升交点赤经和相位演化的，方程右端不仅有常数项和关于时间的一次项，还有关于时间的二次项，且星座中各卫星半长轴初始偏差及半长轴变化率、倾角初始偏差及倾角变化率均能引起星座将来构形相对当前构形的升交点赤经差和相位差的演化。

在星座构形建立后的在轨运行阶段，星座构形的空间几何形状演化规律满足：星座构形形变的进动速率主要由倾角偏差和倾角摄动速率的相异引起，而构形形变的相位演化速率主要由半长轴差和半长轴摄动速率的相异引起。因此以当前构形为参考基准的未来星座构形形变演化的方程可以化简为

$$\begin{cases} \delta i_{ab}(t+\Delta t) = \delta i_{ab}(t) + \Delta t \left(\dfrac{di_b}{dt} - \dfrac{di_a}{dt} \right) \\ \delta \Omega_{ab}(t+\Delta t) = \delta \Omega_{ab}(t) - \Delta t \tan i_a \cdot (\dot{\Omega}_b \cdot \delta i_b - \dot{\Omega}_a \cdot \delta i_a) - \dfrac{\Delta t^2 \tan i_a}{2} \cdot \left(\dot{\Omega}_b \dfrac{di_b}{dt} - \dot{\Omega}_a \dfrac{di_a}{dt} \right) \\ \delta \lambda_{ab}(t+\Delta t) = \delta \lambda_{ab}(t) - \dfrac{3 n_a \Delta t}{2 a_a}(\delta a_b - \delta a_a) - \dfrac{7 \Delta t}{2 a_a}(\dot{\lambda}_b \cdot \delta a_b - \dot{\lambda}_a \cdot \delta a_a) - \\ \qquad \dfrac{3 n_a \Delta t^2}{4 a_a}\left(\dfrac{da_b}{dt} - \dfrac{da_a}{dt} \right) - \dfrac{7 \Delta t^2}{4 a_a} \cdot \left(\dot{\lambda}_b \dfrac{da_b}{dt} - \dot{\lambda}_a \dfrac{da_a}{dt} \right) \end{cases}$$

（6-21）

其中，$|\delta a_a| \ll a_a, |\delta a_b| \ll a_b, |\delta i_a| \ll i_a, |\delta i_b| \ll i_b$。由式（6-21）可见，在星座长期在轨运行阶段，星座构形的相对进动和相位的演化方程右端项均含有关于时间增量 Δt 的常数项、一次项和二次项。由式（6-2）、式（6-4）可知，在使用式（6-21）来长期预测（如预测 5 年）星座构形的演化时如果采用 t 时刻的固定的星座卫星升交点赤经，则 $\dfrac{di_a}{dt}$ 和 $\dfrac{di_b}{dt}$ 的计算误差会随着时间的增大越来越大，使对星座构形演化趋势的预测误差越来越大。如果星座卫星运行在太阳同步轨道或准太阳同步轨道上，则由于共振影响导致太阳引力摄动作用下的卫星轨道倾角长期变化率与降交点地方时有关而与卫星升交点赤经无直接关系，此时采用 t 时刻的固定的星座卫星升交点赤经代入式（6-3）、式（6-4）计算 $\dfrac{di_a}{dt}$ 和 $\dfrac{di_b}{dt}$ 后，再使用式（6-21）来长期预测星座构形的演化趋势，则对星座构形演化趋势的预测误差不会明显增大。一般来说，要准确地长期预测星座构形的演化，在使用式（6-2）和式（6-4）计算 $\dfrac{di_a}{dt}$ 和 $\dfrac{di_b}{dt}$ 时，则应采用该时刻的升交点赤经值，也就是说，在式（6-2）和式（6-4）中要考虑卫星升交点赤经随时间的变化。

6.4 地球静止轨道倾角矢量运动

6.4.1 摄动运动方程与摄动力

使用第二类无奇点根数 a，$e_x = e\cos(\Omega+\omega)$，$e_y = e\sin(\Omega+\omega)$，$i_x = \sin i \sin \Omega$，$i_y = \sin i \cos \Omega$，$l = \Omega + \omega + M$。定义运动坐标系 $ortn$ 原点 o 位于卫星质心，or 为卫星质心至地心方向的反方向，ot 在瞬时轨道平面内与 or 方向垂直并朝向速度方向，on 与 or 及 ot 成右手正交系。令 v_s 为卫星运动速率，经推导得静止轨道倾角矢量摄动方程为

$$\begin{cases} \dfrac{\mathrm{d}i_x}{\mathrm{d}t} = \dfrac{\sin l}{v_s} F_n \\ \dfrac{\mathrm{d}i_y}{\mathrm{d}t} = \dfrac{\cos l}{v_s} F_n \end{cases} \quad (6\text{-}22)$$

带谐项 J_2 项引起的摄动力在运动坐标系 ortn 法向分量为

$$f_n = -\dfrac{3J_2\mu \mathrm{Re}^2}{2r^4}\sin 2i \sin u \quad (6\text{-}23)$$

太阳引力引起的摄动力在运动坐标系 ortn 法向分量为

$$f_n = 3rn_s^2 \cos v(\cos\beta_s \sin i \sin\Omega - \sin\beta_s \cos i_s \sin i \cos\Omega + \sin\beta_s \sin i_s \cos i) \quad (6\text{-}24)$$

式中：β_s 为太阳视运动的黄经；i_s 为黄道倾角；$n_s^2 = \dfrac{Gm_s}{r_{os}^3}$；$m_s$ 为太阳质量；r_{os} 为地日距离；G 为引力常数。

$$\cos v = \cos\beta_s(\cos u \cos\Omega - \cos i \sin u \sin\Omega) + \\ \sin\beta_s \cos i_s(\cos u \sin\Omega + \cos i \sin u \cos\Omega) + \sin\beta_s \sin i_s \sin i \sin u \quad (6\text{-}25)$$

月球引力引起的摄动力在运动坐标系 ortn 法向分量为

$$f_n = 3r\sigma n_m^2 \cos\gamma [\sin i \sin\Omega(\cos\beta_m \cos\Omega_m - \sin\beta_m \sin\Omega_m \cos i_m) - \\ \sin i \cos\Omega(\cos\beta_m \sin\Omega_m + \sin\beta_m \cos\Omega_m \cos i_m) + \cos i \sin\beta_m \sin i_m] \quad (6\text{-}26)$$

式中：$\sigma = \dfrac{m_m}{m_e + m_m} = \dfrac{1}{82.3}$，其中 m_m 为月球质量，m_e 为地球质量；$n_m^2 = \dfrac{Gm_m}{\sigma r_{em}^3}$，$r_{em}$ 为地月距离；G 为引力常数；β_m 为月球在月球轨道上相距白道升交点的角距，即 $\beta_m = \omega_m + f_m$，其中 ω_m 白道近地点幅角，f_m 白道真近点角；Ω_m 为白道升交点赤经。

$$\cos\gamma = (\cos u \cos\Omega - \cos i \sin u \sin\Omega)(\cos\beta_m \cos\Omega_m - \sin\beta_m \sin\Omega_m \cos i_m) + \\ (\cos u \sin\Omega + \cos i \sin u \cos\Omega)(\cos\beta_m \sin\Omega_m + \sin\beta_m \cos\Omega_m \cos i_m) + \\ \sin i \sin u \sin\beta_m \sin i_m \quad (6\text{-}27)$$

6.4.2 各摄动力引起的倾角矢量运动分析

将上述各摄动力分别代入摄动方程，只考虑长期项。

1. 带谐项 J_2 的作用

在带谐项 J_2 作用下，卫星倾角矢量的变化率[9]为

$$\begin{cases}\dfrac{\mathrm{d}i_x}{\mathrm{d}t}=-\dfrac{3J_2\mu R_\mathrm{e}^2}{2\omega_\mathrm{e}r^5}i_y=-3.71574\times10^{-5}\omega_\mathrm{e}i_y=-2.70956\times10^{-9}i_y\\ \dfrac{\mathrm{d}i_y}{\mathrm{d}t}=\dfrac{3J_2\mu R_\mathrm{e}^2}{2\omega_\mathrm{e}r^5}i_x=3.71574\times10^{-5}\omega_\mathrm{e}i_x=2.70956\times10^{-9}i_x\end{cases} \quad (6\text{-}28)$$

因此 i_x、i_y 为周期解，角频率为 $\dfrac{3J_2\mu R_\mathrm{e}^2}{2\omega_\mathrm{e}r^5}$，由式（6-28）可得

$$\begin{cases}\dfrac{\mathrm{d}^2 i_x}{\mathrm{d}t^2}=-\left(\dfrac{3J_2\mu R_\mathrm{e}^2}{2\omega_\mathrm{e}r^5}\right)^2 i_x\\ \dfrac{\mathrm{d}^2 i_y}{\mathrm{d}t^2}=-\left(\dfrac{3J_2\mu R_\mathrm{e}^2}{2\omega_\mathrm{e}r^5}\right)^2 i_y\end{cases} \quad (6\text{-}29)$$

令 $K_{J_2}=\dfrac{3J_2\mu R_\mathrm{e}^2}{2\omega_\mathrm{e}r^5}$，则有

$$\begin{cases}\dfrac{\mathrm{d}^2 i_x}{\mathrm{d}t^2}+K_{J_2}^2 i_x=0\\ \dfrac{\mathrm{d}^2 i_y}{\mathrm{d}t^2}+K_{J_2}^2 i_y=0\end{cases} \quad (6\text{-}30)$$

该方程与线性化后的单摆方程完全一致，在形式上与仅有线性恢复力没有摩擦阻尼力的谐振子方程也完全一致。因此可以说在带谐项主项作用下，静止卫星倾角矢量的分量的运动为线性化的单摆运动，即无摩擦力的谐振运动。在地球带谐项主项 J_2 项的作用下倾角矢量逆进动，即轨道面逆进动的频率为

$$K_{J_2}=\dfrac{3J_2\mu R_\mathrm{e}^2}{2\omega_\mathrm{e}r^5}=2.70973\times10^{-9}\ °/\mathrm{s} \quad (6\text{-}31)$$

逆进动的周期为

$$T_{J_2}=\dfrac{2\pi}{K_{J_2}}=73.527\ \text{年} \quad (6\text{-}32)$$

逆进动的角速率为

$$\dfrac{360°}{T_{J_2}}=4.89615°/\text{年} \quad (6\text{-}33)$$

根据微分方程定性理论知奇点为 $(i_x,i_y)=(0,0)$，且为中心点，而非结点、鞍点或焦点。有无穷多个闭轨，不存在极限环。

由上面的分析可知，在 J_2 项的作用下有 $i_x^2+i_y^2=R_{J_2}^2$，其中 $R_{J_2}=\sqrt{i_x^2(t_0)+i_y^2(t_0)}$，该圆为式（6-28）所描述的系统的不变流形。式（6-28）所描述的系统是一个梯度共轭的微分动力系统，因此该系统限制在它上述不变流形上是解析的。在地球带

谐项的作用下，地球静止卫星的倾角矢量的端点沿圆周运动，运动的周期为73.527年，圆心为(0,0)。

2. 太阳引力的作用

在太阳引力作用下，卫星倾角矢量的变化率[9]为

$$\begin{cases} \dfrac{di_x}{dt} = \dfrac{3}{8}n\left(\dfrac{n_s}{n}\right)^2(\sin 2i_s - 2i_y \cos^2 i_s) = 2.04695 \times 10^{-10}(0.72991 - 1.68355 i_y) \\ \dfrac{di_y}{dt} = \dfrac{3}{4}n\left(\dfrac{n_s}{n}\right)^2 i_x = 4.09390 \times 10^{-10} i_x \end{cases} \quad (6\text{-}34)$$

奇点为$(i_x, i_y) = (0, \tan i_s) = (0, 0.433553) = (0°, 24.84077°)$，且为中心点。由式（6-34）得

$$i_x^2 + (i_y - \tan i_s)^2 \cos^2 i_s = R_s^2 \quad (6\text{-}35)$$

该椭圆为式（6-34）所描述的系统的不变流形，这个线性系统有无穷多个闭轨，不存在极限环，其中

$$R_s = \sqrt{i_x^2(t_0) + \cos^2 i_s (i_y(t_0) - \tan i_s)^2} \quad (6\text{-}36)$$

令

$$V_s = i_x^2 + (i_y - \tan i_s)^2 \cos^2 i_s \quad (6\text{-}37)$$

则

$$\text{div}\left[\dfrac{\partial V_s}{\partial y}, -\dfrac{\partial V_s}{\partial x}\right] = 0 \quad (6\text{-}38)$$

因此太阳引力引起的地球静止卫星轨道倾角矢量运动的线性系统是一个梯度共轭系统。

如果对式（6-34）进行化简，认为i_x、$i_y \ll 1$，则近似地有

$$\begin{cases} \dfrac{di_x}{dt} = \dfrac{3}{8}n\left(\dfrac{n_s}{n}\right)^2 \sin 2i_s \\ \dfrac{di_y}{dt} = 0 \end{cases} \quad (6\text{-}39)$$

一年的变化量为$\Delta i_x = \dfrac{180}{\pi} \times 3600 \times 24 \times 365 \times \dfrac{3}{8}n\left(\dfrac{n_s}{n}\right)^2 \sin 2i_s = 0.269963°$。即当$i_x$、$i_y \ll 1$时，在太阳引力的作用下，轨道倾角矢量倒向春分点方向，每年约$0.27°$。

分析得

$$\begin{cases} \dfrac{\mathrm{d}^2 i_x}{\mathrm{d}t^2} = -\left[\dfrac{3}{4}n\left(\dfrac{n_\mathrm{s}}{n}\right)^2 \cos i_\mathrm{s}\right]^2 i_x \\ \dfrac{\mathrm{d}i_y}{\mathrm{d}t} = -\left[\dfrac{3}{4}n\left(\dfrac{n_\mathrm{s}}{n}\right)^2 \cos i_\mathrm{s}\right]^2 i_y + 2\left[\dfrac{3}{8}n\left(\dfrac{n_\mathrm{s}}{n}\right)^2\right]^2 \sin 2i_\mathrm{s} \end{cases} \quad (6\text{-}40)$$

故知太阳引力引起的倾角矢量进动的频率为

$$K_\mathrm{s} = \dfrac{3}{4}n\left(\dfrac{n_\mathrm{s}}{n}\right)^2 \cos i_\mathrm{s} = 3.75608\times 10^{-10}\,°/\mathrm{s} \quad (6\text{-}41)$$

进动的周期为

$$T_\mathrm{s} = \dfrac{2\pi}{K_\mathrm{s}} = 530.443\,\text{年} \quad (6\text{-}42)$$

进动的角速率为

$$\dfrac{360°}{T_\mathrm{s}} = 0.678679°/\text{年} \quad (6\text{-}43)$$

3. 月球引力的作用

在月球引力作用下，卫星倾角矢量的变化率为

$$\begin{cases} \dfrac{\mathrm{d}i_x}{\mathrm{d}t} = \dfrac{3}{8}n\sigma\left(\dfrac{n_\mathrm{m}}{n}\right)^2 \left[i_x \sin^2 i_\mathrm{m} \sin 2\Omega_\mathrm{m} - i_y(2\sin^2 \Omega_\mathrm{m} + 2\cos^2 i_\mathrm{m} \cos^2 \Omega_\mathrm{m}) + \cos \Omega_\mathrm{m} \sin 2i_\mathrm{m}\right] \\ \dfrac{\mathrm{d}i_y}{\mathrm{d}t} = \dfrac{3}{8}n\sigma\left(\dfrac{n_\mathrm{m}}{n}\right)^2 \left[i_x(2\cos^2 \Omega_\mathrm{m} + 2\cos^2 i_\mathrm{m} \sin^2 \Omega_\mathrm{m}) - i_y \sin^2 i_\mathrm{m} \sin 2\Omega_\mathrm{m} - \sin \Omega_\mathrm{m} \sin 2i_\mathrm{m}\right] \end{cases}$$

$$(6\text{-}44)$$

奇点为

$$\begin{pmatrix} i_x \\ i_y \end{pmatrix} = \begin{pmatrix} \dfrac{\sin \Omega_\mathrm{m} \sin 2i_\mathrm{m}(2\sin^2 \Omega_\mathrm{m} + 2\cos^2 i_\mathrm{m}\cos^2 \Omega_\mathrm{m}) + 4\sin^3 i_\mathrm{m} \cos i_\mathrm{m} \sin \Omega_\mathrm{m} \cos^2 \Omega_\mathrm{m}}{(2\sin^2 \Omega_\mathrm{m} + 2\cos^2 i_\mathrm{m}\cos^2 \Omega_\mathrm{m})(2\cos^2 \Omega_\mathrm{m} + 2\cos^2 i_\mathrm{m}\sin^2 \Omega_\mathrm{m}) - \sin^4 i_\mathrm{m} \sin^2 2\Omega_\mathrm{m}} \\ \dfrac{\cos \Omega_\mathrm{m} \sin 2i_\mathrm{m}(2\cos^2 \Omega_\mathrm{m} + 2\cos^2 i_\mathrm{m}\sin^2 \Omega_\mathrm{m}) + 4\sin^3 i_\mathrm{m} \cos i_\mathrm{m} \sin^2 \Omega_\mathrm{m} \cos \Omega_\mathrm{m}}{(2\sin^2 \Omega_\mathrm{m} + 2\cos^2 i_\mathrm{m}\cos^2 \Omega_\mathrm{m})(2\cos^2 \Omega_\mathrm{m} + 2\cos^2 i_\mathrm{m}\sin^2 \Omega_\mathrm{m}) - \sin^4 i_\mathrm{m} \sin^2 2\Omega_\mathrm{m}} \end{pmatrix}$$

$$(6\text{-}45)$$

根据月球星历得到某时刻白赤交角 i_m 和白道升交点赤经 Ω_m 代入式（6-45）中，就可计算出该时刻月球引力引起的地球静止轨道卫星轨道倾角矢量运动的奇点位置，该奇点为中心点。

令

$$V_{\mathrm{m}} = -\frac{3}{16} n\sigma \left(\frac{n_{\mathrm{m}}}{n}\right)^2 [i_x^2 (2\cos^2 \Omega_{\mathrm{m}} + 2\cos^2 i_{\mathrm{m}} \sin^2 \Omega_{\mathrm{m}}) + i_y^2 (2\sin^2 \Omega_{\mathrm{m}} + 2\cos^2 i_{\mathrm{m}} \cos^2 \Omega_{\mathrm{m}})] +$$

$$\frac{3}{8} n\sigma \left(\frac{n_{\mathrm{m}}}{n}\right)^2 i_x i_y \sin^2 i_{\mathrm{m}} \sin 2\Omega_{\mathrm{m}} + \frac{3}{8} n\sigma \left(\frac{n_{\mathrm{m}}}{n}\right)^2 [i_x \sin \Omega_{\mathrm{m}} + i_y \cos \Omega_{\mathrm{m}}] \sin 2i_{\mathrm{m}}$$

（6-46）

则对任意可能的 $V_{\mathrm{m}}(i_x(t_0), i_y(t_0))$，$V_{\mathrm{m}}(i_x(t), i_y(t)) = V_{\mathrm{m}}(i_x(t_0), i_y(t_0))$ 是月球引力作用下地球静止卫星轨道倾角矢量运动的不变流形。根据 $\mathrm{div}\left[\dfrac{\partial V_{\mathrm{m}}}{\partial y}, -\dfrac{\partial V_{\mathrm{m}}}{\partial x}\right] = 0$ 可知，月球引力引起的地球静止卫星轨道倾角矢量运动的线性系统是一个梯度共轭系统。由于白道升交点黄经 Ω_{ms} 的变化引起白赤交角 i_{m} 和白道升交点赤经 Ω_{m} 的变化，对于任意给定的 $V_{\mathrm{m}}(i_x(t_0), i_y(t_0))$ 都有一族不变流形存在，而在月球引力作用下倾角矢量运动的轨迹就是这族不变流形的子流形。

如果对式（6-44）进行化简，认为 i_x、$i_y \ll 1$，则近似地有

$$\begin{cases} \dfrac{\mathrm{d}i_x}{\mathrm{d}t} = \dfrac{3}{8} n\sigma \left(\dfrac{n_{\mathrm{m}}}{n}\right)^2 \sin 2i_{\mathrm{m}} \cos \Omega_{\mathrm{m}} = 4.43984 \times 10^{-10} \sin 2i_{\mathrm{m}} \cos \Omega_{\mathrm{m}} \\ \dfrac{\mathrm{d}i_y}{\mathrm{d}t} = -\dfrac{3}{8} n\sigma \left(\dfrac{n_{\mathrm{m}}}{n}\right)^2 \sin 2i_{\mathrm{m}} \sin \Omega_{\mathrm{m}} = 4.43984 \times 10^{-10} \sin 2i_{\mathrm{m}} \sin \Omega_{\mathrm{m}} \end{cases}$$

（6-47）

由 $18.3° \leqslant i_{\mathrm{m}} \leqslant 28.6°$ 和 $-13° \leqslant \Omega_{\mathrm{m}} \leqslant 13°$ 及月球轨道根数变化的规律[5]，结合式（6-47）可知，每年月球引力引起的倾角矢量的平均变化约为 $\Delta i_x = 0.5786°$，$\Delta i_y = 0.0662°$。因此，日月引力引起的 Δi_x 一年增加量约为 $0.849°$，也就使倾角矢量倒向春分点方向。

分析可得

$$\begin{cases} \dfrac{\mathrm{d}^2 i_x}{\mathrm{d}t^2} = i_x \left[\dfrac{3}{8} n\sigma \left(\dfrac{n_{\mathrm{m}}}{n}\right)^2\right]^2 [(\sin^2 i_{\mathrm{m}} \sin 2\Omega_{\mathrm{m}})^2 + (2\sin^2 \Omega_{\mathrm{m}} + 2\cos^2 i_{\mathrm{m}} \cos^2 \Omega_{\mathrm{m}})(2\cos^2 \Omega_{\mathrm{m}} + \\ 2\cos^2 i_{\mathrm{m}} \sin^2 \Omega_{\mathrm{m}})] + \left[\dfrac{3}{8} n\sigma \left(\dfrac{n_{\mathrm{m}}}{n}\right)^2\right]^2 [\sin^2 i_{\mathrm{m}} \sin 2\Omega_{\mathrm{m}} \cos \Omega_{\mathrm{m}} \sin 2i_{\mathrm{m}} + (2\sin^2 \Omega_{\mathrm{m}} + \\ 2\cos^2 i_{\mathrm{m}} \cos^2 \Omega_{\mathrm{m}}) \sin \Omega_{\mathrm{m}} \sin 2i_{\mathrm{m}}] \dfrac{\mathrm{d}^2 i_y}{\mathrm{d}t^2} = i_y \left[\dfrac{3}{8} n\sigma \left(\dfrac{n_{\mathrm{m}}}{n}\right)^2\right]^2 [(\sin^2 i_{\mathrm{m}} \sin 2\Omega_{\mathrm{m}})^2 + \\ (2\sin^2 \Omega_{\mathrm{m}} + 2\cos^2 i_{\mathrm{m}} \cos^2 \Omega_{\mathrm{m}})(2\cos^2 \Omega_{\mathrm{m}} + 2\cos^2 i_{\mathrm{m}} \sin^2 \Omega_{\mathrm{m}})] + \left[\dfrac{3}{8} n\sigma \left(\dfrac{n_{\mathrm{m}}}{n}\right)^2\right]^2 \\ [\sin^2 i_{\mathrm{m}} \sin 2\Omega_{\mathrm{m}} \sin \Omega_{\mathrm{m}} \sin 2i_{\mathrm{m}} + (2\cos^2 \Omega_{\mathrm{m}} + 2\cos^2 i_{\mathrm{m}} \sin^2 \Omega_{\mathrm{m}}) \cos \Omega_{\mathrm{m}} \sin 2i_{\mathrm{m}}] \end{cases}$$

（6-48）

月球引力引起倾角矢量进动，进动的角频率为

$$K_L = \frac{3}{8}n\sigma\left(\frac{n_m}{n}\right)^2 \sqrt{(2\sin^2\Omega_m + 2\cos^2 i_m \cos^2\Omega_m)(2\cos^2\Omega_m + 2\cos^2 i_m \sin^2\Omega_m) - \sin^4 i_m \sin^2 2\Omega_m}$$

$$\approx 8.16057076 \times 10^{-10} \,°/s$$

（6-49）

进动的周期为

$$T_L = \frac{2\pi}{K_L}(s) = \frac{2\pi}{3600 \times 24 \times 365 \times K_L}(\text{年}) \approx 244.148 \text{年} \quad (6\text{-}50)$$

进动的角速率为 $\frac{360°}{T_L} \approx 1.474517°/\text{年}$。

6.4.3 摄动力的综合作用

综合考虑 J_2 项和日月引力的作用，则有

$$\begin{cases} \dfrac{di_x}{dt} = i_x \dfrac{3}{8}n\sigma\left(\dfrac{n_m}{n}\right)^2 \sin^2 i_m \sin 2\Omega_m + \dfrac{3}{8}n\left(\dfrac{n_s}{n}\right)^2 \sin 2i_s + \dfrac{3}{8}n\sigma\left(\dfrac{n_m}{n}\right)^2 \cos\Omega_m \sin 2i_m - \\ \qquad i_y \left[\dfrac{3J_2\mu R_e^2}{2\omega_e r^5} + \dfrac{3}{4}n\left(\dfrac{n_s}{n}\right)^2 \cos^2 i_s + \dfrac{3}{4}n\sigma\left(\dfrac{n_m}{n}\right)^2 (\sin^2\Omega_m + \cos^2 i_m \cos^2\Omega_m)\right] \\ \dfrac{di_y}{dt} = i_x \left[\dfrac{3J_2\mu R_e^2}{2\omega_e r^5} + \dfrac{3}{4}n\left(\dfrac{n_s}{n}\right)^2 + \dfrac{3}{4}n\sigma\left(\dfrac{n_m}{n}\right)^2 (\cos^2\Omega_m + \cos^2 i_m \sin^2\Omega_m)\right] - \\ \qquad i_y \dfrac{3}{8}n\sigma\left(\dfrac{n_m}{n}\right)^2 \sin^2 i_m \sin 2\Omega_m - \dfrac{3}{8}n\sigma\left(\dfrac{n_m}{n}\right)^2 \sin\Omega_m \sin 2i_m \end{cases}$$

（6-51）

令

$$a = \frac{3}{8}n\sigma\left(\frac{n_m}{n}\right)^2 \sin^2 i_m \sin 2\Omega_m \quad (6\text{-}52)$$

$$b = -\left[\frac{3J_2\mu R_e^2}{2\omega_e r^5} + \frac{3}{4}n\left(\frac{n_s}{n}\right)^2 \cos^2 i_s + \frac{3}{4}n\sigma\left(\frac{n_m}{n}\right)^2 (\sin^2\Omega_m + \cos^2 i_m \cos^2\Omega_m)\right] \quad (6\text{-}53)$$

$$c = \left[\frac{3J_2\mu R_e^2}{2\omega_e r^5} + \frac{3}{4}n\left(\frac{n_s}{n}\right)^2 + \frac{3}{4}n\sigma\left(\frac{n_m}{n}\right)^2 (\cos^2\Omega_m + \cos^2 i_m \sin^2\Omega_m)\right] \quad (6\text{-}54)$$

$$d = -\frac{3}{8}n\sigma\left(\frac{n_m}{n}\right)^2 \sin^2 i_m \sin 2\Omega_m \quad (6\text{-}55)$$

$$e = \frac{3}{8}n\left(\frac{n_s}{n}\right)^2 \sin 2i_s + \frac{3}{8}n\sigma\left(\frac{n_m}{n}\right)^2 \cos\Omega_m \sin 2i_m \quad (6\text{-}56)$$

$$f = -\frac{3}{8}n\sigma\left(\frac{n_m}{n}\right)^2 \sin\Omega_m \sin 2i_m \quad (6\text{-}57)$$

则奇点为

$$\begin{pmatrix} i_x \\ i_y \end{pmatrix} = \frac{1}{ad-bc}\begin{pmatrix} bf-de \\ ce-af \end{pmatrix} \quad (6\text{-}58)$$

该奇点为中心点，奇点的位置随着月球白道的白赤夹角和白道升交点赤经的变化而变化，变化周期为 18.6 年。

在摄动力的综合作用下，倾角矢量绕奇点在不变流形上运动，而该奇点又由于月球白道 18.6 年的变化周期而在倾角矢量平面上进行 18.6 年的周期性运动。奇点的平均位置为 $(0.05312588, 7.1201867)°$，奇点的平均位置到原点的距离为 $7.1203848°$，如图 6-1 所示。

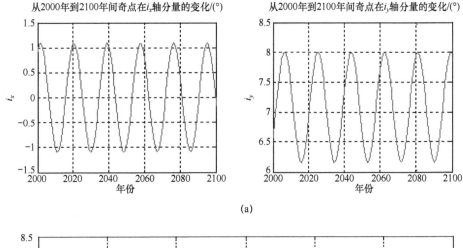

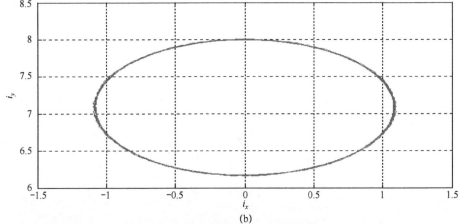

图 6-1 倾角向量绕奇点的运动

（a）分量运动；（b）奇点在 $i_x\text{-}i_y$ 平面的运动轨迹/(°)。

又因为

$$\begin{cases} \dfrac{d^2 i_x}{dt^2} = (a^2 + bc)i_x + ae + bf \\ \dfrac{d^2 i_y}{dt^2} = (a^2 + bc)i_y + ce + df \end{cases} \quad (6\text{-}59)$$

因此带谐项和日月引力引起倾角矢量进动，进动的角频率为

$$K = \sqrt{-bc - a^2} \approx 3.9044415 \times 10^{-9} (°/s) \quad (6\text{-}60)$$

进动的周期为

$$T = \frac{2\pi}{K}(s) = \frac{2\pi}{3600 \times 24 \times 365 \times K}(年) \approx 51.029 年 \quad (6\text{-}61)$$

进动的角速率为 $\dfrac{360°}{T} \approx 7.054856°/s$。

令

$$V = -\frac{c}{2}i_x^2 + \frac{b}{2}i_y^2 + ai_x i_y - fi_x + ei_y \quad (6\text{-}62)$$

则对任意可能的 $V(i_x(t_0), i_y(t_0))$，$V(i_x(t), i_y(t)) = V(i_x(t_0), i_y(t_0))$ 是摄动力的综合作用下地球静止卫星轨道倾角矢量运动的不变流形。摄动力的综合作用下地球静止卫星轨道倾角矢量运动的线性系统仍是一个梯度共轭的系统。白道升交点黄经 Ω_{ms} 的变化引起白赤交角 i_m 和白道升交点赤经 Ω_m 的变化，因此任意给定 $V_m(i_x(t_0), i_y(t_0))$，每个 Ω_{ms} 对应一个不变流形，于是任意给定 $V_m(i_x(t_0), i_y(t_0))$ 都有一族不变流形存在，在摄动力的综合作用下倾角矢量运动的轨迹就是这族不变流形的子流形。

6.5 Walker 星座稳定性分析与构形演化

随着 Walker 星座的 N 个组成卫星的轨道演化，星座整体虽然设计时包含 P 个轨道面，但每个轨道面内的 $\dfrac{N}{P}$ 颗卫星不再严格地运行于同一个轨道面，此前设计的位于同一轨道面内的卫星之间的轨道倾角和升交点赤经都存在一定的偏差。此外每个轨道面内的 $\dfrac{N}{P}$ 颗卫星之间的相位也不再均匀分布，这里相位为近地点幅角与

平近点角之和。由于星座的 P 个轨道面的每个轨道面内的 $\dfrac{N}{P}$ 颗卫星的倾角和升交点赤经的漂移速率不同，星座 P 个轨道面之间也不再严格地满足在赤道面上均匀分布了。而且相邻两个轨道面上的卫星之间的相位差也不再是常数，而是各不相同。由于 Walker 星座的卫星初始入轨、轨道确定和控制实施的偏差，以及星座卫星之间的面值比的差异，引起星座卫星受到的太阳光压摄动的不同，于是偏心率矢量的演化出现差异，这就导致 Walker 星座同一个轨道面内卫星的相位差和相邻轨道面内的相位差都出现漂移。

此外，入轨偏差等造成的半长轴微小差异对星座卫星之间相位差的影响会随着时间的增长越来越大。本书第 5 章的有关地球非球形 J_2 项作用下的编队构形组成卫星之间的升交点赤经差和相位差漂移速率计算、日月引力作用下的编队构形组成卫星之间的倾角差和升交点赤经差漂移速率计算、太阳光压作用下的编队构形组成卫星之间的偏心率矢量差漂移速率计算可以直接分析 Walker 星座稳定性和计算构形演化。

6.6 太阳同步轨道星座稳定性分析与构形演化

地球非球形摄动引起的轨道升交点赤经的变化率的一阶项和二阶项[2,10]分别为

$$\begin{cases}\dot{\Omega}_1 = -\dfrac{3nJ_2 R_e^2}{2a^2(1-e^2)^2}\cos i \\ \dot{\Omega}_2 = -\dfrac{9nJ_2^2 R_e^4}{4p^4}\left\{\left(\dfrac{3}{2}+\dfrac{e^2}{6}+\sqrt{1-e^2}\right)-\left(\dfrac{5}{3}-\dfrac{5}{24}e^2+\dfrac{3}{2}\sqrt{1-e^2}\right)\sin^2 i - \\ \quad\dfrac{35J_4}{18J_2^2}\left[\left(\dfrac{6}{7}+\dfrac{9}{7}e^2\right)-\left(\dfrac{3}{2}+\dfrac{9}{4}e^2\right)\sin^2 i\right]\right\}\cos i\end{cases} \quad (6\text{-}63)$$

对于太阳同步轨道来说，卫星的升交点赤经变化率满足条件

$$\dot{\Omega} = \dot{\Omega}_1 + \dot{\Omega}_2 = n_E \quad (6\text{-}64)$$

式中：$n_E = \dfrac{2\pi}{365.25636\times 86400}$ 为地球绕太阳公转的平运动角速率，于是 $\dot{\Omega} = 0.98560912°/$天，对应的倾角大于 $90°$。

求解式 (6-64) 可以得到太阳同步轨道对于的卫星倾角。

令

$$\cos i = x \quad (6\text{-}65)$$

和

$$\begin{cases} \alpha_1 = -\dfrac{3nJ_2 R_e^2}{2a^2(1-e^2)^2} \\ \alpha_2 = -\dfrac{9nJ_2^2 R_e^4}{4p^4} \\ \alpha_3 = \left(\dfrac{3}{2} + \dfrac{e^2}{6} + \sqrt{1-e^2}\right) \\ \alpha_4 = -\left(\dfrac{5}{3} - \dfrac{5}{24}e^2 + \dfrac{3}{2}\sqrt{1-e^2}\right) \\ \alpha_5 = -\dfrac{35J_4}{18J_2^2} \\ \alpha_6 = \left(\dfrac{6}{7} + \dfrac{9}{7}e^2\right) \\ \alpha_7 = -\left(\dfrac{3}{2} + \dfrac{9}{4}e^2\right) \end{cases} \quad (6\text{-}66)$$

通过求解下列多项式的零点即可得到半长轴对应的太阳同步轨道的倾角数值:

$$F(x) = \alpha_1 x + \alpha_2\{\alpha_3 + \alpha_4(1-x^2) + \alpha_5[\alpha_6 + \alpha_7(1-x^2)]\}x \quad (6\text{-}67)$$

或令

$$G(x) = F(x) + x = (1+\alpha_1)x + \alpha_2\{\alpha_3 + \alpha_4(1-x^2) + \alpha_5[\alpha_6 + \alpha_7(1-x^2)]\}x \quad (6\text{-}68)$$

将下式

$$\dot{\Omega}_1 = -\dfrac{3nJ_2 R_e^2}{2a^2(1-e^2)^2}\cos i = n_E \quad (6\text{-}69)$$

得到的 $\cos i = x$ 数值作为初值代入 $x = G(x)$ 进行不动点迭代或牛顿迭代也可求出更加精确的固定半长轴对应的太阳同步轨道倾角数值。

太阳同步轨道星座的各卫星降交点地方时的漂移和卫星的半长轴衰减率、倾角摄动有关。半长轴衰减率可根据轨道确定结果得到,倾角在太阳引力作用下的变化率为

$$\dfrac{\mathrm{d}i}{\mathrm{d}t} = -\dfrac{3n_s^2}{16n}\sin i(1+\cos i_s)^2 \sin(2\beta_s - 2\Omega) \quad (6\text{-}70)$$

式中:$2\beta_s - 2\Omega$ 为太阳同步轨道星座的降交点地方时决定的量。
根据

$$\delta\dot{\Omega} = -\dfrac{7\dot{\Omega}}{2a}\delta a - (\dot{\Omega}\tan i)\delta i \quad (6\text{-}71)$$

积分得到的

$$\delta\Omega(t) = \delta\Omega(t_0) - \dfrac{7\dot{\Omega}}{2a}\delta a(t_0)\cdot(t-t_0) - \dfrac{7\dot{\Omega}}{4a}\cdot\dfrac{\mathrm{d}a}{\mathrm{d}t}\cdot(t-t_0)^2 - (\dot{\Omega}\tan i)\cdot\delta i(t_0)\cdot(t-t_0) -$$

$$\frac{1}{2}(\dot{\Omega}\tan i)\cdot \frac{\mathrm{d}i}{\mathrm{d}t}\cdot (t-t_0)^2 \tag{6-72}$$

可计算太阳同步轨道星座组成卫星降交点地方时的漂移。若时间从秒改年，则角度单位为°，式（6-72）化简为

$$\delta\Omega(t)=\delta\Omega(t_0)-\frac{7\times 360}{2a}\delta a(t_0)\cdot (t-t_0)-\frac{7\times 360}{4a}\cdot \frac{\mathrm{d}a}{\mathrm{d}t}\cdot (t-t_0)^2-(360\tan i)\cdot \delta i(t_0)\cdot$$
$$(t-t_0)-\frac{1}{2}(360\tan i)\cdot \frac{\mathrm{d}i}{\mathrm{d}t}\cdot (t-t_0)^2 \tag{6-73}$$

由于升交点赤经变化 1° 引起降交点地方时变化 4 分钟，故卫星降交点地方时的漂移量为

$$\delta T(t)=4\delta\Omega(t_0)-\frac{5040}{a}\delta a(t_0)\cdot (t-t_0)-\frac{5040}{a}\cdot \frac{\mathrm{d}a}{\mathrm{d}t}\cdot (t-t_0)^2-(1440\tan i)\cdot \delta i(t_0)\cdot$$
$$(t-t_0)-(720\tan i)\cdot \frac{\mathrm{d}i}{\mathrm{d}t}\cdot (t-t_0)^2 \tag{6-74}$$

式（6-74）中，降交点地方时漂移量 δT 的单位为分钟，卫星在轨运行时间 $t-t_0$ 的单位为年。

若要求降交点地方时漂移量的计算公式的卫星在轨运行时间单位为天，地方时漂移量单位为秒，则用下面的公式计算：

$$\delta T(t)=240\left[\delta\Omega(t_0)-\frac{7\times 0.9856}{2a}\delta a(t_0)\cdot (t-t_0)-\frac{7\times 0.9856}{4a}\cdot \frac{\mathrm{d}a}{\mathrm{d}t}\cdot (t-t_0)^2-\right.$$
$$\left.(0.9856\tan i)\cdot \delta i(t_0)\cdot (t-t_0)-\frac{1}{2}(0.9856\tan i)\cdot \frac{\mathrm{d}i}{\mathrm{d}t}\cdot (t-t_0)^2\right] \tag{6-75}$$

若计算出来的 $\delta T(t)$ 为负，则意味着降交点地方时提前；若为正，则意味着降交点地方时推迟。由于星座组成卫星的初始轨道不同，根据上面的公式可知降交点地方时的漂移量也不同。

6.7 倾角偏置太阳同步轨道星座稳定性分析与偏置

倾角偏置太阳同步轨道也称倾角偏置准太阳同步轨道或准太阳同步轨道。有两种倾角偏置方式，第一种偏置方式是单次偏置，在整个倾角偏置太阳同步轨道星座的卫星都在入轨时做倾角偏置，而寿命期内不再做倾角控制以矫正降交点地方时的漂移。第二种偏置方式是多次偏置，在星座运行期间进行多次倾角的偏置控制，以保证降交点地方时处于合理的范围之内。对于控制精度要求高的此类星座或者寿命期较长无法忍受降交点地方时的过大漂移，需要采取第二种倾角偏置方式。

根据以年为自变量单位、以分钟为地方时单位的倾角误差及倾角摄动影响下的降交点地方时漂移量计算公式：

$$\delta T(t) = -(1440\tan i)\cdot \delta i(t_0)\cdot(t-t_0) - (720\tan i)\cdot \frac{\mathrm{d}i}{\mathrm{d}t}\cdot(t-t_0)^2$$

$$= -(720\tan i)\frac{\mathrm{d}i}{\mathrm{d}t}\left[\left(t-t_0+\frac{\delta i(t_0)}{\frac{\mathrm{d}i}{\mathrm{d}t}}\right)^2-\left(\frac{\delta i(t_0)}{\frac{\mathrm{d}i}{\mathrm{d}t}}\right)^2\right] \quad (6\text{-}76)$$

其中，$t_0 = 0$。

6.7.1 单次偏置

对于单次偏置来说，有

$$t_m = -\frac{\delta i(t_0)}{\frac{\mathrm{d}i}{\mathrm{d}t}} \quad (6\text{-}77)$$

$\delta T(t)$ 达到极值，为

$$\delta T(t_m) = (720\tan i)\cdot \frac{\mathrm{d}i}{\mathrm{d}t}\cdot t_m^2 = \frac{(720\tan i)\cdot[\delta i(t_0)]^2}{\frac{\mathrm{d}i}{\mathrm{d}t}} \quad (6\text{-}78)$$

星座卫星寿命末期 t_f 要求降交点地方时的漂移量满足条件 $|\delta T(t_f)| \leqslant \Delta T$，此处降交点地方时的漂移量最大允许值 ΔT 的单位为分钟。令寿命末期为

$$\delta T(t_f) = -\frac{(720\tan i)\cdot[\delta i(t_0)]^2}{\frac{\mathrm{d}i}{\mathrm{d}t}} \quad (6\text{-}79)$$

寿命期的一半达到极值。将

$$t_f = -k\frac{\delta i(t_0)}{\frac{\mathrm{d}i}{\mathrm{d}t}} \quad (6\text{-}80)$$

代入，得

$$\delta T(t) = -(720\tan i)\frac{\mathrm{d}i}{\mathrm{d}t}\left[\left(t-t_0+\frac{\delta i(t_0)}{\frac{\mathrm{d}i}{\mathrm{d}t}}\right)^2-\left(\frac{\delta i(t_0)}{\frac{\mathrm{d}i}{\mathrm{d}t}}\right)^2\right] = -(720\tan i)\frac{\mathrm{d}i}{\mathrm{d}t}\left(\frac{\delta i(t_0)}{\frac{\mathrm{d}i}{\mathrm{d}t}}\right)^2$$

$$[(k+1)^2-1] = -\frac{(720\tan i)\cdot[\delta i(t_0)]^2}{\frac{\mathrm{d}i}{\mathrm{d}t}} \quad (6\text{-}81)$$

式中：k 为待定系数，故

$$(k+1)^2 - 1 = 1 \quad (6\text{-}82)$$

$$k = \sqrt{2} - 1 \quad (6\text{-}83)$$

则倾角的偏置量为

$$\delta i(t_0) = -(\sqrt{2} - 1) t_f \cdot \frac{\mathrm{d}i}{\mathrm{d}t} \quad (6\text{-}84)$$

6.7.2 多次偏置

若星座组成卫星在寿命期内，允许的最大降交点地方时漂移为 $\pm \Delta T$，单位为分钟，则允许的太阳同步轨道升交点赤经相对漂移量的最大值为

$$\Delta \Omega = \left| \frac{\Delta T \times 360}{24 \times 60} \right| \quad (6\text{-}85)$$

本节单位也为（°）。设降交点地方时的控制周期为 t_c，则若

$$\frac{t_c}{2} = -\frac{\delta i(t_0)}{\dfrac{\mathrm{d}i}{\mathrm{d}t}} \quad (6\text{-}86)$$

降交点地方时漂移达到允许的最大值，为

$$\Delta T = \delta T \left(\frac{t_c}{2} \right) = (720 \tan i) \cdot \frac{\mathrm{d}i}{\mathrm{d}t} \cdot \left(\frac{t_c}{2} \right)^2 = \frac{(720 \tan i) \cdot [\delta i(t_0)]^2}{\dfrac{\mathrm{d}i}{\mathrm{d}t}} \quad (6\text{-}87)$$

故倾角偏置量为

$$\delta i(t_0) = \sqrt{\frac{\Delta T \times \dfrac{\mathrm{d}i}{\mathrm{d}t}}{720 \tan i}} \quad (6\text{-}88)$$

6.8 临界轨道星座稳定性分析与构形演化

考虑地球非球形引力摄动对轨道近地方幅角和偏心率随时间的变化率的一阶项影响

$$\begin{cases} \dot{\omega}_1 = -\dfrac{3 n J_2 R_e^2}{2 a^2 (1-e^2)^2} \left(\dfrac{5}{2} \sin^2 i - 2 \right) \\ \dot{e}_1 = 0 \end{cases} \quad (6\text{-}89)$$

令

$$\frac{5}{2} \sin^2 i - 2 = 0 \quad (6\text{-}90)$$

解为 $i = 63.4349488°$，若 $i = 63.435°$，则为临界倾角，则 J_2 项对轨道近地点幅角的影响为零，保持轨道的拱线不转动。实际的临界轨道星座，由于卫星受到地球非球形引力摄动的二阶项和日月引力的影响，以及入轨偏差和控制偏差等，倾角不会严

格地等于临界倾角。此时轨道近地方幅角的变化率不为零，拱线并不会严格不动。

考虑地球非球形引力摄动对近地方幅角和偏心率变化率的二阶项影响：

$$\begin{cases} \dot{\omega}_2 = \dfrac{9nJ_2^2 R_e^4}{p^4} \left\{ \left(4 + \dfrac{7}{12}e^2 + 2\sqrt{1-e^2}\right) - \left(\dfrac{103}{12} + \dfrac{3}{8}e^2 + \dfrac{11}{2}\sqrt{1-e^2}\right)\sin^2 i + \right. \\ \qquad\qquad \left(\dfrac{215}{48} - \dfrac{15}{32}e^2 + \dfrac{15}{4}\sqrt{1-e^2}\right)\sin^4 i - \\ \qquad\qquad \left. \dfrac{35J_4}{18J_2^2}\left[\left(\dfrac{12}{7} + \dfrac{27}{14}e^2\right) - \left(\dfrac{93}{14} + \dfrac{27}{4}e^2\right)\sin^2 i + \left(\dfrac{21}{4} + \dfrac{81}{16}e^2\right)\sin^4 i\right] \right\} \\ \dot{e}_2 = 0 \end{cases} \quad (6\text{-}91)$$

可知在临界倾角下，二阶项引起的近地点幅角变化率。根据

$$\delta\dot{\omega} = -\dfrac{7\dot{\omega}}{2a}\delta a - \left(\dfrac{15}{4}\dfrac{J_2 R_e^2}{p^2} n \sin 2i\right)\delta i + \dfrac{4ae\dot{\omega}}{p}\delta e \quad (6\text{-}92)$$

积分得到

$$\delta\omega(t) = \delta\omega(t_0) - \dfrac{7\dot{\omega}}{2a}\cdot\delta a(t_0)\cdot(t-t_0) - \dfrac{7\dot{\omega}}{4a}\cdot\dfrac{\mathrm{d}a}{\mathrm{d}t}\cdot(t-t_0)^2 - \\ \left(\dfrac{15}{4}\dfrac{J_2 R_e^2}{p^2} n \sin 2i\right)\cdot\delta i(t_0)\cdot(t-t_0) - \left(\dfrac{15}{8}\dfrac{J_2 R_e^2}{p^2} n \sin 2i\right)\cdot\dfrac{\mathrm{d}i}{\mathrm{d}t}\cdot(t-t_0)^2 + \\ \dfrac{4ae\dot{\omega}}{p}\delta e(t_0)\cdot(t-t_0) + \dfrac{2ae\dot{\omega}}{p}\cdot\dfrac{\mathrm{d}e}{\mathrm{d}t}\cdot(t-t_0)^2 \quad (6\text{-}93)$$

因此初始的倾角偏离临界倾角的量，以及倾角变化率引起的临界轨道星座卫星近地点幅角变化量的计算公式为

$$\delta\omega(t) = -\left(\dfrac{15}{4}\dfrac{J_2 R_e^2}{p^2} n \sin 2i\right)\cdot\delta i(t_0)\cdot(t-t_0) - \left(\dfrac{15}{8}\dfrac{J_2 R_e^2}{p^2} n \sin 2i\right)\cdot\dfrac{\mathrm{d}i}{\mathrm{d}t}\cdot(t-t_0)^2 \quad (6\text{-}94)$$

6.9 冻结轨道星座稳定性分析与构形演化

对于冻结轨道星座来说，要求星座组成卫星的轨道拱线指向不变。考虑 J_2 项和 J_3 项作用下冻结轨道的存在性，令

$$g(e) = 1 + \dfrac{J_3 R_e}{2J_2 a(1-e^2)}\left(\dfrac{\sin^2 i - e\cos^2 i}{\sin i}\right)\dfrac{\sin\omega}{e} = 0 \quad (6\text{-}95)$$

则

$$J_3 R_e (\sin^2 i - e\cos^2 i)\sin\omega = -2J_2 ae(1-e^2)\sin i \quad (6\text{-}96)$$

化为

$$e^3 2J_2 a \sin i + e(J_3 R_e \sin\omega \cos^2 i - 2J_2 a \sin i) - J_3 R_e \sin\omega \sin^2 i = 0 \quad (6\text{-}97)$$

由于 e^3 很小，故可略去 e^3 的项，得到

$$e = \frac{J_3 R_e \sin^2 i}{J_3 R_e \cos^2 i - 2 J_2 a \sin i} \quad (\omega = 90°)$$

$$e = \frac{J_3 R_e \sin^2 i}{J_3 R_e \cos^2 i + 2 J_2 a \sin i} \quad (\omega = 270°)$$

解算结果如图 6-2 和图 6-3 所示。如果仅考虑 J_2 项和 J_3 项，则对于绕地球、金星运行的星座来说，冻结轨道的近心点幅角必须是 90°，不能设置为 270°，否则将解算出负的偏心率；对于绕火星运行的星座来说，冻结轨道的近心点幅角必须是 270°。这是由 J_2 项和 J_3 项的数值决定的。如果冻结轨道成立的条件不是仅由 J_2 项和 J_3 项就能决定，那么冻结轨道的近心点幅角既可能是 90°，也可能是 270°。例如，绕月球的冻结轨道除了需要考虑 J_2 和 J_3 项以外，还需要考虑 J_5、J_7、J_9 项，对于月球的冻结轨道，近心点幅角可以是 90° 和 270°。

设环绕地球飞行的冻结轨道星座的组成卫星的倾角皆为 45°，半长轴为 6378137m+700000m，将 R_e=6378137m，$J_2=1.08263\times10^{-3}$，$J_3=-2.5356\times10^{-6}$ 代入得到偏心率为 $e = 7.456012717889843\times10^{-4}$，对应的 $g(e) = -5.559215652262139\times10^{-7}$。

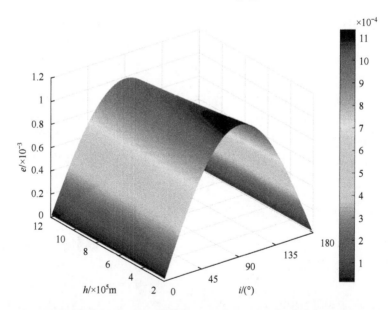

图 6-2　任意倾角、任意半长轴对应的冻结轨道偏心率三维图，其中近地点幅角为 90°，半长轴对应的轨道高度范围为 200～1200km，倾角范围为 1°～179°，地球半径取为 6378137m

为了得到更加接近零的 $g(e)$ 数值，可以采用不动点迭代法，将上面的解析表达式得到的冻结轨道偏心率作为初值，代入下式计算迭代 2 次即可得到达到机器精度的 $g(e)$ 数值，即

$$e = \frac{J_3 R_e \sin\omega \sin^2 i - e^3 2 J_2 a \sin i}{J_3 R_e \sin\omega \cos^2 i - 2 J_2 a \sin i} \quad (6\text{-}98)$$

得到 $e = 7.456016859762219 \times 10^{-4}$，$g(e) = 3.330669073875470 \times 10^{-16}$。

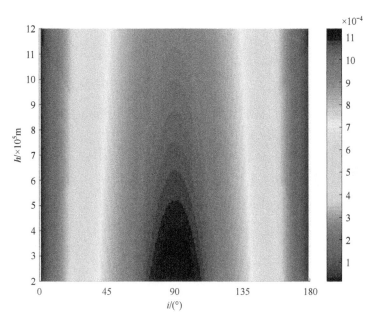

图 6-3　任意倾角、任意半长轴对应的冻结轨道偏心率二维图，其中近地点幅角为 90°，半长轴对应的轨道高度范围为 200～1200km，倾角范围为 1°～179°，地球半径取为 6378137m

实际的星座卫星轨道不仅受到 J_2 项和 J_3 项的影响，还受到其余的中心天体高阶摄动项的影响，这里我们考虑尽量多的中心天体非球形摄动项，来进一步精确计算冻结轨道的相关参数，中心天体的引力摄动位势函数为

$$U = \frac{\mu}{r}\left[1 + \sum_{l=2}^{\infty} C_l \left(\frac{R_e}{r}\right)^l P_l(\sin\varphi) + \sum_{l=1}^{\infty}\sum_{m=1}^{l} \left(\frac{R_e}{r}\right)^l P_{lm}(\sin\varphi)(C_{lm}\cos m\lambda + S_{lm}\sin m\lambda)\right]$$

(6-99)

式中：μ 为中心天体的引力常数；R_e 为中心天体的参考半径；r 为卫星相对天体质心的距离；P_l 和 P_{lm} 为勒让德多项式；λ 和 φ 为卫星位置的地心经纬度；l 和 m 分别为度数和阶数，记 $J_l = -C_l$；C_{lm} 和 S_{lm} 为球谐系数。将球坐标的表达转换到开普勒根数的表达，则摄动位势[11]可以表示为

$$V = \sum_{l=1}^{\infty}\frac{\mu R_e^l}{r^{l+1}}\sum_{m=0}^{l}\sum_{m=0}^{l} F_{lmp}(i) \sum_{q=-\infty}^{\infty} G_{lpq}(e) S_{lmpq}(\omega, M, \Omega, \theta) \quad (6\text{-}100)$$

其中

$$S_{lmpq} = \begin{pmatrix} C_{lm} \\ -S_{lm} \end{pmatrix}_{l-m \text{ odd}}^{l-m \text{ even}} \cos[(l-2p)\omega + (l-2p+q)M + m(\Omega-\theta)] +$$

$$\begin{pmatrix} S_{lm} \\ C_{lm} \end{pmatrix}_{l-m \text{ odd}}^{l-m \text{ even}} \sin[(l-2p)\omega + (l-2p+q)M + m(\Omega-\theta)] \quad (6\text{-}101)$$

θ 为本初子午线的恒星时间，$F_{lmp}(i)$ 和 $G_{lpq}(e)$ 分别为倾角和偏心率的函数。

将新的摄动位势函数代入拉格朗日摄动方程，得到奇数度位函数引起的偏心率和近心点幅角的长期变化率[12]为

$$\begin{cases} \dot{e}_l = 2n \dfrac{(1-e^2)^{1/2}}{e} \left[\sum_{k=1}^{\infty} \left(\dfrac{R_e}{r} \right)^{2k+1} F_{(2k+1)0k} G_{(2k+1)k(-1)} J_{2k+1} \right] \cos\omega \\ \dot{\omega}_l = 2n \left\{ \sum_{k=1}^{\infty} \left(\dfrac{R_e}{r} \right)^{2k+1} \right. \\ \left. \left[\dfrac{\cos i}{(1-e^2)^{1/2} \sin i} F'_{(2k+1)0k} G_{(2k+1)k(-1)} - \dfrac{(1-e^2)^{1/2}}{e} F_{(2k+1)0k} G'_{(2k+1)k(-1)} \right] J_{2k+1} \right\} \sin\omega \end{cases}$$

(6-102)

式中：n 为轨道平运动角速度；$F'_{(2k+1)0k}$ 和 $G'_{(2k+1)k(-1)}$ 的右上角标为其关于各自变量的微分。

偶数度位函数引起的偏心率和近心点幅角的长期变化率[12]为

$$\begin{cases} \dot{e}_s = 0 \\ \dot{\omega}_s = n \sum_{k=1}^{\infty} \left(\dfrac{R_e}{r} \right)^{2k} \left[\dfrac{\cos i}{(1-e^2)^{1/2} \sin i} F'_{(2k)0k} G_{(2k)k0} - \dfrac{(1-e^2)^{1/2}}{e} F_{(2k)0k} G'_{(2k)k0} \right] J_{2k} \end{cases} \quad (6\text{-}103)$$

冻结轨道要求偏心率和近心点幅角的变化率为零，即

$$\begin{cases} \dot{e}_l + \dot{e}_s = \dot{e}_l = 0 \\ \dot{\omega}_l + \dot{\omega}_s = 0 \end{cases} \quad (6\text{-}104)$$

通常文献在介绍火星冻结轨道时，由于仅考虑 J_2 项和 J_3 项解析方程，冻结轨道的近心点幅角应当取为 270°。而对于倾角较小的情况，由于高阶项的影响，火星冻结轨道的近心点幅角可以取为 90°。图 6-4 给出了以火星为例，近心点幅角取为 90° 时，不同半长轴和倾角对应的火星冻结轨道偏心率等高线。

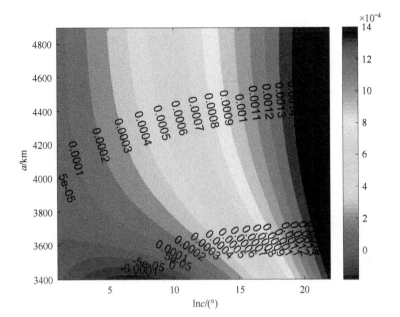

图 6-4 不同半长轴和倾角对应的火星冻结轨道偏心率等高线（其中球谐系数考虑到 J_9 项）

6.10 回归轨道星座稳定性分析与偏置

连续相邻的星下点轨迹在赤道上的间隔 $\Delta\lambda$ 满足：

$$\Delta\lambda = T_N(\omega_e - \dot{\Omega}) \tag{6-105}$$

式中：T_N 为轨道的节点周期；ω_e 为地球自转速率；$\dot{\Omega}$ 为轨道升交点赤经进动的速率。

$$T_N = \frac{2\pi}{n}\left[1 - \frac{3J_2 R_e^2}{2a}\left(3 - \frac{5}{2}\sin^2 i\right)\right] \tag{6-106}$$

这里

$$n = \sqrt{\frac{\mu}{a^3}} \tag{6-107}$$

对于地面轨迹 D 天回归的轨道来说，下面的公式成立

$$RT_N(\omega_e - \dot{\Omega}) = 2\pi D \tag{6-108}$$

式中：R 为卫星在一个回归周期内绕地球转过的圈数。

大气阻力引起回归轨道星座卫星的轨道半长轴衰减，进而导致地面回归轨迹的漂移。半长轴的衰减率为

$$\dot{a} = -C_D \frac{A}{m} na^2 \rho \tag{6-109}$$

式中：C_D 为大气阻力系数；A 为最大迎风面积；m 为卫星质量；n 为轨道平运动角速率；a 为半长轴；ρ 为轨道高度处的大气密度。

对 $n = \sqrt{\dfrac{\mu}{a^3}}$ 微分得到

$$\delta n = -\frac{3n}{2a}\delta a \tag{6-110}$$

其中

$$\begin{cases} \delta a = a(t) - a_d \\ a(t) = a(t_0) + \dot{a}t \end{cases} \tag{6-111}$$

式中：a_d 为设计的轨道半长轴数值；$a(t_0)$ 为 t_0 时刻的半长轴；$a(t)$ 为 t 时刻的半长轴。

于是星座的组成卫星在其轨道上的角度相对于其标称角度的差为

$$\delta u = \int_0^t \delta n \, dt = -\frac{3n}{2a_d}\left(\delta a t + \frac{1}{2}\dot{a}t^2\right) \tag{6-112}$$

因此，相应的地面实际轨迹和标称轨迹之间的经度差为

$$\delta \lambda = \frac{\omega_e}{n}\delta u = -\frac{3\omega_e}{2a_d}\left(\delta a t + \frac{1}{2}\dot{a}t^2\right) \tag{6-113}$$

其中，ω_e 为地球相对于卫星轨道的旋转角速度。在大气阻力的作用下，轨道半长轴逐步衰减，故 $\dot{a} < 0$。如果 $a(t_0) < a_d$，则 $\delta\lambda$ 逐渐增大，地面轨迹向东漂移。如果对半长轴进行控制使得 $\delta a > 0$，则 $\delta\lambda$ 逐渐减小，地面轨迹向西漂移。若时间的单位为天，则式（6-113）可以改写为

$$\delta\lambda = -\frac{3\pi}{a_d}\left(\delta a t + \frac{1}{2}\dot{a}t^2\right) = -\frac{3\pi\dot{a}}{2a_d}\left[\left(t + \frac{\delta a}{\dot{a}}\right)^2 - \left(\frac{\delta a}{\dot{a}}\right)^2\right] \tag{6-114}$$

故当 $t = -\dfrac{\delta a}{\dot{a}}$ 时，$a = a_d$，$\delta\lambda = \dfrac{3\pi(\delta a)^2}{2a_d\dot{a}}$，轨迹停止向西漂移，此后开始向东漂移。而当 $t = -\dfrac{2\delta a}{\dot{a}}$ 时，$a = a_d - \delta a$，$\delta\lambda = 0$，轨迹向东漂移至 t_0 时刻的位置。此时需要对半长轴进行控制，使半长轴继续满足初始时刻的半长轴要求 $a(t) = \delta a + a_d$，则地面回归轨迹继续向西漂移，如此循环，形成了一个控制周期 $-\dfrac{2\delta a}{\dot{a}}$。$\delta\lambda = \dfrac{3\pi(\delta a)^2}{2a_d\dot{a}}$ 为地面轨迹变化范围的大小，而实际的地面回归轨迹则处于 $\pm\dfrac{\delta\lambda}{2}$ 范围内。轨道半长

轴的调整量为 $2\delta a = 2\sqrt{-\dfrac{2a_\mathrm{d}\dot{a}\delta\lambda}{3\pi}}$，实施半长轴控制在轨迹漂移至标称轨迹的东边 $\dfrac{\delta\lambda}{2}$ 处进行。

6.11 混合巨型星座构形演化与控制思路

对于混合巨型星座，其星座整体构形的演化，可先分析其组成的子星座的构形演化，然后分析巨型星座整体结构的演化。

我们假定某混合巨型星座的一个子星座是准太阳同步回归冻结轨道星座，其组成卫星的轨道一般具有三个基本特征，即倾角偏置太阳同步、回归、冻结。采用上面各节的方法，可以进行该准太阳同步回归冻结轨道星座的稳定性分析与构形演化的计算。也可以根据 6.6 节的方法进行倾角偏置的控制，根据 6.9 节的方法进行偏心率控制目标的计算，根据 6.10 节进行半长轴控制目标的计算，然后通过平面内半长轴、偏心率、近心点幅角联合控制的方法来实施回归、冻结的联合控制。

6.12 小结

本章研究了卫星星座摄动与构形的演化。首先对星座卫星轨道相对惯性空间的长期演化进行了分析，给出了日月引力摄动作用下卫星轨道升交点赤经长期变化率的计算公式。针对卫星星座构形的长期摄动问题，研究了关于星座入轨偏差和单星摄动通过地球扁率 J_2 项摄动和大气阻力摄动影响星座的整体构形的规律，导出了近地轨道星座在存在入轨偏差情况下大气阻力摄动的相异引起的星座摄动方程。针对星座几何构形的形变问题，提出了两种研究星座构形几何形变的方法，分别是以初始时刻的星座标称构形为参考基准和以当前时刻星座构形本身为参考基准的方法。进一步导出了描述星座构形的几何形状演化规律的简化方程。针对地球静止轨道，推导得出了 J_2 项和日月引力分别作用下的倾角矢量长期运动方程。

在太阳同步轨道星座稳定性方面，本章介绍了考虑地球非球形摄动 J_2 项和 J_4 项更加精确的固定半长轴对应的太阳同步轨道倾角数值的计算方法。太阳同步轨道星座的构形演化主要在于星座组成卫星的轨道面太阳高度角的变化，这对应着降交点地方时的演化，本章推导了降交点地方时的演化计算公式。进一步给出了倾角偏置太阳同步轨道星座的单次偏置和多次偏置的星座控制方法。临界轨道星座的组成卫星的轨道倾角不会严格等于临界倾角。本章给出了初始的倾角偏差和倾角变化率引起的临界轨道星座卫星近地点幅角变化量的计算公式。还给出了任意倾角、任意半长轴对应的冻结轨道偏心率计算结果，冻结轨道星座卫星的偏心率可以通过迭代的方法计算。考虑地球非球形摄动的高阶项，冻结轨道的偏心率和近心点幅角的计算结果会更加精确。回归轨道星座的控制一般采取对半长轴的偏置来进行。若星座类型为准太阳同步回归冻结轨道星座，则既要对倾角进行控制以控制降交点地方时，又要对半长轴进行控制以控制回归轨迹，在此过程中还要兼顾轨道的冻结要求。

参考文献

[1] KQZAI, Y. The Motion of a Close Earth Satellite[J]. Astronomical Journal, 1959: 367-377.

[2] BROUWER, D. Solution of the Problem of Artificial Satellite Theory without Drag[J]. Astronomical Journal, 1959: 378-397.

[3] 姜宇, 李恒年, 宝音贺西. Walker 星座摄动分析与保持控制策略[J]. 空间控制技术与应用, 2013, 02: 36-41.

[4] 胡松杰, 陈力, 刘林. 卫星星座的结构演化[J]. 天文学报, 2003, 01: 46-54.

[5] 刘林. 航天器轨道理论[M]. 北京: 国防工业出版社, 2000.

[6] BEZDEK A. Vokrouhlicky, B. Semianalytic Theory of Motion for Close-Earth Spherical Satellites Including Drag and Gravitational Perturbations[J]. Planetary and Space Science, 2004, 52 (14): 1233-1249.

[7] HELALI Y E, BASURAH H M. Variations of Perturbations in Perigee Height with Eccentricity for Artificial Earth's Satellites due to Air Drag[J]. Earth, Moon, and Planets, 1994, 64(2): 133-137.

[8] MOIC V. Drag Perturbations in Artificial Satellite Orbital Motion Based on the Total Density Model[J]. Astronomische Nachrichten, 1991, 312(2): 127-132.

[9] JIANG Y, BAOYIN H, ZHANG Y. Relative Effect of Inclinations for Moonlets in the Triple Asteroidal Systems[J]. Earth, Moon, and Planets, 2017, 119(2-3): 65-83.

[10] LIU X, BAO YIN H, MA X. Five Spacial Types of Orbits Around Mars[J]. Journal of Guidance, Control, and Dynamics, 2010, 33(4): 1294-1301.

[11] KAULA W M. Theory of Satellite Geodesy: Applications of Satellites to Geodesy[M]. Blaisdell: Waltham, 1966.

[12] ROSBOROUGH G W, OCAMPO C A. Influence of Higher Degree Zonals on the Frozen Orbit Geometry [C]. AAS/AIAA Astrodynamics Conference, AAS; 1991: 91-428.

第 7 章 卫星星座轨道控制

7.1 引言

本章依次介绍倾斜同步轨道卫星群的控制策略和星座构形捕获与长期保持控制策略。

倾斜同步轨道[1]（IGSO）是轨道倾角不为零、轨道周期等于一天的回归轨道。同星下点轨迹的 IGSO 卫星群可以单独组成一个区域覆盖的星座，也可以是混合星座的组成部分。通常同星下点轨迹的 IGSO 卫星群的卫星之间的相对相位要满足一定的要求，为了覆盖的均匀性，一般来说，IGSO 卫星群的任意两个相位相邻的卫星之间的相对相位相等。如何将卫星依次部署在满足星下点轨迹相同、相对相位满足一定要求的倾斜同步轨道上，涉及相对相位与升交点经度联合控制的问题。目前，国外尚无在轨运行的倾斜同步轨道卫星群，因而有关倾斜同步轨道卫星群控制的文献甚少。对于相邻相对相位相等、升交点经度相等、轨道面两两垂直、星下点轨迹重合的 IGSO 卫星群的轨道控制问题，涉及相位差与升交点经度的联合控制，设计满足上述条件的 IGSO 卫星群的构形形成与保持控制策略，是非常重要的。

卫星星座构形捕获控制，可通过调整相位差，使用地球非球形 J_2 项摄动力进行星座升交点赤经差的控制[2-3]。控制策略需要满足最大推进时间长度、总的推进剂消耗量、控制后构形在一定期限内稳定等限制条件，为了有效解决卫星星座的轨道控制问题，我们提出了采用拓扑度理论的解决方案，设计了控制策略优化目标的同伦函数，使用同伦法进行多约束控制策略的优化计算，给出了同伦法的收敛性证明。仿真计算结果不仅进一步证明了所提出的算法的有效性，而且表明提出的采用拓扑度理论的星座构形捕获控制策略具有很好的精度。

全球星座可用于导航、通信、环境监测、数据中继、目标识别等诸多领域。全球星座一般采用 Walker-δ 星座或包含 Walker-δ 星座的复合星座[1,4-5]。Walker-δ 星座[6]由具有相同轨道半长轴和轨道倾角的多颗卫星组成，分为若干个轨道面，每个轨道面内的卫星数目相同，不同轨道面内的卫星之间的相对相位保持特定的关系。Walker-δ 星座一般以 *N/P/F* 表示，*N* 代表星座中的卫星总数，*P* 为星座轨道面数，

F 为相位因子。典型的全球星座有美国的 GPS、俄罗斯的 GLONASS、欧盟的 Galileo 等，GLONASS 采用 24/3/1 的 Walker-δ 星座，Galileo 采用 27/3/1 的 Walker-δ 星座，早期 GPS 采用 24/3/2 的 Walker-δ 星座。星座卫星之间由于入轨偏差及所受摄动力的不同，而发生星座卫星轨道逐渐漂移，进而引起星座整体构形的漂移，从而影响星座的导航、覆盖等性能。为了保持星座的整体构形，需要对星座卫星的轨道进行控制。星座轨道控制主要包括星座卫星入轨后转移轨道段的轨道控制和长期保持控制[1,7]。星座轨道控制的目的是一方面保持星座中每个卫星的轨道偏差在允许的偏差范围内；另一方面保持星座的整体空间构形漂移较小，从而满足应用对星座构形的需求。针对运行在中高轨道上的全球 Walker-δ 星座的构形长期保持控制问题，通过研究星座卫星的轨道摄动及构形相对漂移，研究了星座构形长期保持的控制方法及控制策略。对于星座构形的保持，研究了星座构形摄动补偿法和星座构形数值微分修正法。最后给出了全球星座构形长期保持控制策略并进行了仿真验证。

7.2 倾斜同步轨道卫星群的控制策略

7.2.1 轨道摄动分析

IGSO 受到的摄动力主要是由 J_2 项、J_{22} 项和日月引力引起的。J_2 项引起 IGSO 升交点赤经西退，J_{22} 项引起 IGSO 升交点经度漂移，日月引力引起 IGSO 轨道倾角和升交点赤经的变化。图 7-1 是假定 IGSO 升交点赤经不变时，日月引力引起的 IGSO 倾角一年的变化量与 IGSO 升交点赤经的关系。图 7-2 是假定 IGSO 升交点赤经不变时，J_2 项与日月引力引起的 IGSO 升交点赤经一年的变化量与 IGSO 升交点赤经的关系。

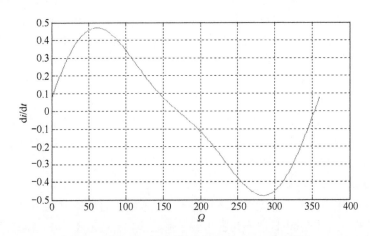

图 7-1 日月引力引起的 IGSO 倾角一年的变化量

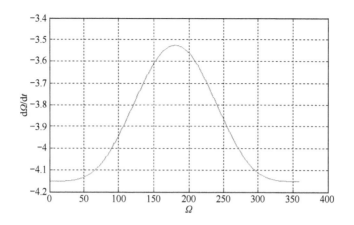

图 7-2 J_2 项与日月引力引起的 IGSO 升交点赤经一年的变化量

我们假定有 3 颗 IGSO 卫星，它们的轨道倾角为 55°，升交点赤经相差 120°，星下点轨迹重合。依次通过升交点的时间差为 8h，从升交点开始计，两两相位差为 120°。由于 3 颗 IGSO 卫星的升交点赤经相差 120°，由图 7-1 可见 3 颗 IGSO 卫星的倾角摄动量不同，当升交点赤经在 0°～180° 时，IGSO 的倾角增大；当升交点赤经在 180°～360° 时，IGSO 的倾角减小。由图 7-2 可见 3 颗 IGSO 卫星升交点赤经西退速率不同，西退速率在 -3.52°～-4.15°。

7.2.2 控制目标分析

轨道控制的要求是使得 3 颗 IGSO 卫星入轨后轨道倾角均为 55°，升交点赤经相差 120°，两两相位差为 120°，星下点轨迹重合，依次通过升交点的时间差为 8h，即通过升交点的时间间隔相等。将 3 颗卫星根据通过升交点的次序依次命名为 a、b、c，使用下标"a""b""c"区分 3 颗卫星的轨道参数。星下点可用地心经度 λ 和纬度 φ 表示，t 时刻地心经纬度关于卫星轨道根数的表达式为[6]

$$\begin{cases} \varphi = \arcsin[\sin i \sin(u(t))] \\ \lambda = \arctan[\cos i \tan(u(t))] + \Omega - \bar{S}(t) \end{cases} \quad (7\text{-}1)$$

因而星下点经度同轨道倾角、升交点赤经和轨道幅角有关，星下点纬度同轨道倾角和轨道幅角有关。星下点轨迹重合，且通过升交点的时间间隔相等，则 t 时刻 a 星的星下点与 $t+\dfrac{T}{3}$ 时刻 b 星的星下点以及 $t+\dfrac{2T}{3}$ 时刻 c 星的星下点重合，即

$$\begin{cases} \varphi_a(t) = \varphi_b\left(t+\dfrac{T}{3}\right) = \varphi_c\left(t+\dfrac{2T}{3}\right) \\ \lambda_a(t) = \lambda_b\left(t+\dfrac{T}{3}\right) = \lambda_c\left(t+\dfrac{2T}{3}\right) \end{cases} \quad (7\text{-}2)$$

式中：

$$\begin{cases} \varphi_a(t) = \arcsin[\sin i_a \sin(u_a(t))] \\ \lambda_a(t) = \arctan[\cos i_a \tan(u_a(t))] + \Omega_a - \overline{S}(t) \end{cases} \quad (7\text{-}3)$$

$$\begin{cases} \varphi_b\left(t + \dfrac{T}{3}\right) = \arcsin\left\{\sin i_b \sin\left[u_b\left(t + \dfrac{T}{3}\right)\right]\right\} \\ \lambda_b\left(t + \dfrac{T}{3}\right) = \arctan\left\{\cos i_b \tan\left[u_b\left(t + \dfrac{T}{3}\right)\right]\right\} + \Omega_b - \overline{S}\left(t + \dfrac{T}{3}\right) \end{cases} \quad (7\text{-}4)$$

$$\begin{cases} \varphi_c\left(t + \dfrac{2T}{3}\right) = \arcsin\left\{\sin i_c \sin\left[u_c\left(t + \dfrac{2T}{3}\right)\right]\right\} \\ \lambda_c\left(t + \dfrac{2T}{3}\right) = \arctan\left\{\cos i_c \tan\left[u_c\left(t + \dfrac{2T}{3}\right)\right]\right\} + \Omega_c - \overline{S}\left(t + \dfrac{2T}{3}\right) \end{cases} \quad (7\text{-}5)$$

故要求 3 颗 IGSO 卫星的星下点轨迹重合并通过升交点的时间间隔相等当且仅当式（7-6）成立，这也是 3 颗 IGSO 卫星的控制目标。

$$\begin{cases} i_a = i_b = i_c \\ u_a(t) = u_b\left(t + \dfrac{T}{3}\right) = u_c\left(t + \dfrac{2T}{3}\right) \\ \Omega_b - \Omega_a = \Omega_c - \Omega_b = 120° \end{cases} \quad (7\text{-}6)$$

3 颗 IGSO 卫星依次入轨，第一颗 IGSO 卫星，设为 a 星，入轨控制只要达到倾角为 55°，升交点经度为 118° 的倾斜同步轨道即可，没有升交点赤经和相位的控制要求。如果运载火箭将入轨时的卫星 a 的轨道倾角控制到 55°，适当选择发射窗口，则卫星 a 的控制仅有平面内控制。第二颗 IGSO 卫星，如果为 b 星，入轨时不仅要达到倾角为 55°，升交点经度为 118° 的倾斜同步轨道，还要升交点赤经比 a 星的升交点赤经大 120°，过升交点的时间比 a 星落后三分之一个恒星日，近似地等于 8h。第二颗 IGSO 卫星，如果为 c 星，入轨时不仅要达到倾角为 55°，升交点经度为 118° 的倾斜同步轨道，还要升交点赤经比 a 星的升交点赤经小 120°，过升交点的时间比 a 星提前 1/3 个恒星日，近似地等于 8h，或者说过升交点的时间比 a 星落后 2/3 个恒星日。同样，第三颗 IGSO 卫星如果为 b 星，入轨时不仅要达到倾角为 55°，升交点经度为 118° 的倾斜同步轨道，还要升交点赤经比 a 星的升交点赤经大 120°，过升交点的时间比 a 星落后三分之一个恒星日，近似地等于 8h。第三颗 IGSO 卫星，如果为 c 星，入轨时不仅要达到倾角为 55°，升交点经度为 118° 的倾斜同步轨道，还要升交点赤经比 a 星的升交点赤经小 120°，过升交点的时间比 a 星提前 1/3 个恒星日，近似地等于 8h，或者说过升交点的时间比 a 星落后 2/3 个恒星日。

因而，从第二颗 IGSO 卫星开始，就要考虑升交点经度和相位的联合控制要求。

7.2.3 控制策略

采用半长轴偏置对升交点经度和相位的联合控制方程为

$$\begin{cases} \Delta\tilde{\Omega} = -0.0128k\Delta a[(°)/(\mathrm{km}\cdot 天)] \\ \Delta u = -0.0128k\Delta a[(°)/(\mathrm{km}\cdot 天)] \end{cases} \quad (7\text{-}7)$$

式中：Δa 为半长轴控制量，km；k 为半长轴偏置的天数。半长轴偏置对升交点经度和相位的控制量是相等的，要通过半长轴的控制获得升交点经度和相位每天 $-1°$ 的控制量，需要 78.1km 的半长轴增量，而要得到 78.1km 的半长轴增量则需要 2.85m/s 的切向速度增量。

通过法向速度增量控制升交点经度，则要获得 $1°$ 的升交点经度控制量需要法向速度增量 43.96m/s，控制点选在星下点纬度的绝对值取最大的点，即 $\sin u = \pm 1$ 的点。

因而 3 颗 IGSO 卫星组成的卫星群的构形形成阶段的控制策略如下：根据相位差的控制目标，采用切向速度增量控制相位，即抬高或降低半长轴使相位差漂移，待相位差漂移到标称值后，将半长轴控制到同步轨道的标称半长轴。由于相位差的控制过程导致升交点经度发生漂移，相位控制后的升交点经度控制量是原升交点经度偏差与相位控制引起的升交点经度漂移量的和。采用法向速度增量控制升交点经度。可见，构形形成阶段的燃料消耗大部分是用来控制升交点经度的。

下面我们分析 3 颗 IGSO 卫星在构形保持阶段的控制策略。3 颗卫星的升交点赤经相差 $120°$，故 J_2 项引起的 3 颗卫星升交点赤经的摄动量相同，日月引力引起的 3 颗卫星升交点赤经的摄动量不同。摄动力的作用也使 IGSO 卫星的交点周期不等于地球自转周期。因而，升交点经度的漂移包含 3 颗 IGSO 卫星共有的漂移和各卫星由于升交点赤经不同而导致的不同的漂移。各卫星升交点经度共有的漂移均可通过半长轴的偏置进行控制，由于半长轴偏置对升交点经度和相位的控制量相等，故通过半长轴偏置对各卫星的升交点经度共有的漂移进行控制不影响相互之间的相位差。各卫星由于升交点赤经不同而导致的不同的漂移可通过法向速度增量进行控制。如此尽量使用切向速度增量而不是法向速度增量对升交点经度进行控制可节省大量速度增量和燃料消耗。相位差的漂移通过半长轴的偏置进行控制，然后采用法向速度增量修正升交点经度。

文献[1]给出了单颗 IGSO 卫星的设计升交点经度漂移环的升交点经度保持策略。下面我们分析 3 颗 IGSO 卫星均考虑升交点经度漂移环的升交点经度与相位差联合保持控制策略。在 J_{22} 项的作用下，升交点经度的漂移方程为

$$\Delta\tilde{\Omega} = \dot{\tilde{\Omega}}(t_0)\cdot(t-t_0) + \frac{1}{2}\ddot{\tilde{\Omega}}(t)\cdot(t-t_0)^2 \quad (7\text{-}8)$$

式（7-8）也是升交点经度漂移环的控制方程，升交点经度的漂移加速度 $\ddot{\tilde{\Omega}}(t)$

与星下点地理经度有关。对于漂移加速度为正的升交点经度,升交点经度向东漂移,当升交点经度漂移至保持环的东边界时,进行控制使卫星获得向西的漂移速度,在摄动力的作用下,当卫星升交点经度漂移至保持环的西边界时向西的漂移速度变为零,在升交点经度的漂移加速度的作用下卫星开始获得向东的漂移速度,向保持环的东边界漂移,周而复始,形成了升交点经度漂移控制的极限环。对于漂移加速度为负的升交点经度,升交点经度向西漂移,当升交点经度漂移至漂移环的西边界时,进行控制使卫星获得向东的漂移速度,在摄动力的作用下,当卫星升交点经度漂移至保持环的东边界时向东的漂移速度变为零,在升交点经度的漂移加速度的作用下卫星开始获得向西的漂移速度,向保持环的西边界漂移,同样形成了升交点经度漂移控制的极限环。以 3 颗升交点经度为 118° 的星下点轨迹重合且相位差为 120° 的 IGSO 卫星群的控制为例,升交点经度漂移加速度为负,使用切向速度增量进行升交点经度控制的控制点选在漂移环的西边界。如此,升交点经度的控制由切向速度增量完成,法向速度增量用来控制日月引力引起的升交点赤经的不同漂移量。由于 J_{22} 项对升交点经度相同的 IGSO 卫星的升交点经度的摄动影响相等,故切向速度增量控制升交点经度不会影响相位差。

7.3 星座构形捕获控制

针对复杂的非线性问题,应用拓扑度理论的同伦不变性,我们可以作同伦函数将其转化成为一个简单的非线性问题甚至是线性问题,从而变得易于解决。分布式卫星星座构形捕获控制问题是一个多约束条件、高维数、非线性、非凸性的优化问题。通过调整相位差,使用地球非球形 J_2 项摄动力进行分布式卫星星座升交点赤经差的控制,而相位差的调整量和升交点赤经差的变化量满足特定关系。在星座轨道控制策略的制定中,为了满足最大推进时间长度、总的推进剂消耗量等的限制,一般需要几次甚至十几次的半长轴控制才能借助摄动力将升交点赤经控制到指定的要求值上,从而建立星座的构形。此外,还需要在星座构形形成控制的最后一次控制结束后保证星座构形在一定程度上的稳定性。为了有效解决分布式卫星星座的轨道控制问题,我们提出了采用拓扑度理论的解决方案。

7.3.1 策略初始计算与优化模型

星座构形捕获控制通过调整相位差,使用地球非球形 J_2 项摄动力进行卫星之间升交点赤经差的控制,而相位差的调整量和升交点赤经差的变化量满足特定关系。策略初始估计计算方程为

$$\frac{\Delta\dot{\varphi}}{\Delta\dot{\Omega}} = -\frac{2}{7}\left(\frac{a}{R_e}\right)^2 \frac{1}{J_2 \cos i} \tag{7-9}$$

式中：$\Delta\dot{\varphi}$ 为相位差变化率；$\Delta\dot{\Omega}$ 为升交点赤经差变化率。

令

$$\eta = \frac{\Delta\dot{\varphi}}{\Delta\dot{\Omega}} = -\frac{2}{7}\left(\frac{a}{R_e}\right)^2 \frac{1}{J_2 \cos i} \quad (7\text{-}10)$$

在 Δt 时间内：

$$\Delta\varphi = \Delta\dot{\varphi}\Delta t, \quad \Delta\Omega = \Delta\dot{\Omega}\Delta t \quad (7\text{-}11)$$

有

$$\frac{\Delta\Omega}{\Delta\varphi} \approx \eta \quad (7\text{-}12)$$

若半长轴为 7470km，倾角为 63.4°，$\Delta\varphi = 720°$，则 $\Delta\Omega \approx 0.89°$。

卫星轨道动力学模型为

$$\frac{d^2 r}{dt^2} + \frac{\mu r}{r^3} = f_c + f_e + f_b + f_a + f_r \quad (7\text{-}13)$$

式中：f_c 为轨道控制推力加速度，若无控制，则 $f_c = 0$；f_e 为地球非球形引力摄动加速度；f_b 为日月引力摄动加速度；f_a 为大气阻力摄动加速度；f_r 为太阳光压摄动加速度。

令 $\delta\varphi$ 为相位差控制误差，$\delta\dot{\varphi}$ 为相位差的漂移率，则分布式卫星星座轨道控制优化的目标函数为

$$\min(\delta\varphi)^2 + (\delta\dot{\varphi})^2 \quad (7\text{-}14)$$

即要求相位差的控制误差和相位差的漂移率均为零。

7.3.2 拓扑度理论简介

为了在分布式卫星星座轨道控制中使用拓扑度理论，我们简单介绍一下紧同伦不变性。为此首先给出 Banach 空间的定义，再引入全连续场和紧同伦的定义，继而给出 Leray-Schauder 的拓扑度定义，最后不加证明地给出紧同伦不变性。

将完备的线性赋范空间称为 Banach 空间。

全连续场定义：设 B 是 Banach 空间，$D \subset B$，如果 $F: D \to B$ 全连续，则称映射 $f = id - F$ 为 D 上的全连续场或紧连续场。

同伦定义：设 $C(X,Y)$ 是所有从拓扑空间 X 到拓扑空间 Y 的连续映射的集合，映射 $f, g \in C(X,Y)$。若存在连续映射 $H: X \times I \to Y$ 使 $\forall x \in X$，都有 $H(x,0) = f(x)$ 和 $H(x,1) = g(x)$ 满足，就称 f 与 g 同伦，并记作 $f \simeq g: X \to Y$ 或 $f \simeq g$；此时称 H 是连接映射 f 和映射 g 的一个同伦，并记作 $H: f \simeq g$ 或 $f \stackrel{H}{\simeq} g$。

紧同伦定义：设 D 是 Banach 空间 B 的闭子集，f 是 Banach 空间 B 到 Banach 空间 C 的连续映射，称 g_0 和 g_1 在 D 上（关于 f）紧同伦，倘若存在一个连续的紧

映射 $h(x,t): D \times [0,1] \to C$ 使 $g_0 = f(x) + h(x,0)$，$g_1 = f(x) + h(x,1)$，并且在 $D \times [0,1]$ 上有

$$g(x,t) = f(x) + h(x,t) \neq 0$$

Leray-Schauder 度定义：设 B_n 是 Banach 空间 B 的有限维的子空间，Ω 为 B 中的有界开集，$p \in B_n$，$F_n: \overline{\Omega} \to B_n$ 连续，$f_n = id - F_n$，$F: \overline{\Omega} \to B$ 连续，$f = id - F$，定义全连续场 f 在 Ω 上关于 p 点的 Leray-Schauder 度为 $\deg(f, \Omega, p) = \deg(f_n, \Omega_n, p)$，倘若 $\sup_{x \in \overline{\Omega}} \|F(x) - F_n(x)\| < \varepsilon = d(p, f(\partial\Omega))$ 对一切 n 均满足。

紧同伦不变性：设 Ω 为 Banach 空间 B 中的有界开集，$f = id - F$ 是 $\overline{\Omega}$ 上的全连续场。$H: \overline{\Omega} \times [0,1] \to B$ 紧连续，$h_t(x) = x - H(x,t)$，$q:[0,1] \to B$ 连续并且 $q(t) \notin h_t(\partial\Omega)$，则有 $\deg(h_t, \Omega, p(t))$ 与 t 无关。

我们首先计算 $\min(\delta\dot{\varphi})^2$ 的解，再通过同伦计算 $\min(\delta\varphi)^2 + (\delta\dot{\varphi})^2$ 的解，需要证明所使用的同伦算法的收敛性。

收敛性证明：设总的控制次数 $j+k$ 次，同伦函数：

$$H(x,t) = x + q_1(\delta\varphi)^2 + tq_2(\delta\dot{\varphi})^2 \tag{7-15}$$

当 $t=0$ 时，同伦函数 $H(x,t) = x + q_1(\delta\varphi)^2$，当 $t=1$ 时，同伦函数 $H(x,t) = x + q_1(\delta\varphi)^2 + q_2(\delta\dot{\varphi})^2$，其中

$$\boldsymbol{x} = [T_1, T_2, \cdots, T_{j+k}, F_1, F_2, \cdots, F_{j+k}, \Delta t_1, \Delta t_2, \cdots, \Delta t_{j+k}] \tag{7-16}$$

$\boldsymbol{x}$ 是 $3(j+k)$ 维矢量。$h_t(x) = x - H(x,t) = -q_1(\delta\varphi)^2 - tq_2(\delta\dot{\varphi})^2$，则 $h_t(x)$ 紧连续，满足 $p(t) \notin h_t(\partial\Omega)$，故 $\deg(h_t, \Omega, p(t))$ 与 t 无关。证毕。

7.3.3 控制策略

1. 星座构形捕获控制策略初始估计计算算法

设星座构形捕获控制策略共需 $j+k$ 次半长轴的控制，用于借助地球非球形 J_2 项摄动力进行卫星之间升交点赤经差的控制，其中前 j 次控制的速度增量的方向相同，后 k 次控制的速度增量的方向相同。

步骤 1：读入初始的星座卫星轨道根数、卫星参数等，已知相位调整量 $\Delta\varphi(\approx 720°)$，相位调整时间 Δt。

步骤 2：根据 $\dfrac{\Delta\varphi}{\Delta t} = \sqrt{\dfrac{\mu}{a_{\text{ini}}^3}} - \sqrt{\dfrac{\mu}{a_{\text{aim}}^3}}$ 计算 a_{aim} 及半长轴调整量 $\Delta a = a_{\text{aim}} - a_{\text{ini}}$，总的调整过程大约需要 $2|\Delta a|$ 的半长轴控制量。

步骤 3：根据 $\Delta a = \dfrac{2}{n}\Delta v$ 估计速度增量 Δv。

步骤 4：前 j 次控制的速度增量方向相同，后 k 次控制的速度增量方向相同，给定前 j 次控制的速度增量分配系数 $R_i(R_i > 0, i=1,2,\cdots,j)$，后 k 次控制的速度增

量分配系数 $S_i(S_i>0, i=1,2,\cdots,k)$，前 j 次控制的控制中间时刻为 $T_{\text{begin}i}(i=1,2,\cdots,j)$，后 k 次控制的控制中间时刻为 $T_{\text{end}i}(i=1,2,\cdots,k)$。

步骤 5：前 j 次控制的第 i 次控制的速度增量按照式 $\Delta v_i = \dfrac{R_i \Delta v}{\sum_{w=1}^{j} R_w}$ 估计，后 k 次控制的第 i 次控制的速度增量按照式 $\delta v_i = \dfrac{S_i \Delta v}{\sum_{w=1}^{k} S_w}$ 估计。

2. 星座构形捕获控制策略高精度计算算法

由初始估计算法计算出的控制策略，若星座相位差控制在 720°，则策略误差大约在 50°，且控制后漂移率较大，单次控制的推进时长可能超过约束条件要求的最大推进时长的限制。为此，需要对控制策略进行精算。

步骤 1：读入初始的星座卫星轨道根数、卫星参数等，读入前 j 次控制的速度增量分配系数 $R_i(R_i>0, i=1,2,\cdots,j)$，后 k 次控制的速度增量分配系数 $S_i(S_i>0, i=1,2,\cdots,k)$，前 j 次控制的控制中间时刻 $T_{\text{begin}i}(i=1,2,\cdots,j)$，后 k 次控制的控制中间时刻 $T_{\text{end}i}(i=1,2,\cdots,k)$。

步骤 2：读入策略初始估计算法计算结果。

步骤 3：调用初始控制参数计算引擎，计算控制时间间隔、各次控制速度增量、半长轴调整量、控制圈数、控制中间时刻卫星轨道幅角。

步骤 4：调用单星控制策略计算引擎，计算每次控制的推进时长、比冲、推进剂消耗量、每次控制贮箱平均压力、推力、贮箱密度、控制后卫星质量，以及每次控制前后的如下参数：轨道、贮箱压力、地心距、卫星地心经纬度、太阳赤经赤纬、轨道面太阳高度角、过降交点地方时刻、太阳方向单位向量在轨道系各轴分量。

步骤 5：计算控制星每次控制开始时刻和控制结束时刻的目标星参数，即轨道、地心距、卫星地心经纬度、太阳赤经赤纬、轨道面太阳高度角、过降交点地方时刻、太阳方向单位矢量在轨道系各轴分量。

步骤 6：计算控制效果。

步骤 7：对 $\Delta\varphi$ 和 $\Delta\Omega$ 的控制误差进行迭代改进，通过修正后 k 次控制推进时长来进行寻优，默认迭代 3 次，迭代优化区域满足非线性约束条件，我们提出一种在 Gill-Murray 算法基础上改进的算法，当初始 $\Delta\varphi$ 控制误差对应的星座控制策略远离局部极小点时，Hessen 矩阵可能不正定，而在鞍点处，Jacobi 矩阵为零，但是 Hessen 矩阵不是半正定的时，一般的优化算法不能使星座控制策略收敛。Gill-Murray 算法可以很好地解决类似星座控制策略无法收敛的问题，但是又由于 Gill-Murray 算法需要计算优化的 Hessen 矩阵的特征值和特征向量，对于叠加了高精度摄动模型的星座控制策略来说，我们不可能去计算优化目标的 Hessen 矩阵，更不可能计算对应的特征值和特征向量，因为根本无法计算含高精度摄动模型的 Jacobi 矩阵和 Hessen 矩阵，此时我们以 $\delta t = -\dfrac{\delta \varphi}{\Delta \varphi}\Delta t$ 计算后 k 次控制时刻的修正步长，其中 $\delta \varphi$ 为控制误差，多次迭代计算星座控制策略；本步执行后，星座控制策略对 $\Delta \varphi$ 和 $\Delta \Omega$ 的控制误差已经很小了，相对误差可在万分之一以下，计算结果表明当迭代 5 次以上时，星座控制策略对 $\Delta \varphi$ 和 $\Delta \Omega$ 的控制误差可达机器精度。当然，由于初始输入的轨道根数、加载的高精度摄动模型等都不可能绝对精确，所以计算的星座控制策略不可能绝对精确，另外由于执行偏差的存在，实际控制结果也不可能完全按照预先计算的星座控制策略进行计算。

步骤 8：为了保证控制后构形长期稳定，需要进一步将控制后星座卫星间的相位差漂移率 $\Delta \dot{\varphi}$ 控制为零，根据拓扑度理论中的紧同伦不变性，首先调用编队控制系统中的相对运动状态计算子系统，计算控制后 $\delta T_h (h = 1, 2, \cdots, H)$ 时间后的星座构形漂移，根据星座构形漂移，使用微分修正法优化计算最后一次的控制量，其中 H 为总的迭代次数，δT_h 逐渐增大。

7.3.4 算例

我们给出一个星座构形间接捕获控制策略的算例。初始轨道的时刻为北京时间 2012 年 7 月 16 日 10 点 21 分 25.386 秒。

控制星的初始轨道根数为

$$\begin{cases} JD = 22843 \\ JS = 37285.3860 \\ a = 7477886.191\,\text{m} \\ e = 0.000459 \\ i = 63.35176° \\ \Omega = 271.70698° \\ \omega = 58.83582° \\ M = 127.41187° \end{cases}$$

目标星的初始轨道根数为

$$\begin{cases} JD = 22843 \\ JS = 37355.386 \\ a = 7476262.596\,\text{m} \\ e = 0.000588 \\ i = 63.35031° \\ \Omega = 271.70668° \\ \omega = 37.56012° \\ M = 156.19278° \end{cases}$$

要求总的控制次数为 10 次，每次控制的推进时长不超过 500s，策略误差不超过 0.01%。

操作界面如图 7-3 所示。

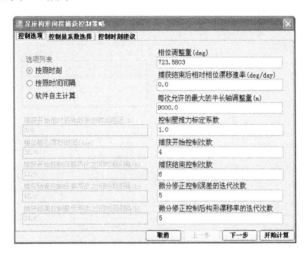

图 7-3　操作界面

在界面中，可以根据需求选择三种确定控制时刻的方式，包括按照指定时刻计算、按照时间间隔计算和软件自主计算。除此之外，可以指定相位的调整量、控制次数等（图 7-4）。

图 7-4　控制量分配界面

控制量的系数分配可以按照默认值计算，也可以进行修改（图7-5）。

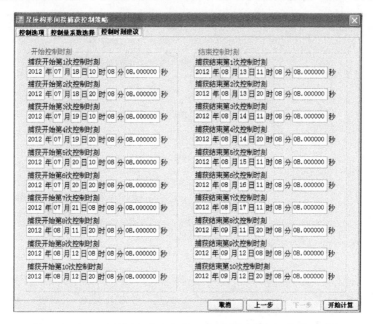

图 7-5 通过文件自动读取或界面手动提供控制时刻建议操作界面

如果在选项列表中选择了指定控制时刻，则可根据需求指定每次建议的控制时刻。控制时刻尽量安排在 6 点到 23 点。要求星座控制策略基本保证前 4 次控制的推进时长不逐渐增大，后 6 次的推进时长逐渐减小，最后一次控制的推进时长最小，前几次控制之间的间隔约为半天，最后 2 次的控制时间间隔约 1 天。

计算结果如图 7-6 所示。

		星座构形间接捕获控制策略								
控制 需求	相对相位控制 量/(°)	相对相位漂移 时间/d	控制 总次数	控制后相对相位 漂移速率/(°/d)	升交点赤经差 控制增量/(°)	控制前相对相 位/(°)	控制后相对相 位/(°)	控制误差/%		
	723.5803	28.4435	10	0.0000	−0.89521	−3.58030	−0.0002	0.000003		

		历元	A/m	e	i/(°)	Ω/(°)	ω/(°)	M/(°)	卫星质量 /kg	推进剂 量/kg	贮箱压力 /MPa
开始控制时刻	目标星	2012 年 07 月 18 日 08 时 17 分 06.468 秒	7462847.573	0.001037	63.3253	266.7931	337.0158	114.5745	639.2596	21.3796	1.6910
	控制星	2012 年 07 月 18 日 08 时 17 分 06.468 秒	7463896.042	0.000836	63.3256	266.8001	324.4297	121.7697	639.2596	21.3796	1.6910

推进 参数	控制次数	推进时长/s	推进剂消耗 量/kg	推力/N	比冲/s	径向速度增 量/(m/s)	横向速度增 量/(m/s)	法向速度增 量/(m/s)	da/m
	1	452.872	1.3618	6.2473	211.9887	0.0000	−4.4305	0.0000	−9075.1846

	历元	A/m	e	i/(°)	Ω/(°)	ω/(°)	M/(°)	卫星质量 /kg	推进剂质 量/kg	贮箱压力 /MPa

第7章 卫星星座轨道控制

		历元	A/m	e	i/(°)	Ω/(°)	ω/(°)	M/(°)	卫星质量/kg	推进剂质量/kg	贮箱压力/MPa
结束控制时刻	目标星	2012年07月18日08时24分39.340秒	7465730.141	0.001462	63.3309	266.7684	4.2666	112.6659	639.2596	21.3796	1.6910
	控制星	2012年07月18日08时24分39.340秒	7456668.198	0.002004	63.3291	266.7745	317.6250	153.9326	637.8977	20.0177	1.4335

		历元	A/m	e	i/(°)	Ω/(°)	ω/(°)	M/(°)	卫星质量/kg	推进剂质量/kg	贮箱压力/MPa
开始控制时刻	目标星	2012年07月18日20时04分21.228秒	7468294.601	0.000837	63.3351	265.5192	63.2800	245.3128	639.2596	21.3796	1.6910
	控制星	2012年07月18日20时04分21.228秒	7459857.457	0.000654	63.3345	265.5188	310.7638	356.2658	637.8977	20.0177	1.4335

推进参数	控制次数	推进时长/s	推进剂消耗量/kg	推力/N	比冲/s	径向速度增量/(m/s)	横向速度增量/(m/s)	法向速度增量/(m/s)	da/m
	2	453.544	1.1818	5.3766	210.5453	0.0000	−3.8263	0.0000	−7837.6594

		历元	A/m	e	i/(°)	Ω/(°)	ω/(°)	M/(°)	卫星质量/kg	推进剂质量/kg	贮箱压力/MPa
结束控制时刻	目标星	2012年07月18日20时11分54.772秒	7474311.460	0.001031	63.3464	265.5086	15.3709	318.6336	639.2596	21.3796	1.6910
	控制星	2012年07月18日20时11分54.772秒	7458143.496	0.000406	63.3460	265.5074	303.3888	29.1123	636.7159	18.8359	1.2661

		历元	A/m	e	i/(°)	Ω/(°)	ω/(°)	M/(°)	卫星质量/kg	推进剂质量/kg	贮箱压力/MPa
开始控制时刻	目标星	2012年07月19日10时04分25.886秒	7464199.980	0.001945	63.3260	264.0469	457460	206.3792	639.2596	21.3796	1.6910
	控制星	2012年07月19日10时04分25.886秒	7447396.959	0.001056	63.3244	264.0317	63.5702	195.9916	636.7159	18.8359	1.2661

推进参数	控制次数	推进时长/s	推进剂消耗量/kg	推力/N	比冲/s	径向速度增量/(m/s)	横向速度增量/(m/s)	法向速度增量/(m/s)	da/m
	3	444.229	1.0367	4.7876	209.3432	0.0000	−3.3430	0.0000	−6847.6393

		历元	A/m	e	i/(°)	Ω/(°)	ω/(°)	M/(°)	卫星质量/kg	推进剂质量/kg	贮箱压力/MPa
结束控制时长	目标星	2012年07月19日10时11分50.114秒	7463050.947	0.001755	63.3237	264.0211	66.1263	210.8545	639.2596	21.3796	1.6910
	控制星	2012年07月19日10时11分50.114秒	7441035.446	0.001795	63.3252	264.0055	97.6433	186.8701	635.6792	17.7992	1.1485

		历元	A/m	e	i/(°)	Ω/(°)	ω/(°)	M/(°)	卫星质量/kg	推进剂质量/kg	贮箱压力/MPa
开始控制时刻	目标星	2012年07月19日18时17分16.028秒	7464286.455	0.001348	63.3285	263.1502	353.9296	114.5573	639.2596	21.3796	1.6910
	控制星	2012年07月19日18时17分16.028秒	7444504.983	0.000912	63.3340	263.1246	43.3041	80.1733	635.6792	17.7992	1.1485

推进参数	控制次数	推进时长/s	推进剂消耗量/kg	推力/N	比冲/s	径向速度增量/(m/s)	横向速度增量/(m/s)	法向速度增量/(m/s)	da/m
	4	433.753	0.9286	4.3648	208.0485	0.0000	−2.9805	0.0000	−6105.1242

结束控制时刻		历元	A/m	e	i/(°)	Ω/(°)	ω/(°)	M/(°)	卫星质量/kg	推进剂质量/kg	贮箱压力/MPa
	目标星	2012年07月19日18时24分29.781秒	7469453.090	0.001446	63.3381	263.1318	25.3225	107.4486	639.2596	21.3796	1.6910
	控制星	2012年07月19日18时24分29.781秒	7444317.131	0.000994	63.3451	263.1121	40.6749	107.2270	634.7506	16.8706	1.0603

开始控制时刻		历元	A/m	e	i/(°)	Ω/(°)	ω/(°)	M/(°)	卫星质量/kg	推进剂质量/kg	贮箱压力/MPa
	目标星	2012年08月12日21时05分03.075秒	7476744.903	0.000782	63.3923	201.3263	37.0479	150.5563	639.2596	21.3796	1.6910
	控制星	2012年08月12日21时05分03.075秒	7446549.179	0.000964	63.3906	200.4519	44.1049	115.5576	634.7506	16.8706	1.0603

推进参数	控制次数	推进时长/s	推进剂消耗量/kg	推力/N	比冲/s	径向速度增量/(m/s)	横向速度增量/(m/s)	法向速度增量/(m/s)	da/m
	5	491.174	0.9804	4.0437	206.7123	0.0000	3.1314	0.0000	6110.6137

结束控制时刻		历元	A/m	e	i/(°)	Ω/(°)	ω/(°)	M/(°)	卫星质量/kg	推进剂质量/kg	贮箱压力/MPa
	目标星	2012年08月12日21时13分14.248秒	7472336.107	0.001327	63.3838	201.3221	15.8564	199.2844	639.2596	21.3796	1.6910
	控制星	2012年08月12日21时13分14.248秒	7454412.951	0.000503	63.3937	200.4510	143.4080	43.9469	633.7702	15.8902	0.9807

开始控制时刻		历元	A/m	e	i/(°)	Ω/(°)	ω/(°)	M/(°)	卫星质量/kg	推进剂质量/kg	贮箱压力/MPa
	目标星	2012年08月13日06时01分32.245秒	7476461.739	0.000784	63.3918	200.3729	32.6804	158.0438	639.2596	21.3796	1.6910
	控制星	2012年08月13日06时01分32.245秒	7454197.109	0.000733	63.3935	199.4919	121.5610	49.3817	633.7702	15.8902	0.9807

推进参数	控制次数	推进时长/s	推进剂消耗量/kg	推力/N	比冲/s	径向速度增量/(m/s)	横向速度增量/(m/s)	法向速度增量/(m/s)	da/m
	6	480.574	0.8967	3.7516	205.1710	0.0000	2.8468	0.0000	5555.1034

结束控制时刻		历元	A/m	e	i/(°)	Ω/(°)	ω/(°)	M/(°)	卫星质量/kg	推进剂质量/kg	贮箱压力/MPa
	目标星	2012年08月13日06时09分32.819秒	7471740.959	0.001395	63.3825	200.3677	17.2535	200.4104	639.2596	21.3796	1.6910
	控制星	2012年08月13日06时09分32.819秒	7459065.495	0.001006	63.3914	199.4911	174.6299	23.3680	632.8735	14.9935	0.9178

第 7 章 卫星星座轨道控制

		历元	A/m	e	i/(°)	Ω/(°)	ω/(°)	M/(°)	卫星质量/kg	推进剂质量/kg	贮箱压力/MPa
开始控制时刻	目标星	2012年08月13日19时09分09.900秒	7470663.584	0.000947	63.3825	198.9502	32.2380	285.6352	639.2596	21.3796	1.6910
	控制星	2012年08月13日19时09分09.900秒	7451478.057	0.001313	63.3787	198.0689	154.1867	152.7812	632.8735	14.9935	0.9178

推进参数	控制次数	推进时长/s	推进剂消耗量/kg	推力/N	比冲/s	径向速度增量/(m/s)	横向速度增量/(m/s)	法向速度增量/(m/s)	da/m
	7	460.493	0.8118	3.5189	203.6876	0.0000	2.5621	0.0000	4999.5930

		历元	A/m	e	i/(°)	Ω/(°)	ω/(°)	M/(°)	卫星质量/kg	推进剂质量/kg	贮箱压力/MPa
结束控制时刻	目标星	2012年08月13日19时16分50.393秒	7475857.430	0.001524	63.3926	198.9434	13.2911	330.3924	639.2596	21.3796	1.6910
	控制星	2012年08月13日19时16分50.393秒	7462723.878	0.000387	63.3903	198.0575	262.5756	70.2650	632.0617	14.1817	0.8674

		历元	A/m	e	i/(°)	Ω/(°)	ω/(°)	M/(°)	卫星质量/kg	推进剂质量/kg	贮箱压力/MPa
开始控制时刻	目标星	2012年08月14日04时05分45.428秒	7471458.927	0.000979	63.3863	197.9960	25.0872	296.2571	639.2596	21.3796	1.6910
	控制星	2012年08月14日04时05分45.428秒	7458470.276	0.000543	63.3843	197.1088	192.3370	122.2341	632.0617	14.1817	0.8674

推进参数	控制次数	推进时长/s	推进剂消耗量/kg	推力/N	比冲/s	径向速度增量/(m/s)	横向速度增量/(m/s)	法向速度增量/(m/s)	da/m
	8	437.178	0.7347	3.3318	202.3125	0.0000	2.3059	0.0000	4499.6337

		历元	A/m	e	i/(°)	Ω/(°)	ω/(°)	M/(°)	卫星质量/kg	推进剂质量/kg	贮箱压力/MPa
结束控制时刻	目标星	2012年08月14日04时13分02.606秒	7476195.010	0.001583	63.3953	197.9906	12.9809	332.8695	639.2596	21.3796	1.6910
	控制星	2012年08月14日04时13分02.606秒	7468603.474	0.000989	63.3946	197.1009	311.5669	27.5489	631.3271	13.4471	0.8263

		历元	A/m	e	i/(°)	Ω/(°)	ω/(°)	M/(°)	卫星质量/kg	推进剂质量/kg	贮箱压力/MPa
开始控制时刻	目标星	2012年08月14日20时46分35.373秒	7462960.800	0.001084	63.3723	196.2309	339.0709	106.0758	639.2596	21.3796	1.6910
	控制星	2012年08月14日20时46分35.373秒	7456443.436	0.001412	63.3738	195.3399	278.7932	164.0897	631.3271	13.4471	0.8263

推进参数	控制次数	推进时长/s	推进剂消耗量/kg	推力/N	比冲/s	径向速度增量/(m/s)	横向速度增量/(m/s)	法向速度增量/(m/s)	da/m
	9	401.194	0.6473	3.1790	201.0584	0.0000	2.0212	0.0000	3944.1234

		历元	A/m	e	$i/(°)$	$\Omega/(°)$	$\omega/(°)$	$M/(°)$	卫星质量/kg	推进剂质量/kg	贮箱压力/MPa
结束控制时刻	目标星	2012年08月14日20时53分16.568秒	7464197.106	0.001598	63.3746	196.2077	354.2544	113.3404	639.2596	21.3796	1.6910
	控制星	2012年08月14日20时53分16.568秒	7461365.822	0.001041	63.3754	195.3165	318.0449	147.3065	630.6798	12.7998	0.7932
		历元	A/m	e	$i/(°)$	$\Omega/(°)$	$\omega/(°)$	$M/(°)$	卫星质量/kg	推进剂质量/kg	贮箱压力/MPa
开始控制时刻	目标星	2012年08月15日18时51分49.973秒	7471390.855	0.001469	63.3907	193.8840	17.3977	201.8823	639.2596	21.3796	1.6910
	控制星	2012年08月15日18时51分49.973秒	7468869.063	0.000631	63.3920	192.9890	356.2783	222.9981	630.6798	12.7998	0.7932
推进参数	控制次数	推进时长/s	推进剂消耗/kg	推力/N	比冲/s	径向速度增量/(m/s)	横向速度增量/(m/s)	法向速度增量/(m/s)			da/m
	10	234.966	0.3664	3.0555	199.9553	0.0000	1.1387	0.0000			2222.0413
		历元	A/m	e	$i/(°)$	$\Omega/(°)$	$\omega/(°)$	$M/(°)$	卫星质量/kg	推进剂质量/kg	贮箱压力/MPa
结束控制时刻	目标星	2012年08月15日18时55分44.939秒	7468197.289	0.001830	63.3845	193.8768	25.4512	206.9903	639.2596	21.3796	1.6910
	控制星	2012年08月15日18时55分44.939秒	7467985.007	0.000671	63.3857	192.9818	7.2693	225.1721	630.3134	12.4334	0.7756

图 7-6　控制策略计算结果

共进行 10 次控制，每次控制的推进时长都满足不超过 500s 的限制，策略误差为 0.000003%，星座卫星升交点赤经差控制增量为 −0.89521°。除了第 8 次控制时间在凌晨 4 点，其余控制时刻都安排在 6 点到 22 点。基本保证前 4 次控制的推进时长不逐渐增大，后 6 次的推进时长逐渐减小，最后一次控制的推进时长最小，前几次控制之间的间隔约为半天，最后 2 次的控制时间间隔约 1 天。

7.4　全球星座构形长期保持控制策略

7.4.1　星座卫星轨道摄动运动分析

对于中高轨道的星座卫星来说，其主要的摄动力为地球扁率 J_2 项，日月引力以及太阳光压。地球扁率 J_2 项对卫星轨道半长轴、偏心率、倾角的长期影响为零，对卫星的升交点赤经、近地点幅角和平近点角均有长期影响。日月引力对卫星轨道倾角和升交点赤经都有长期影响。卫星轨道升交点赤经、纬度幅角的长期摄动主要由 J_2 项引起，轨道倾角的长期摄动主要由日月引力引起，偏心率矢量的长期摄动主要由太阳光压引起。

1. 地球扁率摄动

考虑地球扁率 J_2 项摄动，则星座卫星平均轨道根数的长期变化率为[7]

$$\begin{cases} \dot{a} = \dot{e} = \dot{i} = 0 \\ \dot{\Omega} = -\frac{3}{2}J_2\left(\frac{R_e}{p}\right)^2 n\cos i \\ \dot{\omega} = \frac{3}{2}J_2\left(\frac{R_e}{p}\right)^2 n\left(2 - \frac{5}{2}\sin^2 i\right) \\ \dot{M} = n + \frac{3}{2}J_2\left(\frac{R_e}{p}\right)^2 n\left(1 - \frac{3}{2}\sin^2 i\right)\sqrt{1-e^2} \end{cases} \quad (7\text{-}17)$$

式中：$J_2 = 1.08263 \times 10^{-3}$；地球赤道半径 $R_e = 6378.140 km$；$n = \sqrt{\frac{\mu}{a^3}}$；$\mu$ 为地球引力常数；$p = a(1-e^2)$。

2. 日月引力摄动

太阳引力摄动引起的卫星轨道倾角长期变化率为

$$\frac{di}{dt} = \frac{3n_s^2}{2n}(\cos\beta_s\cos\Omega + \sin\beta_s\cos i_s\sin\Omega)(\cos\beta_s\sin i\sin\Omega - \\ \sin\beta_s\cos i_s\sin i\cos\Omega + \sin\beta_s\sin i_s\cos i) \quad (7\text{-}18)$$

式中：β_s 为太阳视运动的黄经；i_s 为黄道倾角；n_s 为地球绕太阳公转的角速率。

如果不计 β_s 的周期项，则化为

$$\frac{di}{dt} = \frac{3n_s^2}{8n}(\sin 2\Omega\sin i + \sin 2i_s\sin\Omega\cos i - \sin 2\Omega\cos^2 i_s\sin i) \quad (7\text{-}19)$$

对太阳同步轨道，则式（7-18）化简为熟知的结论作为其特例：

$$\frac{di}{dt} = -\frac{3n_s^2}{16n}\sin i(1+\cos i_s)^2\sin(2\beta_s - 2\Omega) \quad (7\text{-}20)$$

月球引力摄动引起的卫星轨道倾角长期变化率为

$$\frac{di}{dt} = \frac{3}{8}n\sigma\left(\frac{n_m}{n}\right)^2\sin(\Omega-\Omega_m)[2\cos(\Omega-\Omega_m)\sin i + \sin 2i_m\cos i - \\ 2\cos^2 i_m\sin i\cos(\Omega-\Omega_m)] \quad (7\text{-}21)$$

式中：$\sigma = \frac{m_m}{m_e + m_m} = \frac{1}{82.3}$，其中 m_m 为月球质量，m_e 为地球质量；$n_m^2 = \frac{Gm_m}{\sigma r_{em}^3}$，其中 m_m 为月球质量；i_m 为月球轨道的倾角；Ω_m 为月球轨道的升交点赤经；n_m 为月球绕地球运动的角速率。

3. 太阳光压摄动

偏心率矢量定义为 $\begin{cases} \xi = e\cos\omega \\ \eta = -e\sin\omega \end{cases}$，$e$ 为轨道偏心率，ω 为近地点幅角。则太阳光压引起的星座卫星轨道偏心率矢量变化率为

$$\begin{cases} \dfrac{d\xi}{dt} = -\dfrac{3KAp}{2nam}\sqrt{(\cos i\sin\Omega)^2 + (\sin i\sin i_s + \cos i\cos i_s\cos\Omega)^2}\sin(\beta_s + \alpha) \\ \dfrac{d\eta}{dt} = -\dfrac{3KAp}{2nam}\sqrt{\cos^2\Omega + (\cos i_s\sin\Omega)^2}\cos(\beta_s + \tilde{\alpha}) \end{cases} \quad (7\text{-}22)$$

其中

$$\begin{cases} \cos\alpha = \dfrac{\sin i\sin i_s + \cos i\cos i_s\cos\Omega}{\sqrt{(\cos i\sin\Omega)^2 + (\sin i\sin i_s + \cos i\cos i_s\cos\Omega)^2}} \\ \sin\alpha = \dfrac{-\cos i\sin\Omega}{\sqrt{(\cos i\sin\Omega)^2 + (\sin i\sin i_s + \cos i\cos i_s\cos\Omega)^2}} \end{cases} \quad (7\text{-}23)$$

$$\begin{cases} \cos\tilde{\alpha} = \dfrac{\cos\Omega}{\sqrt{\cos^2\Omega + (\cos i_s\sin\Omega)^2}} \\ \sin\tilde{\alpha} = \dfrac{\cos i_s\sin\Omega}{\sqrt{\cos^2\Omega + (\cos i_s\sin\Omega)^2}} \end{cases} \quad (7\text{-}24)$$

式中：A 为航天器垂直于光线方向的截面积；m 为卫星质量；K 为光压系数，全吸收时 $K=1$；p 为光压强度；a 为卫星轨道半长轴；i 为倾角；Ω 为升交点赤经；$n = \sqrt{\dfrac{\mu}{a^3}}$；$i_s$ 为黄赤夹角；β_s 为太阳的黄道经度。

可见 ξ 与轨道倾角 i 有关，而 η 与轨道倾角 i 无关。太阳光压对 MEO 的偏心率矢量具有长周期影响，周期为一年，偏心率矢量增量的幅值大小为 $\dfrac{3KAp}{2nam}$。当轨道倾角 $i=0$ 时，$\alpha \approx \tilde{\alpha}$，即推出 GEO 卫星轨道倾角矢量的近圆运动结论。对于 MEO 卫星来说，偏心率矢量增量跟踪太阳的视运动。

7.4.2 星座构形漂移运动

将 Walker-δ 星座中任意一颗卫星作为参考卫星，a、e、i、Ω、ω、n、p 看作参考卫星的轨道参数，任取另一颗卫星作为研究的目标卫星，则 δa、δe、δi 分别为目标卫星相对参考卫星的轨道平根差，即目标卫星的轨道平根减去参考卫星的轨道平根。$\delta\dot{\Omega}$、$\delta\dot{\omega}$、$\delta\dot{M}$ 为目标卫星相对参考卫星的轨道平根差的变化率。由式（7-17）将各表达式关于轨道根数泰勒展开并保留一阶项可得

$$\begin{cases} \delta\dot{\Omega} = -\dfrac{7\dot{\Omega}}{2a}\delta a - (\dot{\Omega}\tan i)\delta i + \dfrac{4ae\dot{\Omega}}{p}\delta e \\ \delta\dot{\omega} = -\dfrac{7\dot{\omega}}{2a}\delta a - \left(\dfrac{15}{4}\dfrac{J_2 R_e^2}{p^2}n\sin 2i\right)\delta i + \dfrac{4ae\dot{\omega}}{p}\delta e \\ \delta\dot{M} = -\dfrac{3n}{2a}\delta a - \dfrac{7\dot{M}}{2a}\delta a - \left(\dfrac{9}{4}\dfrac{J_2 R_e^2}{p^2}n\sqrt{1-e^2}\sin 2i\right)\delta i + \dfrac{3ae\dot{M}}{p}\delta e \end{cases} \quad (7\text{-}25)$$

可见，Walker-δ 星座的卫星间的平根数半长轴差、倾角差、偏心率差均可引起星座卫星轨道法向、沿迹方向的相对演化。即使将 Walker-δ 星座的平均轨道根数的半长轴、偏心率、和倾角均完全按照设计结果控制至相等，此时地球扁率 J_2 项摄动不会引起星座构形的演化；但日月引力引起 Walker-δ 星座不同轨道面上的卫星倾角摄动不同，太阳光压引起 Walker-δ 星座不同轨道面上的卫星偏心率矢量摄动不同，进而引起星座卫星之间偏心率差 δe、倾角差 δi 的绝对值逐渐增大，由式（7-25）知存在半长轴差、倾角差、或偏心率差的 Walker-δ 星座卫星间的 J_2 项摄动不同，故而引起星座构形的漂移。

7.4.3 控制策略计算方法

Walker-δ 星座构形的控制需采用相对控制的方法，由于在入轨偏差、控制执行偏差、J_2 项摄动力、日月引力等的作用下，星座构形整体漂移，控制方法只需保证星座整体几何构形的稳定和单星轨道满足特定要求即可。Walker-δ 星座整体构形的控制可采取摄动补偿法和数值微分修正法两种方法。

1. 星座构形摄动补偿法

星座构形摄动补偿法[8-10]通过控制星座卫星间的半长轴差和倾角差来达到间接控制升交点赤经差和相位差的目的，记

$$\begin{cases} \Omega_1 = -\dfrac{3}{2}J_2\left(\dfrac{R_e}{p}\right)^2 n\cos i \\ \omega_1 = \dfrac{3}{2}J_2\left(\dfrac{R_e}{p}\right)^2 n\left(2 - \dfrac{5}{2}\sin^2 i\right) \\ M_1 = \dfrac{3}{2}J_2\left(\dfrac{R_e}{p}\right)^2 n\left(1 - \dfrac{3}{2}\sin^2 i\right)\sqrt{1-e^2} \end{cases} \quad (7\text{-}26)$$

$$\lambda_1 = \omega_1 + M_1 \quad (7\text{-}27)$$

$$A = \begin{pmatrix} -\dfrac{7\Omega}{2a} & -\dfrac{\sin i}{\cos i}\Omega_1 \\ -\dfrac{7\lambda_1}{2a} - \dfrac{3n}{2a} & -\dfrac{3J_2 R_e^2}{4p^2} n(5 + 3\sqrt{1-e^2})\sin 2i \end{pmatrix} \quad (7\text{-}28)$$

A 为 J_2 项作用下，星座卫星轨道半长轴偏差和倾角偏差对升交点赤经以及相位角的影响矩阵。Δt 时间内在 J_2 项摄动力的长期作用下，星座卫星间升交点赤经差和相位差的漂移分别为 $\Delta\Omega$ 和 $\Delta\lambda$，则要消除 J_2 项摄动力对星座卫星间升交点赤经差和相位差的漂移影响，所需的星座卫星间半长轴和倾角的初始调整量为 Δa 和 Δi，则有

$$\begin{pmatrix} \Delta a \\ \Delta i \end{pmatrix} = -A^{-1} \begin{pmatrix} \dfrac{\Delta\Omega}{\Delta t} \\ \dfrac{\Delta\lambda}{\Delta t} \end{pmatrix} \quad (7\text{-}29)$$

其中

$$\begin{cases} \Delta\Omega = \Delta\dot{\Omega}\Delta t \\ \Delta\lambda = \Delta\omega + \Delta M = \Delta\dot{\lambda}\Delta t \end{cases} \quad (7\text{-}30)$$

如此，通过控制 Walker-δ 星座卫星之间的半长轴差和倾角差，达到了对升交点赤经差和相位差联合控制的目的。

Walker-δ 星座轨道的初始设计是平均轨道根数，星座各卫星的半长轴、倾角均相等。设预定的星座控制周期为 Δt 秒，如果星座设计寿命为 10 年，且 10 年内不做控制，则 $\Delta t = 86400 \times 365 \times 10$。如果星座设计寿命为 10 年，但控制周期为 3 年，则 $\Delta t = 86400 \times 365 \times 3$。

星座构形摄动补偿法的计算过程如下：首先根据初始设计的轨道平根数做平根数轨道预报，得出 Δt 时间后的 $\Delta\Omega$ 和 $\Delta\lambda$，由式（7-29）计算所需的星座卫星间半长轴和倾角的初始调整量 Δa 和 Δi，更新星座卫星初始轨道根数，再做平根数轨道预报，看 Δt 时间后的 $\Delta\Omega$ 和 $\Delta\lambda$ 是否满足要求，如此迭代循环。该过程一般执行 1~3 次就可获得满意的结果。

2. 星座构形数值微分修正方法

同星座构形摄动补偿法不同，星座构形数值微分修正方法是基于瞬根数的。根据是否做倾角修正，构形数值微分修正方法又有两种情形，其数值计算步骤如下：

方法 1——仅做半长轴修正情形。

根据入轨后的轨道根数，进行高精度轨道预报，根据 Δt 时间后的广义相位差增量为

$$\Delta\varphi = \Delta\Omega\cos i + \Delta\lambda \quad (7\text{-}31)$$

微分修正法的半长轴修正步长为

$$\Delta a = \frac{2a\Delta\varphi}{3n\Delta t} \tag{7-32}$$

方法 2——半长轴和倾角都做修正情形。

根据入轨后的轨道根数，进行高精度轨道预报，根据 Δt 时间后的相位差增量 $\Delta\lambda$，升交点赤经差增量 $\Delta\Omega$，微分修正法的半长轴和倾角修正步长为

$$\begin{cases} \Delta a = \dfrac{2a\Delta\lambda}{3n\Delta t} \\ \Delta i = \dfrac{\Delta\Omega}{\Omega_1 \Delta t \tan i} \end{cases} \tag{7-33}$$

星座构形数值微分修正方法的计算过程如下：首先根据初始设计的轨道根数，加上高精度的动力学模型，做轨道预报，得出 Δt 时间后的 $\Delta\Omega$ 和 $\Delta\lambda$，由式（7-32）或式（7-33）计算所需的星座卫星间轨道根数调整量，更新星座卫星初始轨道根数，再做轨道预报，看 Δt 时间后的 $\Delta\Omega$ 和 $\Delta\lambda$ 是否满足要求，如此迭代循环。该过程一般执行 4～8 次就可获得满意的结果。

同半长轴和倾角都做修正相比，仅做半长轴修正能更多地节省推进剂的消耗，而从第 4 节的算例可见，星座构形的漂移主要由相位差的漂移引起，而仅作半长轴修正能较好地对星座卫星间相位差的漂移进行控制，兼顾了构形保持与节省推进剂消耗量之间的平衡。

7.4.4 算例

1. 星座构形摄动补偿法算例

我们以构形为 Walker24/3/1 全球星座为例进行星座控制策略的仿真计算，取轨道高度为 21528km，倾角为 55°，回归周期为 7 天，一个回归周期内回归 13 圈。取星座不同轨道面上的两个卫星轨道进行试算，初始轨道平根数如表 7-1 所列。历元时刻为 2015 年 9 月 21 日 10 点 30 分 0.0 秒。B 和 A 的升交点赤经差-120°，相位差 45°。

表 7-1　星座卫星初始轨道平根数

卫星序号	a/m	e	i/(°)	Ω/(°)	ω/(°)	M/(°)
参考星 A	27906000.0	0.000598	55.0	131.01	101.073	70.8
控制星 B	27906000.0	0.000898	55.0	11.01	171.803	45.07

如果不做星座的保持控制，则星座 10 年后的构形漂移值如表 7-2 所列。

表 7-2　不做控制的星座构形漂移值

时间	Δi/(°)	$\Delta\Omega$/(°)	Δu/(°)
10 年后	-3.33391081	-123.925765	54.341958

可见如果不做星座的保持控制，则 10 年后星座两星 A、B 的升交点赤经差漂移量达到 3.9°，相位差漂移达到 9.34°。按照星座构形摄动补偿法计算的 B 星控制策略如表 7-3 所示。按照构形摄动补偿法计算出补偿量后，进行平均轨道根数的预报，考虑地球 J_2、J_3、J_4，日月引力，计算补偿后的 Δi、$\Delta \Omega$、Δu。

表 7-3　B 星控制策略

控制周期	半长轴控制量/m	倾角控制量/(°)	10 年后Δi/(°)	10 年后$\Delta\Omega$/(°)	10 年后 Δu/(°)
10 年	31.336896	0.1601057	−3.167944	−123.482064	48.581820

可见，进行构形摄动补偿后，10 年后两星 A、B 的升交点赤经差漂移量为 3.48°，相位差漂移达到 3.58°，对相位差的漂移补偿较好。对应该摄动补偿控制策略的星座构形漂移值如表 7-4 所列。

表 7-4　对应该控制策略的星座构形漂移值

时间	Δi/(°)	$\Delta\Omega$/(°)	Δu/(°)
2 年后	−0.0838	−120.3624969	41.03375572
5 年后	−1.1191192	−120.92498361	37.8429406
8 年后	−2.48336348	−122.21132888	41.711448291

由表 7-4 可见，进行构形摄动补偿控制后，升交点赤经差的漂移方向不变，而相位差的漂移方向会变号，即相位差先逐渐减小，再逐渐增大，5 年后相位差漂移达到−7.16°。

2. 星座构形数值微分修正法算例

仍以该构形为 Walker24/3/1 的全球星座为例，计算使用星座构形数值微分修正方法的控制策略。为了对比，我们仍使用上一小节的轨道根数，将其看作瞬根。历元时刻为 2015 年 9 月 21 日 10 点 30 分 0.0 秒。初始轨道根数如表 7-5 所列。

表 7-5　星座卫星初始轨道瞬根数

卫星序号	a	e	i/(°)	Ω/(°)	ω/(°)	M/(°)
参考星 A	27906000.0	0.000598	55.0	131.01	101.073	70.8
控制星 B	27906000.0	0.000898	55.0	11.01	171.803	45.07

如果不做星座的保持控制，考虑 10×10 阶地球引力场、日月引力、太阳光压。卫星质量均取为 1900kg，截面积 50m^2。星座的构形漂移值如表 7-6 所列。

表 7-6　不做控制的星座构形漂移值

时间	Δi/(°)	$\Delta\Omega$/(°)	$\Delta\varphi$/(°)
6 个月后	−0.0055	−120.134	37.220
1 年后	−0.051	−120.246	29.234
2 年后	−0.238	−120.454	13.679

由表 7-6 可见，星座卫星 A、B 的相位差漂移速率较大。按照星座构形数值微分修正法计算控制策略，如表 7-7 所列，由于星座构形数值微分修正法直接使用瞬根进行计算，避免了瞬平转换的误差，因此，我们将控制周期取为 5 年进行试算。星座构形保持控制策略计算软件中，星座卫星轨道根数和卫星参数在文件中读取，控制要求等在界面读取，如图 7-7 所示。计算结果如表 7-7～表 7-9 所列。

图 7-7　使用星座构形数值微分修正法计算保持控制策略的选项

表 7-7　B 星控制策略

控制周期	半长轴控制量/m	5 年后 $\Delta i/(°)$	5 年后 $\Delta\Omega/(°)$	5 年后 $\Delta\varphi/(°)$
5 年	−1161.83	−1.856	−121.760	48.469

表 7-8　长期保持控制策略

				WalkerDelta 星座长期保持控制策略					
	历		元	a/m	e	$i/(°)$	$\Omega/(°)$	$\omega/(°)$	$M/(°)$
参考星轨道	2011 年 06 月 17 日 07 时 00 分 00.000 秒			27906000.000	0.000598	55.0000	131.0100	101.0730	70.8000
控制星轨道	2011 年 06 月 17 日 07 时 00 分 00.000 秒			27906000.000	0.000898	55.0000	11.0100	171.8030	45.0700
星座构形因子	N	P	F	保持控制参数	保持周期/年	半长轴控制量/m	保持周期结束后	$di/(°)$	$dO_m/(°)$	$dFai/(°)$
	24	3	1		5.00	−1103.690		−1.5737	−121.2566	45.2202

表 7-9　对应该控制策略的星座构形漂移值

时　间	$\Delta i/(°)$	$\Delta\Omega/(°)$	$\Delta\varphi/(°)$
1 年后	−0.181	−120.311	44.367
2.5 年后	−0.600	−120.914	44.673
4 年后	−1.194	−121.302	46.181
4.5 年后	−1.505	−121.491	47.136

由表 7-7～表 7-9 可见，星座构形数值微分修正法对升交点赤经差和相位差的控制效果极好。升交点赤经差的漂移方向不变，而相位差的漂移方向会变号，即相位差先逐渐减小，再逐渐增大，5 年后升交点赤经差漂移 1.76°，相位差漂移 3.469°。

7.5 小结

本章针对相邻相对相位相等、升交点经度相等、星下点轨迹重合的 IGSO 卫星群的轨道控制问题，对控制目标进行了分析，指出从第二颗 IGSO 卫星开始，就要考虑升交点经度和相位的联合控制要求。给出了构形形成阶段的控制策略，介绍了 J_{22} 项作用下的升交点经度漂移环的控制策略，给出了考虑摄动力的 3 颗 IGSO 卫星均考虑升交点经度漂移环的升交点经度与相位差联合保持控制策略。可为将来 IGSO 卫星群的控制提供参考。

本章还将拓扑度理论引入卫星星座的构形捕获控制中，设计了控制策略优化目标的同伦函数，使用同伦法进行多约束星座构形捕获控制策略的优化计算，给出了同伦法的收敛性证明。仿真计算结果不仅进一步证明了所提出的算法的有效性，而且表明了提出的采用拓扑度理论的星座构形捕获控制策略具有较高精度。

通过研究星座卫星的轨道摄动及构形相对漂移，提出了星座构形长期保持的控制方法及控制策略。对于星座构形的保持，提出了一种星座构形摄动补偿法和星座构形数值微分修正法。星座构形摄动补偿法是基于平均轨道根数的，对相位差漂移的补偿效果较好。星座构形数值微分修正法是基于瞬根数的，在实际应用中，避免了瞬平转换的误差，对相位差的漂移控制效果较好。对比两种方法，从实际应用的角度和计算精确程度来讲，星座构形数值微分修正法略好于星座构形摄动补偿法。

参考文献

[1] 朱民才, 胡松杰. 倾斜同步轨道卫星交叉点位置演化及保持[J]. 中国空间科学技术, 2009, 29(1): 41-44.

[2] YANG H, JIANG Y, BAOYIN H. Fuel efficient control strategy for constellation orbital deployment[J]. Aircraft Engineering and Aerospace Technology, 2016, 88(1): 159-167.

[3] LEE S S. Closed-form solution of repeat ground track orbit design and constellation deployment strategy[J]. Acta Astronautica, 2021, 180: 588-595.

[4] FAKOOR M, AMOZEGARY F, BAKHTIARI M, et al. Relative tracking control of constellation satellites considering inter-satellite link[J]. Advances in Space Research, 2017, 60(9): 2021-2046.

[5] GAO Y T, YOU Z C, LIU J Y, et al. The influence of orbital maneuver on autonomous orbit determination of an extended satellite navigation constellation[J]. Advances in Space Research, 2021, 67(6): 1733-1742.

[6] 郗晓宁, 王威, 高玉东. 近地航天器轨道基础[M]. 长沙: 国防科技大学出版社, 2003.
[7] 刘林. 航天器轨道理论[M]. 北京: 国防工业出版社. 2000.
[8] 项军华, 张育林. 地球非球形对卫星轨道的长期影响及补偿研究[J]. 飞行力学, 2007, 25(2): 85-88.
[9] 李恒年, 李济生, 焦文海. 全球星摄动运动及摄动补偿运控策略研究[J]. 宇航学报. 2010, 31(7): 1756-1761.
[10] 姜宇, 李恒年, 宝音贺西. Walker 星座摄动分析与保持控制策略[J]. 空间控制技术与应用, 2013, 39(02): 36-41.

第 8 章 卫星编队绕飞控制

8.1 引言

卫星编队飞行可用于合成孔径雷达卫星编队、反卫星卫星相对伴飞、科学试验、深空探测等诸多技术领域。合成孔径雷达（synthetic aperture radar，SAR）卫星编队[1-2]具有全天候远距离高分辨率成像、干涉测高、移动目标识别定位等优点，从而具有广泛的用途。特别是由于 SAR 不易受气候和日照条件的影响，能够穿透云层昼夜工作，可对地面、海洋、空间移动目标进行全天候对地观测，故而由合成孔径雷达卫星组成的编队实施空间对地观测任务逐渐将成为未来对地观测卫星的主要发展方向之一。绕飞式的编队构形是 SAR 卫星编队主要采用的编队构形[1]。编队构形的控制可分为编队控制目标的计算和编队控制策略的计算，前者即编队构形的设计计算。

Hanspeter Schaub 等[3-4]通过轨道平根数给出了一种 J_2 不变相对轨道条件（J_2 invariant relative orbit），并基于平根数和该条件，给出了一种建立在李雅普诺夫稳定性基础上的编队控制方案。由于该方案是基于轨道平根数的，故无法进行圆形绕飞编队、Pendulum 编队等[5-6]的控制。Simone D.Amico 和 Oliver Montenbruck 在 2008 年给出了一种绕飞式编队构形的相对控制方法[7]，不含绕飞角的控制，对于绕飞基线在千米量级、轨道高度 500km 左右的绕飞构形，控制后若要求编队构形漂移不超过 250m，则理论上自然式的无控制相对运动可保持 30 天左右。

针对卫星编队绕飞控制问题，本章介绍了一种卫星编队绕飞控制策略，不仅可对绕飞角、绕飞中心、绕飞基线等编队构形参数进行控制，而且控制精度高，实现了对绕飞中心和绕飞挠率的控制。此外，还给出了倾斜同步轨道等多种特殊轨道的绕飞侦照控制方法。

8.2 相对运动计算模型

8.2.1 相对运动动力学模型

以主星 C 的质心为原点建立轨道坐标系 $C-xyz$，Cx 轴方向和地心至主星质心方向相同，Cz 轴指向主星轨道面法线方向，Cy 轴和 Cz 轴、Cx 轴成右手正交坐标系。设 r 为卫星到地心的距离，a 为半长轴，e 为偏心率，i 为倾角，Ω 为升交点赤经，ω 为近地点幅角，f 为真近点角，M 为平近点角，则 $u=\omega+f$，$\lambda=\omega+M$。设下标"c"和"d"分别代表主星和副星，$e_c \ll 1$，$e_d \ll 1$。令 $\delta a = a_d - a_c$，$\delta r = r_d - r_c$，$\delta i = i_d - i_c$，$\delta \Omega = \Omega_d - \Omega_c$，$\delta u = u_d - u_c$，$\delta M = M_d - M_c$，$\boldsymbol{f}_c$ 为主星所受的摄动力和控制力，$\boldsymbol{f}_d$ 为副星所受的摄动力和控制力，$\boldsymbol{f}_d - \boldsymbol{f}_c = (f_x \ f_y \ f_z)^T$，$\boldsymbol{r}_c = (r_c \ 0 \ 0)^T$ 为主星相对地心的位置向量在主星轨道坐标系的分量表示，$\boldsymbol{r}_d = (x_d \ y_d \ z_d)^T$ 为副星相对地心的位置向量在主星轨道坐标系的分量表示，$\boldsymbol{\rho} = \boldsymbol{r}_d - \boldsymbol{r}_c = (x \ y \ z)^T$ 为副星相对主星的位置向量，则相对运动动力学方程为

$$\frac{d^2\boldsymbol{\rho}}{dt^2} = \frac{d^2\boldsymbol{r}_d}{dt^2} - \frac{d^2\boldsymbol{r}_c}{dt^2} = \frac{\mu}{r_c^3}\left[\boldsymbol{r}_c - \boldsymbol{r}_d\left(\frac{r_c}{r_d}\right)^3\right] + \boldsymbol{f}_d - \boldsymbol{f}_c \tag{8-1}$$

写成微分方程组的形式为

$$\begin{cases} \ddot{x} - 2\omega_c \dot{y} - \omega_c^2 x - \dot{\omega}_c y = \dfrac{\mu}{r_c^2} - \mu(x+r_c)[(x+r_c)^2 + y^2 + z^2]^{-\frac{3}{2}} + f_x \\ \ddot{y} + 2\omega_c \dot{x} - \omega_c^2 y + \dot{\omega}_c x = -\mu y[(x+r_c)^2 + y^2 + z^2]^{-\frac{3}{2}} + f_y \\ \ddot{z} = -\mu z[(x+r_c)^2 + y^2 + z^2]^{-\frac{3}{2}} + f_z \end{cases} \tag{8-2}$$

这是一个精确的相对运动动力学模型，通过对它的化简可以得到一些简化的近似模型。文献[8]的 Clohessy-Wiltshire 方程模型和文献[9]的 Lawden 方程模型都是其特例。若考虑近距离编队情形，即可由式（8-2）化简为 Lawden 方程模型；若考虑近距离编队情形，且令偏心率为零，则可由式（8-2）化简为 Clohessy-Wiltshire 方程模型。

由轨道根数差[10]表示的相对位置为

$$x = -r_c + r_d\left\{\sin^2\left(\frac{i_c}{2}\right)\sin^2\left(\frac{i_d}{2}\right)\cos(\delta u - \delta\Omega) + \cos^2\left(\frac{i_c}{2}\right)\cos^2\left(\frac{i_d}{2}\right)\cos(\delta u + \delta\Omega) + \right.$$
$$\left. \cos^2\left(\frac{i_c}{2}\right)\sin^2\left(\frac{i_d}{2}\right)\cos(2u_c + \delta u - \delta\Omega) + \sin^2\left(\frac{i_c}{2}\right)\cos^2\left(\frac{i_d}{2}\right)\cos(2u_c + \delta u + \delta\Omega) + \right.$$

$$\left. \frac{1}{2}\sin i_c \sin i_d [\cos \delta u - \cos(2u_c + \delta u)] \right\} \tag{8-3.a}$$

$$y = r_d \left\{ \sin^2\left(\frac{i_c}{2}\right)\sin^2\left(\frac{i_d}{2}\right)\sin(\delta u - \delta\Omega) + \cos^2\left(\frac{i_c}{2}\right)\cos^2\left(\frac{i_d}{2}\right)\sin(\delta u + \delta\Omega) - \right.$$

$$\cos^2\left(\frac{i_c}{2}\right)\sin^2\left(\frac{i_d}{2}\right)\sin(2u_c + \delta u - \delta\Omega) - \sin^2\left(\frac{i_c}{2}\right)\cos^2\left(\frac{i_d}{2}\right)\sin(2u_c + \delta u + \delta\Omega) +$$

$$\left. \frac{1}{2}\sin i_c \sin i_d [\sin \delta u + \sin(2u_c + \delta u)] \right\} \tag{8-3.b}$$

$$z = r_d \{ [\sin i_d \cos i_c - \cos i_d \sin i_c \cos \delta\Omega]\sin u_d - \sin i_c \sin \delta\Omega \cos u_d \} \tag{8-3.c}$$

令 $\delta a = 0$，设主星和副星均运行在近圆轨道上，且有 $e_c \ll e_d$ 或 $|M_c - M_d| \leqslant 1$，则由式（8-3）可得

$$\begin{cases} x = -a_c \delta e \cos M_d \\ y = a_c(\delta\lambda + \delta\Omega \cos i_c) + 2a_c \delta e \sin M_d \\ z = a_c \sqrt{\delta i^2 + \delta\Omega^2 \sin^2 i_c} \cos(\omega_d + M_d + \alpha_d) \end{cases} \tag{8-4}$$

其中：α_d 满足 $\cos\alpha_d = \dfrac{-\delta\Omega \sin i_c}{\sqrt{\delta i^2 + \delta\Omega^2 \sin^2 i_c}}$，$\sin\alpha_d = \dfrac{-\delta i}{\sqrt{\delta i^2 + \delta\Omega^2 \sin^2 i_c}}$

令 $\delta\lambda + \delta\Omega \cos i_c = 0$，则由式（8-4）可得副星 d 相对主星的位置向量在主星轨道坐标系 $C-xyz$ 各轴表示为

$$\begin{cases} x = -a_c \delta e \cos M_d \\ y = 2a_c \delta e \sin M_d \\ z = a_c \sqrt{\delta i^2 + \delta\Omega^2 \sin^2 i_c} \cos(\omega_d + M_d + \alpha_d) \end{cases} \tag{8-5}$$

由式（8-5）可知，副星的相对位置向量在主星轨道坐标系各轴的分量为振动周期等于主星的轨道周期的简谐振动，在 x 轴的振幅为 $a_c \delta e$，在 y 轴的振幅是 x 轴振幅的两倍，为 $2a_c \delta e$，在 z 轴的振幅为 $a_c \sqrt{\delta i^2 + \delta\Omega^2 \sin^2 i_c}$。副星 d 相对主星绕飞，绕飞轨迹确定了一个平面，我们定义为绕飞平面 π，副星 d 的绕飞平面 π 的方程为

$$xK\cos(\omega_d + \alpha_d) + y\frac{K}{2}\sin(\omega_d + \alpha_d) + z = 0 \tag{8-6}$$

其中，$K = \dfrac{\sqrt{\delta i^2 + \delta\Omega^2 \sin^2 i_c}}{\delta e}$。

8.2.2 绕飞角计算

副星相对主星的绕飞轨迹动量矩矢量为

$$H = R \times V \tag{8-7}$$

式中：R 为副星相对位置矢量在主星轨道坐标系的分量；V 为副星相对速度向量在主星轨道坐标系的分量，R 和 V 均根据式（8-1）计算。

绕飞平面同 Cyz 平面的夹角为

$$\alpha = \arccos\left(\frac{H}{|H|} \cdot (1\ 0\ 0)^{\mathrm{T}}\right) \tag{8-8}$$

绕飞平面同 Cxz 平面即主星轨道面的夹角为

$$\beta = \arccos\left(\frac{H}{|H|} \cdot (0\ 1\ 0)^{\mathrm{T}}\right) \tag{8-9}$$

绕飞平面同 Cxy 平面即当地水平面的夹角为

$$\gamma = \arccos\left(\frac{H}{|H|} \cdot (0\ 0\ 1)^{\mathrm{T}}\right) \tag{8-10}$$

式中：·为内积。

8.2.3 绕飞曲率与绕飞挠率

曲率算子与挠率算子是黎曼几何的基本概念，绕飞曲率是表征编队相对运动轨迹弯曲程度的物理量，绕飞挠率是表征编队相对运动轨迹偏离平面运动程度的物理量。为了引出曲率算子与挠率算子的定义，我们首先列出光滑流形的切向量场和仿射联络空间的定义。

光滑流形的切向量场的定义：设 M 为 m 维光滑流形，记 T_pM 为 M 在点 $p \in M$ 处的切空间，记 $TM = \bigcup T_pM$，光滑流形 M 上的切向量场是一个映射 $X: M \to TM$，使 $\forall p \in M$，都有 M 在点 p 的一个切向量 $X(p)$ 满足 $X(p) \in T_pM$。

仿射联络空间的定义：给定了联络 D 的光滑流形 (M,D) 称作一个仿射联络空间，其中联络 D 指满足以下条件的映射 $\varXi(M) \times \varXi(M) \to \varXi(M)$：

$$D_Y(X + \lambda Z) = D_Y X + \lambda D_Y Z \tag{8-11}$$

式中：$\varXi(M)$ 为 M 上光滑切向量场的集合，$D_Y X = D(X, Y)$，且 $X, Y, Z \in \varXi(M)$，$\lambda \in \mathrm{R}$；$C^\infty(M)$ 为光滑流形 M 上全体光滑函数的集合，$f \in C^\infty(M)$。

曲率算子的定义：设 (M,D) 是 m 维仿射联络空间，$\chi(M)$ 为 (M,D) 上光滑切向量场的集合，$\forall X, Y \in \chi(M)$，定义映射 $\mathfrak{R}(X, Y): \chi(M) \to \chi(M)$ 如下：

$$\Re(X,Y)Z = D_X D_Y Z - D_Y D_X Z - D_{[X,Y]}Z, \quad \forall Z \in \chi(M) \tag{8-12}$$

则称 $\Re(X,Y)$ 为仿射联络空间 (M,D) 关于光滑切向量场 X、Y 的曲率算子。

挠率算子的定义：定义映射 $\wp(X,Y): \chi(M) \to \chi(M)$ 如下：

$$\wp(X,Y) = D_X Y - D_Y X - [X,Y] \tag{8-13}$$

则 $\wp$ 是 M 上的一个光滑 $(1,2)$ 型张量场。这样得到的张量场 $\wp$ 称为仿射联络空间 (M,D) 的挠率张量，$\wp(X,Y)$ 称为仿射联络空间 (M,D) 关于光滑切向量场 X,Y 的挠率算子。

有了曲率与挠率，我们就可度量编队相对运动轨迹的弯曲程度和偏离平面运动的程度。

8.2.4 编队绕飞控制目标计算

要进行编队绕飞控制目标的计算，就要设计编队绕飞构形。

设已经确定了副星相对主星的平近点角差 δM，且满足 $|\delta M| \ll 1$ 或 $e_c \ll e_d$，指定了主星轨道平面内最大编队基线为 Y，指定了副星相对主星的绕飞平面与主星当地水平面的夹角 γ，需要对编队构形及绕飞控制目标进行设计计算。要求设计的绕飞构形满足绕飞轨迹在一个平面内，即绕飞挠率为零。令 $\sigma = \omega_d + \alpha_d$，则当式（8-14）成立时，可进行绕飞构形的设计。

$$\sin^2 \gamma \cos^2 \sigma - \frac{\cos^2 \gamma \sin^2 \sigma}{4} > 0 \tag{8-14}$$

令

$$K = \cos \gamma \left(\sin^2 \gamma \cos^2 \sigma - \frac{\cos^2 \gamma \sin^2 \sigma}{4} \right)^{-\frac{1}{2}} \tag{8-15}$$

$$\delta e = \frac{Y}{2a_c} \tag{8-16}$$

令 $\varepsilon = -\omega_c$ 或 $\varepsilon = \pi - \omega_c$，则其余轨道根数差按照下式计算：

$$\begin{cases} \delta \omega = -\delta M - K \delta e \cos \varepsilon \cot i_c \\ \omega_d = \omega_c + \delta \omega \\ \delta \Omega = \pm \dfrac{K \delta e \cos \varepsilon}{\sin i_c} \\ \delta i = \pm K \delta e \sin \varepsilon \end{cases} \tag{8-17}$$

半长轴差的初步设计可令 $\delta a = 0$，然后考虑高精度的摄动模型，对 δa 进行迭代修正。如此设计的编队构形，在 x 轴的振幅为 $a_c \delta e$，在 y 轴的振幅为 $Y = 2a_c \delta e$，

在 z 轴的振幅为 $a_c\sqrt{\delta i^2 + \delta\Omega^2 \sin^2 i_c}$，文献[7]的绕飞构形是本节设计的绕飞构形的特例。实际控制中，绕飞轨迹并不完全在目标绕飞平面内，而是在每个时刻，绕飞轨迹所在的瞬时绕飞平面与目标绕飞平面接近重合。

讨论：由式（8-15）可知若 $\cos\sigma = \pm 1$，则 $K = \cot\gamma$；若要设计满足 $\delta\Omega = 0$ 的编队构形，则在 z 轴的振幅为 $a_c|\delta i|$，此时 $K = |\delta i|/\delta e$，即得到文献[7]的绕飞构形。

一般的编队构形设计都将编队卫星的半长轴差设计[1-13]为 0，但由于复杂摄动力的作用，为了保证编队卫星在沿飞行方向不发生漂移，编队卫星的半长轴差不能设计为零；若将编队卫星的半长轴差设计为 0，则对于几千米的编队基线，其构形的漂移速度很快，一般 3~4 天就需要进行构形保持控制，控制周期最长也不超过 30 天左右，文献[7]设计的编队理论上最长的控制周期为 30 天左右。下面我们给出半长轴差精确设计的方法。通过对相对位置在一个轨道周期内积分，计算绕飞中心，叠加高精度的摄动模型，对编队卫星的轨道进行外推，计算 N_k 圈以后的绕飞中心沿飞行方向即 Cy 轴的漂移量 ΔL，通过下式迭代修正半长轴差：

$$\delta a_{k+1} = \delta a_k + \frac{\Delta L}{3\pi N_k} \tag{8-18}$$

式中：k 为迭代次数，一般可令 N_k 逐渐增大，$k = 3 \sim 5$ 次，即可获得满意的结果，理论上轨道平面内的控制周期可达 2 年以上。

8.3 绕飞控制方法

假定发动机工作的过程中推力为常值且姿态无误差，发动机连续工作的时间为 Δt，对应的工作弧段长度为 Δu，弧段中点为 u_0，V 是轨道速度，则当发动机仅提供切向推力 T，受到影响的是 a、e、ω，其控制增量为

$$\begin{cases} \Delta a = \dfrac{2a}{V}\Delta V_T \\ \Delta e_x = \dfrac{2}{V}\cos u_0 \Delta V_T \\ \Delta e_y = \dfrac{2}{V}\sin u_0 \Delta V_T \end{cases} \tag{8-19}$$

当发动机仅提供法向推力 N 时，i、Ω 将发生变化但不影响 a、e、ω，控制增量为

$$\begin{cases} \Delta i = \dfrac{1}{V}\cos u_0 \Delta V_N \\ \Delta\Omega = \dfrac{\sin u_0}{V\sin i}\Delta V_N \end{cases} \quad (8\text{-}20)$$

式中：$\Delta V_N = \int_{t_0}^{t_f} N(t)\mathrm{d}t$，为法向速度增量。

通过平面内两次横向速度增量[14]控制 Δa、Δe_x、Δe_y 的控制方法为

(1) $\left(\dfrac{\Delta a}{a}\right)^2 > \Delta e_x^2 + \Delta e_y^2$。

此时，第一次速度增量的位置 $\tilde{u}_1$ 可以任意选择，$\tilde{u}_1$ 选定后计算 $\Delta\tilde{v}_1$、$\Delta\tilde{v}_2$ 和 $\tilde{u}_2$。

$$\begin{cases} \Delta\tilde{v}_1 = \dfrac{v}{4}\cdot\dfrac{\left(\dfrac{\Delta a}{a}\right)^2 - (\Delta e_x^2 + \Delta e_y^2)}{\dfrac{\Delta a}{a} - (\Delta e_x \cos u_1 + \Delta e_y \sin u_1)} \\ \Delta\tilde{v}_2 = \dfrac{v\Delta a}{2a} - \Delta\tilde{v}_1 \end{cases} \quad (8\text{-}21)$$

$$\begin{cases} \cos\tilde{u}_2 = \dfrac{v}{2\Delta\tilde{v}_2}\left(\Delta e_x - \dfrac{2\Delta\tilde{v}_1}{v}\cos u_1\right) \\ \sin\tilde{u}_2 = \dfrac{v}{2\Delta\tilde{v}_2}\left(\Delta e_y - \dfrac{2\Delta\tilde{v}_1}{v}\sin u_1\right) \end{cases} \quad (8\text{-}22)$$

(2) $\left(\dfrac{\Delta a}{a}\right)^2 \leqslant \Delta e_x^2 + \Delta e_y^2$。

此时，速度增量及控制时刻轨道幅角的计算公式为

$$\begin{cases} \Delta\tilde{v}_1 = \dfrac{v}{4}\left(\dfrac{\Delta a}{a} + \sqrt{\Delta e_x^2 + \Delta e_y^2}\right) \\ \Delta\tilde{v}_2 = \dfrac{v}{4}\left(\dfrac{\Delta a}{a} - \sqrt{\Delta e_x^2 + \Delta e_y^2}\right) \\ \cos\tilde{u}_1 = \dfrac{\Delta e_x}{\sqrt{\Delta e_x^2 + \Delta e_y^2}},\ \sin\tilde{u}_1 = \dfrac{\Delta e_y}{\sqrt{\Delta e_x^2 + \Delta e_y^2}} \\ \cos\tilde{u}_2 = \dfrac{-\Delta e_x}{\sqrt{\Delta e_x^2 + \Delta e_y^2}},\ \sin\tilde{u}_2 = \dfrac{-\Delta e_y}{\sqrt{\Delta e_x^2 + \Delta e_y^2}} \end{cases} \quad (8\text{-}23)$$

编队相对绕飞控制，不仅要控制编队卫星之间的相对 Δa、Δe_x、Δe_y、Δi、$\Delta\Omega$，还要控制绕飞中心的漂移量 ΔL。平面外的控制方法按照式（8-20）计算，平面内的控制需要三次才能将 Δa、Δe_x、Δe_y、ΔL 全部控制到目标值。方法如下：

设三次平面内控制时的轨道幅角分别为 u_1、u_2、u_3，速度增量分别为 Δv_1、Δv_2、Δv_3。要求第一次控制后过 ΔN_1 圈后在 u_2 处进行第二次控制，第二次控制后过 ΔN_2 圈后在 u_3 处进行第三次控制。则控制方法为首先按照平面内两次横向速度增量控制 Δa、Δe_x、Δe_y 的控制方法计算出 $\Delta \tilde{v}_1$、$\Delta \tilde{v}_2$、$\tilde{u}_1$、$\tilde{u}_2$，令

$$\begin{cases} u_1 = \tilde{u}_1, \ \Delta v_1 = \Delta \tilde{v}_1 \\ u_2 = \tilde{u}_2, \ \Delta v_2 = -\dfrac{1}{\Delta N_2}\left[(\Delta N_1 + \Delta N_2) + \left|\dfrac{\tilde{u}_1 - \tilde{u}_2}{360°}\right|\right] - \dfrac{n\Delta L}{6\pi \Delta N_2} \\ u_3 = \tilde{u}_2, \ \Delta v_3 = \Delta \tilde{v}_2 - \Delta v_2 \end{cases} \quad (8\text{-}24)$$

由此便可达到对编队卫星之间的 Δa、Δe_x、Δe_y、ΔL 均进行控制的目的。

8.4 绕飞侦照

若某卫星需要对另一颗卫星或者一组编队的卫星进行侦照，或者多颗卫星需要对一颗或一组编队的卫星进行侦照，则可以设计轨道绕飞侦照策略。对于典型的几种轨道：地球静止轨道、倾斜同步轨道、太阳同步轨道等，根据轨道特性和摄动的不同，轨道绕飞侦照策略有所不同。

8.4.1 地球静止轨道绕飞侦照

对于地球静止轨道以及准地球静止轨道，倾角较小的超同步轨道和亚同步轨道来说，这样的轨道上的被侦照目标，由于轨道周期基本等于一天，因此控制后自然绕飞侦照的相对绕飞周期也约等于一天，而以目标轨道坐标系为参考基准的太阳方向周期也是一天。因此这类轨道上的目标，要实现对它的绕飞侦照，相对比较容易。

由于侦照卫星和被侦照目标都处于地球静止轨道上，而且对侦照卫星施加法向控制，则会影响侦照卫星的南北位置保持控制，因此仅进行轨道面内的控制是一种较为简便且节约燃料的方法。只有当侦照卫星和被侦照卫星的轨道倾角差异较大的时候，才有必要对侦照卫星的轨道倾角进行控制。

则形成绕飞侦照轨迹以后，被侦照目标的轨道坐标系表示的侦照卫星的位置为

$$\begin{cases} x = \delta a + a_c e_c \cos M_c - a_d e_d \cos M_d \\ y = a_c(\delta \omega + \delta M) + 2a_c \delta e \sin M_d \\ z = 0 \end{cases} \quad (8\text{-}25)$$

如果被侦照目标的偏心率远小于侦照卫星的偏心率，则

$$\begin{cases} x = \delta a - a_c \delta e \cos M_d \\ y = a_c(\delta\omega + \delta M) + 2a_c \delta e \sin M_d \\ z = 0 \end{cases} \quad (8\text{-}26)$$

式中：c 为被侦照目标；d 为侦照卫星。希望的侦照距离为

$$D = \sqrt{(\delta a + a_c e_c \cos M_c - a_d e_d \cos M_d)^2 + [a_c(\delta\omega + \delta M) + 2a_c \delta e \sin M_d]^2} \quad (8\text{-}27)$$

如果被侦照目标的偏心率远小于侦照卫星的偏心率，则侦照距离为

$$D = \sqrt{(\delta a - a_c \delta e \cos M_d)^2 + [a_c(\delta\omega + \delta M) + 2a_c \delta e \sin M_d]^2} \quad (8\text{-}28)$$

侦照距离定义为侦照卫星和被侦照目标之间的距离，侦照夹角定义为太阳、被侦照目标、侦照卫星三者所连直线段形成的角度，角度的顶点为被侦照目标。绕飞夹角定义为绕飞侦照轨迹同被侦照目标轨道坐标系的 xy、yz、zx 平面的夹角。绕飞侦照轨迹是一个椭圆，椭圆半长轴的长度为 $2a_c \delta e$，半短轴长度为 $a_c \delta e$。椭圆半长轴在轨道面内，与轨道相切。椭圆半短轴和地心至卫星方向平行。

此时我们有三个平面，分别是被侦照目标的轨道面、绕飞侦照轨迹所在平面、太阳相对于被侦照目标的视运动轨迹所在的平面。绕飞侦照轨迹在被侦照目标的轨道面内，如果时间为春分或秋分，则三个平面重合；如果时间为夏至或冬至，则仅有绕飞侦照轨迹所在平面和被侦照目标的轨道面重合，绕飞侦照轨迹所在平面和太阳相对于被侦照目标的视运动轨迹所在的平面的夹角最大，达到 23.45°。

我们介绍如何根据被侦照目标的轨道根数设计侦照卫星的轨道根数。设被侦照目标为主星，侦照卫星为副星。则被侦照目标当地时间正午时刻，希望侦照卫星也处于被侦照目标的上方，即侦照卫星和地心位于被侦照目标的两边。此时侦照卫星在被侦照目标 $O\text{-}xyz$ 坐标系的 xz 平面内，即子午面内。那么此时侦照卫星的平近点角 M_d 应该等于 180°，此时 $y=0$，$x<0$。根据绕飞侦照椭圆半长轴长度，可以计算 δe，令侦照卫星的轨道半长轴、倾角、升交点赤经和被侦照目标相同。如果倾角差和升交点赤经差引起的面外差异较小，则可以不用调整侦照卫星的倾角和升交点赤经，面外差异 z 可根据 2.4 节模型计算。令侦照卫星的轨道 $u+M$ 和被侦照目标相同，可计算出侦照卫星的近地点幅角。如此则设计得到当地时间正午时刻的侦照卫星的轨道根数。

将当前侦照卫星的轨道根数控制到设计的当地时间某正午时刻的侦照卫星的轨道根数，可采用平面内三脉冲控制得到。如果要求侦照卫星相对于被侦照目标的侦照轨迹中心有一定的漂移，那么采用平面内双脉冲控制即可。

同样的道理，可以根据当地时间早上 6 点的太阳位置，设计侦照卫星此时的平近点角 M_d 应该等于 90°，此时 y 最大。同理依次计算侦照卫星的其余轨道根数。

设某卫星定位在 95°W，设计侦照卫星的轨道根数。星历时间为 21057.57129854，即 UTC 时间 2021 年 2 月 26 日 13 时 42 分 40.193856 秒。

$$\begin{cases} a = 42165341\text{m} \\ e = 0.000216 \\ i = 0.0072° \\ \varOmega = 182.8316° \\ \omega = 141.8363° \\ M = 302.5685° \end{cases}$$

当地时间正午时刻，侦照卫星的平近点角 M_d 应该等于 180°，设计侦照绕飞椭圆的半长轴 $2a_\text{c}\delta e$ 为 50km，则 $\delta e = 5.93 \times 10^{-4}$。侦照卫星的偏心率设计为 $e_\text{d} = 8.09 \times 10^{-4}$。侦照卫星控制前的倾角和升交点赤经若较小，可以不变。根据外推得到的当地时刻正午被侦照卫星的 $\varOmega + \omega + M$ 数值，再计算对应的侦照卫星的 $\varOmega + \omega + M$ 数值。根据式 (8-24)，可计算得到平面内三次控制的策略，实现将侦照卫星当前轨道控制到目标轨道上。

8.4.2 倾斜同步轨道绕飞侦照

有些处于地球同步轨道的卫星的倾角较大，如 TDRS 9 卫星在星历时刻 21056.48941535 的倾角为 8.0166°，METEOSAT-8 在星历时刻 21056.66537134 的倾角为 7.1714°。这里 21056.48941535 表示 UTC 时间 2021 年第 56 天，0.48941535 表示这一天的时刻。

例如某倾斜同步轨道目标在星历时刻 21057.52978569 的轨道根数为

$$\begin{cases} a = 42162382\text{m} \\ e = 0.002777 \\ i = 8.0187° \\ \varOmega = 65.1155° \\ \omega = 283.0821° \\ M = 296.5902° \end{cases}$$

交叉点位于 62.0°W。

对于倾角较大的卫星，要使用倾角接近 0 的 GEO 卫星对其实现侦照，不需要形成针对被侦照卫星的侦照绕飞轨道，否则所需燃料过多，只需要控制形成针对被侦照卫星相对于赤道面交叉点的侦照绕飞轨道，待被侦照卫星通过交叉点的时候对其实现侦照即可。这里需要注意的是，被侦照目标相对地球的轨迹是 8 字形，但 8 字形的交叉点往往并不在赤道面上。在一个轨道周期内，轨道相对于赤道面的交叉点一般不是 8 字形的交叉点，而是轨道和赤道面的两个不同的交点，这两个交点之间的距离一般比较接近。由于倾斜同步轨道目标在一天中只有两次经过赤道面，而这两次之间相差 12h。其中有可能只有一次经过赤道面的时候适合侦照。

参考 3.3 节的绕飞设计方法，已知被侦照目标的轨道根数：a_c、e_c、i_c、$\varOmega$、

ω_c、f_c、M_c，设计侦照卫星要控制达到的轨道根数。首先确定 δe_j，根据侦照相对交叉点的绕飞椭圆的半长轴等于 $2a_c\delta e$ 可以确定 δe_j。需要确定侦照卫星的轨道根数 a_d、e_d、i_d、Ω_d、ω_d、M_d。若侦照卫星已经处于 GEO 轨道，则轨道侦照卫星的轨道 a_d、i_d、Ω_d 可不变。只需要确定所需的 e_d、ω_d、M_d 即可。e_d 已经通过 δe_j 的数值得到。

设当地时间 T（单位：h），被侦照目标处于交叉点，且被侦照目标可见太阳。此时，由于当地时间早上 6 点、中午 12 点、下午 6 点分别对应于 M_d 的值为 90°、180°、270°。故当地时间 T 对应的 M_d 的值为 $\frac{T}{12}\times 180°$。根据地时间 T 对应的 $\omega_c + M_c = \omega_d + M_d$ 可以确定侦照卫星的近地点幅角。

8.4.3 太阳同步轨道绕飞侦照

对于各类太阳同步轨道，包括准太阳同步轨道、倾角偏置太阳同步轨道、太阳同步回归冻结轨道等，由于太阳方向与目标的轨道面始终存在固定的夹角，因此不存在自然式超过一个轨道周期的连续绕飞侦照，但可以设计强迫式绕飞侦照轨迹。侦照卫星此时可以位于垂直于被侦照目标的轨道平面位置，即在轨道平面法向的坐标轴的某一点悬停。

对于太阳同步轨道的目标来说，若降交点地方时为当地时间上午 6 点，此种情形，太阳与目标的轨道面垂直，则侦照卫星的悬停位置可以设计在被侦照目标的轨道面法向。根据 C.W. 方程的解析解可知，在 z 轴方向对侦照卫星施加的持续的推力加速度为

$$\dot{z}_0 = \frac{n(z(t) - z_0\cos(nt))}{\sin(nt)} \quad (8\text{-}29)$$

此时侦照卫星位于被侦照目标的轨道面法向悬停。

若目标的降交点地方时为当地时间中午 12 点，则侦照卫星的悬停位置可以设计在被侦照目标的上方。首先根据 3.3 节的方法设计侦照卫星相对于目标的轨道平面内椭圆绕飞编队，调整侦照卫星的平近点角使侦照卫星位于目标上方时，太阳也位于目标上方。

此时施加在侦照卫星上的径向推力为

$$f_x = \frac{3\mu(r_c - r_d)}{a_c^3} \quad (8\text{-}30)$$

横向推力冲量为

$$f_y \Delta t = (\omega_c - \omega_d)r_c \quad (8\text{-}31)$$

式中：下标 "c" 与 "d" 分别为目标与侦照卫星的参数；μ 为引力常数；r 为地心距；ω 为轨道角速度。

8.5 绕飞控制策略算例

摄动模型考虑：地球引力场采用 JGM-3 模型并取 20×20 阶，太阳引力和月球引力，大气阻力，太阳光压。设有 A、B 两颗卫星需要进行编队飞行的相互绕飞控制。历元时刻取北京时间 2012 年 6 月 1 日 7 点 00 分 00 秒。

副星 A 作为控制星，其轨道根数为

$$\begin{cases} a = 7005904.8209\text{m} \\ e = 0.001188378 \\ i = 97.832359° \\ \Omega = 67.5344244° \\ \omega = 13.1717676° \\ M = 210.1699296° \end{cases}$$

卫星参数为

$$\begin{cases} m = 872.25956\text{kg} \\ S = 13.3443\text{m}^2 \\ m_P = 20.37956\text{kg} \\ P = 1.80\text{MPa} \\ C_R = 1.0 \\ C_D = 2.0 \end{cases}$$

主星 B 作为参考星，其轨道根数为

$$\begin{cases} a = 7005934.5162\text{m} \\ e = 0.0011762416 \\ i = 97.832362° \\ \Omega = 67.5344248° \\ \omega = 12.091487° \\ M = 211.2462102° \end{cases}$$

卫星参数为

$$\begin{cases} m = 2872.25956\text{kg} \\ S = 13.3443\text{m}^2 \\ m_P = 290.37956\text{kg} \\ P = 1.80\text{MPa} \\ C_R = 1.0 \\ C_D = 2.0 \end{cases}$$

式中：m 为卫星总质量；S 为截面积；m_P 为推进剂质量；P 为推进剂箱压；C_R 为

光压系数；C_D 为大气阻力系数。推力标定系数取 1.0，编队卫星轨道根数和卫星参数在文件中读取，界面选项如图 8-1 所示。要求平面内最大编队基线取为 4000.0m，编队绕飞平面与当地水平面的夹角为 34.0°，平面外采取降轨控制。每次控制最大推进时长约束为 500s，控制过程中的最小安全距离约束为 200m。控制时间要求约束在北京时间 8 点到 23 点。要求控制后水平绕飞角控制误差约束为 ±1°，绕飞挠率小于 0.005。要求绕飞中心在沿迹方向的分量相对基线长度的偏离小于 5.0%，即小于 200m。一般可取保持控制门限为绕飞中心在沿迹方向的分量的绝对值大于平面内最大编队基线的 20%～50%，如果平面内最大编队基线取为 4.0km，则保持控制门限为绕飞中心在沿迹方向的分量的绝对值大于 0.8～2.0km。本章所述算法既可以进行编队绕飞构形形成控制策略的计算，也可以进行编队绕飞构形保持控制策略的计算。编队绕飞控制策略计算的界面选项如图 8-1 所示。

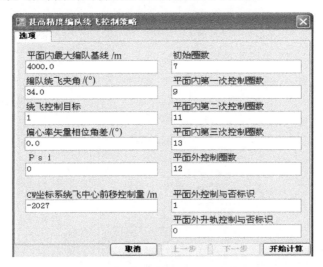

图 8-1　编队绕飞控制策略计算的界面选项

编队绕飞相对控制软件系统通过在文件中读取编队卫星轨道根数和卫星参数，在界面中读取计算选项，首先进行编队绕飞构形的设计，根据设计结果进行编队绕飞控制策略的计算，根据最终控制结果进行控制后编队构形的预报。

构形设计结果如图 8-2、图 8-3 和图 8-4 所示，可见满足设计要求的副星轨道有 2 个。其中水平绕飞角为编队相对绕飞平面与当地水平面的夹角，轨道面绕飞角为编队相对绕飞平面与主星轨道面的夹角，法平面绕飞角为编队相对绕飞平面与主星轨道面的子午面之间的夹角。水平绕飞角误差最大为 0.058°，绕飞方向 or、ot、on 分别为相对绕飞轨迹法线方向在主星 CW 坐标系的三轴分量。

考虑 20×20 阶地球引力场模型、日月引力、大气阻力、太阳光压，按照图 8-1 所示的界面选项和编队构形设计结果，进行编队绕飞控制策略的计算，将副星按照设计的副星轨道 1 进行相对控制。控制策略计算结果如图 8-5～图 8-8 所示。

第 8 章 卫星编队绕飞控制

Cartwheel 编队构形设计							
主星轨道		A/m	e	i/(°)	Ω/(°)	ω/(°)	M/(°)
		7005934.516	0.001176	97.8324	67.5344	12.0915	211.2462
设计需求		de		dM/(°)		K	
		0.000285		0.003442		1.529771	
设计结果		A/m	e	i/(°)	Ω/(°)	ω/(°)	M/(°)
	副星轨道 1	7005922.362	0.001462	97.8324	67.5597	12.0915	211.2497
	副星轨道 2	7005922.362	0.001462	97.8324	67.5092	12.0915	211.2428
绕飞参数		最小距离/m	最大距离/m	水平绕飞角/(°)	轨道面绕飞角/(°)	法平面绕飞角/(°)	绕飞方向 or	绕飞方向 ot	绕飞方向 on
	副星轨道 1	3475.956	4155.870	34.053	56.432	84.923	0.82852	0.08849	−0.55292
	副星轨道 2	3475.249	4156.468	34.058	56.430	84.910	−0.82847	−0.08873	−0.55295

图 8-2 编队相对构形设计结果

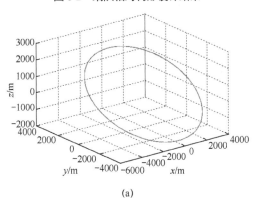

(a)

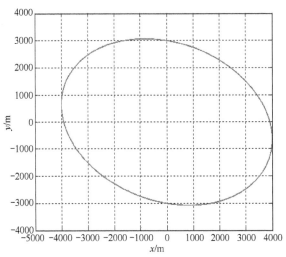

(b)

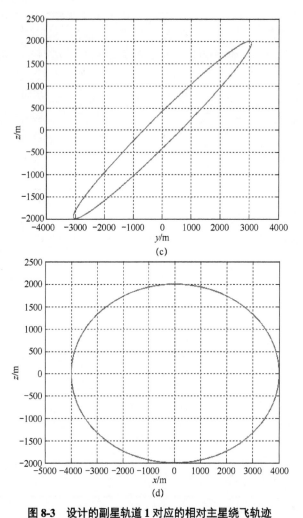

图 8-3 设计的副星轨道 1 对应的相对主星绕飞轨迹

（a）绕飞轨迹；（b）绕飞轨迹在 CW 坐标系 xy 平面投影；（c）绕飞轨迹在 CW 坐标系 yz 平面投影；
（d）绕飞轨迹在 CW 坐标系 xz 平面投影。

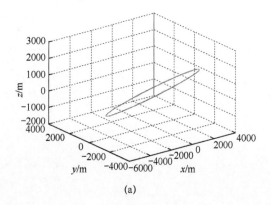

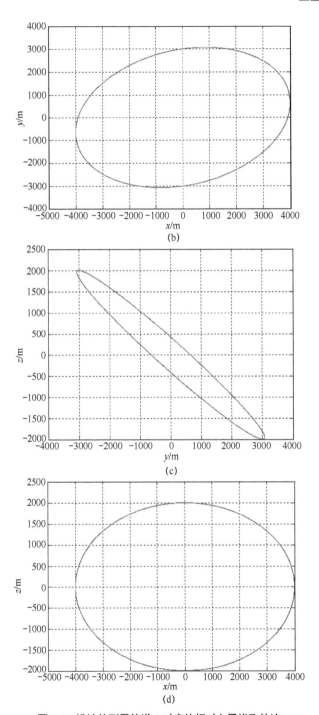

图 8-4 设计的副星轨道 2 对应的相对主星绕飞轨迹

(a) 绕飞轨迹；(b) 绕飞轨迹在 CW 坐标系 xy 平面投影；(c) 绕飞轨迹在 CW 坐标系 yz 平面投影；
(d) 绕飞轨迹在 CW 坐标系 xz 平面投影。

	历元	A/m	e	i/(°)	Ω/(°)	ω/(°)	M/(°)	卫星质量/kg	推进剂质量/kg	贮箱压力/MPa
开始	B星 2012年06月01日 09时15分 47.831秒	7014522.545	0.000920	97.8282	67.6291	18.6731	346.6721	2872.2596	290.3796	1.8000
	A星 2012年06月01日 09时15分 47.831秒	7014494.385	0.000935	97.8282	67.6291	19.9467	345.4054	872.2596	20.3796	1.8000

开始控制时刻 CW 坐标系相对参数	绕飞曲率算子模值	绕飞曲率半径/m	绕飞角 o_{rt}/(°)	绕飞角 o_{tn}/(°)	绕飞角 o_{rn}/(°)	相对位置 o_r/m	相对位置 o_t/m	相对位置 o_n/m
	0.004886	204.679558	0.2198	89.7857	89.9512	−92.595	531.120	0.106
	最大距离/m	最小距离/m	绕飞方向 o_r	绕飞方向 o_t	绕飞方向 o_n	相对速度 o_r/(m/s)	相对速度 o_t/(m/s)	相对速度 o_n/(m/s)
	1333.4351	539.1309	−0.003741	−0.000852	0.999993	−0.176894	0.183949	−0.000505
	绕飞挠率	相对距离/m	绕飞中心 o_r/m	绕飞中心 o_t/m	绕飞中心 o_n/m	相对加速度 o_r/(m/s²)	相对加速度 o_t/(m/s²)	相对加速度 o_n/(m/s²)
	0.0000	539.1309	−28.270	994.018	0.000	0.000075	0.000381	0.000000

推进参数	控制次数	控制圈数	推进时长/s	推进剂消耗量/kg	推力/N	比冲/s	径向速度增量/(m/s)	横向速度增量/(m/s)	法向速度增量/(m/s)
	1	9	47.0245	0.2072	9.7276	225.2395	0.0000	0.5245	0.0000

	历元	A/m	e	i/(°)	Ω/(°)	ω/(°)	M/(°)	卫星质量/kg	推进剂质量/kg	贮箱压力/MPa
结束	B星 2012年06月01日 09时16分 34.856秒	7014294.761	0.000905	97.8283	67.6292	23.1945	345.0537	2872.2596	290.3796	1.8000
	A星 2012年06月01日 09时16分 34.856秒	7015243.547	0.001055	97.8283	67.6291	22.1228	346.1322	872.0523	20.1723	1.7975

结束控制时刻 CW 坐标系相对参数	绕飞曲率算子模值	绕飞曲率半径/m	绕飞角 o_{rt}/(°)	绕飞角 o_{tn}/(°)	绕飞角 o_{rn}/(°)	相对位置 o_r/m	相对位置 o_t/m	相对位置 o_n/m
	0.002285	437.600078	2.4072	87.6332	89.5611	−100.515	552.513	0.081
	最大距离/m	最小距离/m	绕飞方向 o_r	绕飞方向 o_t	绕飞方向 o_n	相对速度 o_r/(m/s)	相对速度 o_t/(m/s)	相对速度 o_n/(m/s)
	8688.9753	561.5815	−0.041297	−0.007659	0.999118	−0.146649	0.725399	−0.000501
	绕飞挠率	相对距离/m	绕飞中心 o_r/m	绕飞中心 o_t/m	绕飞中心 o_n/m	相对加速度 o_r/(m/s²)	相对加速度 o_t/(m/s²)	相对加速度 o_n/(m/s²)
	0.0000	561.5815	949.163	−3649.001	0.000	0.001213	0.000316	0.000000

图 8-5 编队绕飞形成与保持控制策略第 1 次相对控制的参数

	历元	A/m	e	i/(°)	Ω/(°)	ω/(°)	M/(°)	卫星质量/kg	推进剂质量/kg	贮箱压力/MPa
开始	B星 2012年06月01日 13时18分 30.773秒	7014608.680	0.000126	97.8246	67.7928	122.1945	60.4803	2872.2596	290.3796	1.8000
	A星 2012年06月01日 13时18分 30.773秒	7015557.290	0.000169	97.8246	67.7927	62.5207	119.9793	872.0523	20.1723	1.7975

第 8 章 卫星编队绕飞控制

开始控制时刻 CW 坐标系相对参数	绕飞曲率算子模值	绕飞曲率半径/m	绕飞角 ort/(°)	绕飞角 otn/(°)	绕飞角 orn/(°)	相对位置 or/m	相对位置 ot/m	相对位置 on/m
	0.000087	11442.997480	1.1317	88.8719	89.9099	1944.370	−20889.421	−5.423
	最大距离/m	最小距离/m	绕飞方向 or	绕飞方向 ot	绕飞方向 on	相对速度 or/(m/s)	相对速度 ot/(m/s)	相对速度 on/(m/s)
	29889.8754	20979.7167	−0.019687	−0.001573	−0.999805	0.264985	−3.739502	0.000665
	绕飞挠率	相对距离/m	绕飞中心 or/m	绕飞中心 ot/m	绕飞中心 on/m	相对加速度 or/(m/s²)	相对加速度 ot/(m/s²)	相对加速度 on/(m/s²)
	0.0000	20979.7167	902.537	−25897.674	−0.005	−0.001189	−0.000591	0.000006

推进参数	控制次数	控制圈数	推进时长/s	推进剂消耗量/kg	推力/N	比冲/s	径向速度增量/(m/s)	横向速度增量/(m/s)	法向速度增量/(m/s)
	2	11	100.6075	0.4432	9.7247	225.2425	0.0000	−1.1222	0.0000

	历元	A/m	e	i/(°)	Ω/(°)	ω/(°)	M/(°)	卫星质量/kg	推进剂质量/kg	贮箱压力/MPa
结束 B 星	2012 年 06 月 01 日 13 时 20 分 11.380 秒	7014209.791	0.000028	97.8248	67.7928	277.2999	271.5860	2872.2596	290.3796	1.8000
结束 A 星	2012 年 06 月 01 日 13 时 20 分 11.380 秒	7013082.991	0.000445	97.8248	67.7927	5.6514	183.0598	871.6091	19.7291	1.7922

结束控制时刻 CW 坐标系相对参数	绕飞曲率算子模值	绕飞曲率半径/m	绕飞角 ort/(°)	绕飞角 otn/(°)	绕飞角 orn/(°)	相对位置 or/m	相对位置 ot/m	相对位置 on/m
	0.000151	6632.532436	0.4491	89.5517	89.9731	1961.747	−21324.037	−5.348
	最大距离/m	最小距离/m	绕飞方向 or	绕飞方向 ot	绕飞方向 on	相对速度 or/(m/s)	相对速度 ot/(m/s)	相对速度 on/(m/s)
	25182.6515	6932.8426	−0.007825	−0.000469	−0.999969	0.019367	−4.891295	0.002143
	绕飞挠率	相对距离/m	绕飞中心 or/m	绕飞中心 ot/m	绕飞中心 on/m	相对加速度 or/(m/s²)	相对加速度 ot/(m/s²)	相对加速度 on/(m/s²)
	0.0000	21414.0854	−1145.354	−16084.031	−0.010	−0.003607	−0.000063	0.000006

图 8-6 编队绕飞形成与保持控制策略第 2 次相对控制的参数

	历元	A/m	e	i/(°)	Ω/(°)	ω/(°)	M/(°)	卫星质量/kg	推进剂质量/kg	贮箱压力/MPa
开始 B 星	2012 年 06 月 01 日 15 时 16 分 28.095 秒	6996821.168	0.001954	97.8340	67.8698	63.3679	195.4019	2872.2596	290.3796	1.8000
开始 A 星	2012 年 06 月 01 日 15 时 16 分 28.095 秒	6995702.162	0.002242	97.8340	67.8698	53.8592	204.8411	871.6091	19.7291	1.7922

开始控制时刻 CW 坐标系相对参数	绕飞曲率算子模值	绕飞曲率半径/m	绕飞角 ort/(°)	绕飞角 otn/(°)	绕飞角 orn/(°)	相对位置 or/m	相对位置 ot/m	相对位置 on/m
	0.000676	1479.236493	0.1512	89.8488	89.9968	−80.718	−14415.196	−0.582
	最大距离/m	最小距离/m	绕飞方向 or	绕飞方向 ot	绕飞方向 on	相对速度 or/(m/s)	相对速度 ot/(m/s)	相对速度 on/(m/s)
	14433.1260	2031.8757	−0.002638	0.000055	−0.999997	−3.178108	−0.450800	0.008360
	绕飞挠率	相对距离/m	绕飞中心 or/m	绕飞中心 ot/m	绕飞中心 on/m	相对加速度 or/(m/s²)	相对加速度 ot/(m/s²)	相对加速度 on/(m/s²)
	0.0000	14415.4217	−1114.777	−3230.000	−0.013	−0.001215	0.006863	0.000001

推进参数	控制次数	控制圈数	推进时长/s	推进剂消耗量/kg	推力/N	比冲/s	径向速度增量/(m/s)	横向速度增量/(m/s)	法向速度增量/(m/s)
	3	12	295.2570	1.2997	9.7170	225.2488	0.0000	0.0000	-3.2941

	历元	A/m	e	i/(°)	Ω/(°)	ω/(°)	M/(°)	卫星质量/kg	推进剂质量/kg	贮箱压力/MPa
结束	B星	2012年06月01日15时21分23.352秒	6996419.168	0.001835	97.8342	67.8761	87.6760	189.2514	2872.2596	290.3796	1.8000
	A星	2012年06月01日15时21分23.352秒	6995273.356	0.001972	97.8353	67.9014	74.6892	202.1766	870.3094	18.4294	1.7769

	绕飞曲率算子模值	绕飞曲率半径/m	绕飞角 ort/(°)	绕飞角 otn/(°)	绕飞角 orn/(°)	相对位置 or/m	相对位置 ot/m	相对位置 on/m
	0.000285	3509.754787	43.3599	46.6795	88.4992	-1056.669	-14243.944	-483.989
结束控制时刻CW坐标系相对参数	最大距离/m	最小距离/m	绕飞方向 or	绕飞方向 ot	绕飞方向 on	相对速度 or/(m/s)	相对速度 ot/(m/s)	相对速度 on/(m/s)
	14291.2815	3462.6133	0.686079	-0.026192	-0.727055	-3.376063	1.632378	-3.244596
	绕飞挠率	相对距离/m	绕飞中心 or/m	绕飞中心 ot/m	绕飞中心 on/m	相对加速度 or/(m/s²)	相对加速度 ot/(m/s²)	相对加速度 on/(m/s²)
	-0.0069	14291.2815	-1144.876	-2562.784	1.421	-0.000118	0.007296	0.000561

图 8-7 编队绕飞形成与保持控制策略第 3 次相对控制的参数

	历元	A/m	e	i/(°)	Ω/(°)	ω/(°)	M/(°)	卫星质量/kg	推进剂质量/kg	贮箱压力/MPa
开始	B星	2012年06月01日16时33分25.459秒	70145840.507	0.000102	97.8259	67.9228	127.9306	55.3323	2872.2596	290.3796	1.8000
	A星	2012年06月01日16时33分25.459秒	7013397.328	0.000407	97.8269	67.9480	20.8950	162.3707	870.3094	18.4294	1.7769

	绕飞曲率算子模值	绕飞曲率半径/m	绕飞角 ort/(°)	绕飞角 otn/(°)	绕飞角 orn/(°)	相对位置 or/m	相对位置 ot/m	相对位置 on/m
	0.000211	4749.922948	56.5119	33.9541	85.0283	1982.127	469.719	3053.580
开始控制时刻CW坐标系相对参数	最大距离/m	最小距离/m	绕飞方向 or	绕飞方向 ot	绕飞方向 on	相对速度 or/(m/s)	相对速度 ot/(m/s)	相对速度 on/(m/s)
	14732.9788	3523.2034	0.829486	0.086664	-0.551763	0.296008	-4.875533	-0.320792
	绕飞挠率	相对距离/m	绕飞中心 or/m	绕飞中心 ot/m	绕飞中心 on/m	相对加速度 or/(m/s²)	相对加速度 ot/(m/s²)	相对加速度 on/(m/s²)
	0.0007	3670.6688	-1145.957	5312.235	5.519	-0.003611	-0.000635	-0.003524

推进参数	控制次数	控制圈数	推进时长/s	推进剂消耗量/kg	推力/N	比冲/s	径向速度增量/(m/s)	横向速度增量/(m/s)	法向速度增量/(m/s)
	4	13	54.8077	0.2411	9.7102	225.2650	0.0000	0.6116	0.0000

| | 历元 | A/m | e | i/(°) | Ω/(°) | ω/(°) | M/(°) | 卫星质量/kg | 推进剂质量/kg | 贮箱压力/MPa |

第 8 章
卫星编队绕飞控制

结束	B星	2012年06月01日16时34分20.266秒	7014354.919	0.000030	97.8260	67.9228	168.9756	17.6709	2872.2696	290.3796	1.8000
结束	A星	2012年06月01日16时34分20.266秒	7014349.452	0.000258	97.8270	67.9480	12.6580	173.9917	870.0684	18.1884	1.7741

结束控制时刻CW坐标系相对参数	绕飞曲率算子模值	绕飞曲率半径/m	绕飞角 $ort/(°)$	绕飞角 $otn/(°)$	绕飞角 $orn/(°)$	相对位置 or/m	相对位置 ot/m	相对位置 on/m
	0.000222	4494.832625	56.5081	34.0175	84.7179	1993.431	218.504	3030.709
	最大距离/m	最小距离/m	绕飞方向 or	绕飞方向 ot	绕飞方向 on	相对速度 or/(m/s)	相对速度 ot/(m/s)	相对速度 on/(m/s)
	4184.5646	3477.6668	0.828867	0.092059	−0.551819	0.134374	−4.288225	−0.513562
	绕飞挠率	相对距离/m	绕飞中心 or/m	绕飞中心 ot/m	绕飞中心 on/m	相对加速度 or/(m/s^2)	相对加速度 ot/(m/s^2)	相对加速度 on/(m/s^2)
	0.0002	3634.1040	−4.154	−5.153	4.180	−0.002310	−0.000289	−0.003498

图 8-8 编队绕飞形成与保持控制策略第 4 次相对控制的参数

从图 8-5～图 8-8 可见，共进行了 4 次控制，最大推进时长为 295.257s，满足最大推进时长不超过 500s 的约束。4 次控制均安排在北京时间 8 点到 23 点。编队控制过程中最小相对距离为 539.1309m，满足控制过程中的最小安全距离为 200m 的约束。最大距离控制误差为 0.69%，最小距离控制误差为 0.049%。最后将水平绕飞角控制为 34.0175°，编队相对绕飞控制策略对水平绕飞角的控制误差仅为 0.0175°，精度很高。将绕飞挠率控制至仅为 0.0002，可见该策略对相对绕飞曲面的控制效果非常好，瞬时绕飞平面偏离目标绕飞平面的程度很小。绕飞中心在沿迹方向的分量控制至仅为−5.153m，远小于绕飞中心在沿迹方向的分量相对基线长度的偏离小于 5.0% 的约束。

从图 8-9 和图 8-10 可见，使用本章的编队绕飞控制策略进行编队绕飞控制后，绕飞中心、绕飞角、最小距离、最大距离均可良好稳定地保持，控制后编队构形稳定性好，有利于延长保持控制的周期，节约推进剂的消耗。

控制后构形预报									
	历元	A/m	e	$L/(°)$	$\Omega/(°)$	$\omega/(°)$	$M/(°)$		
主星根数	2012年06月01日16时34分20.266秒	7014354.919	0.000030	97.8260	67.9228	168.9756	17.6709		
副星根数	2012年06月01日16时34分20.266秒	7014349.452	0.000258	97.8270	67.9480	12.6580	173.9917		
历元	相对距离/m	最小距离/m	最大距离/m	CW坐标系绕飞中心/m			CW坐标系绕飞角/(°)		
				径向	横向	法向	轨道面	水平面	法平面
2012年06月01日16时34分20.266秒	3634.1	3477.7	4184.6	−4.2	−5.2	4.2	56.508	34.017	84.718
2012年06月01日17时13分00.266秒	4065.1	3457.2	4153.0	−5.0	−16.0	−0.9	56.391	34.115	84.810
2012年06月01日17时51分40.266秒	4099.2	3402.4	4243.5	11.7	−81.8	8.3	56.429	34.093	84.732
2012年06月01日18时30分20.266秒	3814.0	3445.8	4177.4	10.9	−68.9	6.1	56.422	34.071	84.884

2012年06月01日19时09分00.266秒	3464.1	3464.1	4134.0	−9.1	1.2	−2.0	56.413	34.097	84.793
2012年06月01日19时47分40.266秒	3686.9	3489.6	4175.5	−4.2	−5.1	3.8	56.556	33.934	84.906
2012年06月01日20时26分20.266秒	4098.6	3469.4	4139.2	−8.3	−6.8	−1.8	56.440	34.032	84.992
2012年06月01日21时05分00.266秒	4067.1	3424.1	4231.9	9.1	−73.5	7.4	56.463	30.026	84.909
2012年06月01日21时43分40.266秒	3762.7	3451.2	4170.0	12.5	−75.8	7.1	56.488	33.972	85.061
2012年06月01日22时22分20.266秒	3474.0	3473.4	4142.8	−6.5	−9.3	−1.4	56.464	34.011	84.978
2012年06月01日23时01分00.266秒	3739.9	3498.6	4166.2	−3.5	−7.2	3.8	56.602	33.853	85.088
2012年06月01日23时39分40.266秒	4122.7	3470.0	4140.5	−10.3	3.1	−2.5	56.487	33.953	85.170

图 8-9 控制后构形预报结果

控制后长期构形预报										
	历元	A/m	e	i/(°)	Ω/(°)	ω/(°)	M/(°)			
主星根数	2012年06月01日16时34分20.260秒	7014354.949	0.000030	97.8260	67.9228	168.9614	17.6847			
副星根数	2012年06月01日16时34分20.260秒	7014349.857	0.000258	97.8250	67.8974	12.6889	173.9535			
历元	相对距离/m	最小距离/m	最大距离/m	CW坐标系飞中心/m			CW坐标系飞角/(°)			
				径向	横向	法向	轨道面	水平面	法平面	
2012年07月02日02时34分20.260秒	3007.6	1988.0	5383.1	5.4	76.0	3.8	42.160	84.796	48.314	
2012年08月01日12时34分20.260秒	4246.4	3786.0	4558.9	18.2	89.6	22.9	63.574	26.611	87.091	
2012年08月31日22时34分20.260秒	5656.0	2035.9	6150.8	−5.7	270.1	2.0	52.230	68.877	45.288	
2012年10月01日08时34分20.260秒	3383.5	3287.8	5787.4	−8.4	343.4	0.7	66.358	27.297	77.146	
2012年10月31日18时34分20.260秒	5610.7	2473.7	6680.5	7.6	254.1	18.1	63.667	43.106	58.681	
2012年12月01日04时34分20.260秒	4466.4	2839.5	6813.5	−5.5	253.3	2.2	66.276	34.802	66.121	
2012年12月31日14时34分20.260秒	3851.3	3011.0	7120.6	−13.0	254.1	3.9	70.103	28.098	70.999	
2013年1月31日00时34分20.260秒	7703.3	2414.4	7833.9	2.0	170.6	14.4	64.922	47.963	52.419	
2013年03月02日10时34分20.260秒	4551.3	3683.0	7685.5	5.1	117.4	40.4	73.981	18.773	80.469	
2013年04月01日20时34分20.260秒	7325.7	2042.0	8782.5	−4.1	182.1	−6.7	63.397	69.642	34.546	
2013年05月02日06时34分20.260秒	7521.2	3743.6	8472.8	3.3	235.4	−18.8	76.381	13.646	89.166	
2013年06月01日16时34分20.260秒	2812.8	1983.4	9664.6	13.2	273.4	38.1	65.225	84.397	25.486	

图 8-10 控制后构形长期预报结果

8.6 小结

本章提出的卫星编队飞行相对绕飞控制策略，仅需进行切向和法向的控制，控制律不需要改变推力大小和推力方向。适用范围广，针对一般的单组元冷气推进、双组元推进、电推进等各种推进系统都适用。同时本章提出的相对控制策略，不需要进行卫星的姿态机动，并且对绕飞角、绕飞中心等编队构形参数的控制精度高。此外，使用本章的相对控制策略进行控制后，绕飞中心、绕飞角、最小距离、最大距离均可良好稳定地保持，控制后编队构形稳定性好，实现了对绕飞中心和绕飞挠率的控制。对于地球静止轨道的绕飞侦照，可以做到超过一个轨道周期的侦照，但对于倾斜同步轨道来说，一般只可实现在一个弧段内对被侦照目标实施自然式的绕飞侦照，对于太阳同步轨道，可以采用悬停的方式对目标实施侦照。

参考文献

[1] 陈杰,周荫清,李春升. 分布式 SAR 小卫星编队轨道设计方法研究[J]. 中国科学 E 辑信息科学, 2004, 34(6):654-662.

[2] 张润宁,李洋,李国军. 编队飞行干涉 SAR 卫星系统任务分析与设计[J]. 航天器工程. 2008, 17(5): 18-24.

[3] HANSPETER S, KYLE T A. J_2 Invariant Relative Orbit for Spacecraft Formations[J]. Celestial Mechanics and Dynamical Astronomy, 2001, 79(2): 77-95.

[4] Hanspeter Schaub , Srinivas R. Vadali , et al. Spacecraft formation flying control using mean orbit elements[J]. Journal of the Astronautical Sciences, 2000, 48(1): 69–87.

[5] HIS H Y, ANDREW S. Geometry and control of satellite formations[C]. Chicago: Proceedings of the American Control Conference. June 2000.

[6] ALFRIEND K T, SCHAUB, H, Gim D W. Gravitational perturbations, nonlinearity and circular orbit assumption effects on formation flying control strategies[C]. Breckenridge: Annual AAS Rocky Mountain Guidance and Control Conference. Breckenridge, 2000, AAS 00-012.

[7] AMICO S D, MONTENBRUCK O. Proximity operations of formation-flying spacecraft using an eccentricity/inclination vector separation[J]. Journal of Guidance, Control, and Dynamics, 2006, 29(3): 554-563.

[8] CLOHESSY W, WILTSHIRE R. Terminal guidance system for satellite rendezvous[J]. Journal of The Aerospace Sciences, 1960, 27(9): 653-658.

[9] LAWDEN D. Fundamentals of Space Navigation[J]. Journal of the British Interplanetary Society, 1954, 13(2): 87-101.

[10] VADALI S R. An analytical solution for relative motion of satellites[C]. Cranfield: Dynamics and

Control of Systems and Structures in Space, 2002, Cranfield Univ, UK, 309-316.

[11] 杨海峰, 尹路明. 近地卫星编队构形保持方法[J]. 航天控制, 2010, 28(1): 17-20,69.

[12] 郭碧波, 李立涛, 强文义, 等. 卫星编队飞行相对位置保持的脉冲控制[J]. 航天控制, 2007, 25(2): 32-35, 91.

[13] 张保群, 宋申民, 陈兴林. 带时延和拓扑切换的编队卫星鲁棒协同控制[J].宇航学报, 2012, 33(7): 910-919.

[14] BROWER D. Solution of the problem of artificial satellite theory without drag[J]. Astronautical Journal, 1959, 64(1274), 378-397.

第 9 章 太阳同步轨道防碰撞安全区域计算

9.1 引言

随着在轨飞行的卫星编队与星座卫星以及空间碎片越来越多,导致卫星之间、卫星与碎片之间的碰撞概率越来越大[1-6],为此需要考虑防碰撞安全区域设计与计算。为了保证卫星全寿命周期的安全,需要在实际的卫星长期管理阶段进行卫星安全区域的计算与发布,以便卫星发射、应急轨道机动、规避、轨道保持等任务的快速实施[7-9]。

在轨段的卫星安全区域计算,主要针对卫星的轨道维持、碰撞规避、倾角控制等重大变轨事件,根据制定的初步轨道控制策略文件(轨道控制时间区间、控制量范围),利用最新的空间目标编目数据,循环迭代进行空间目标碰撞预警的安全区域的计算与软件自动分析判断,最终给出轨道控制的安全区域。目前,大部分近地卫星运行在太阳同步轨道上,因此本章主要考虑太阳同步轨道上的防碰撞安全区域计算。

9.2 (准)太阳同步轨道安全区域计算

针对各类太阳同步轨道,给出了其安全区域的设计与计算方法。本方法适用于太阳同步轨道、准太阳同步轨道、准太阳同步回归轨道、准太阳同步回归冻结轨道等的安全区域计算。

以卫星 C 的质心为原点建立轨道坐标系 $Cxyz$,Cx 轴方向和地心至卫星质心方向相同,Cz 轴指向卫星轨道面法线方向,Cy 轴和 Cz 轴、Cx 轴成右手正交坐标系。设 r 为卫星到地心的距离,a 为半长轴,e 为偏心率,i 为倾角,Ω 为升交点赤经,ω 为近地点幅角,f 为真近点角,M 为平近点角,则 $u = \omega + f$,$\lambda = \omega + M$。设下标"c"和"d"分别为卫星和安全区域边界点,卫星处在近圆轨道。倘若只考虑定轨偏差,不考虑轨道摄动,则令 $\delta a_0 = a_d - a_c$,$\delta i_0 = i_d - i_c$,$\delta \Omega_0 = \Omega_d - \Omega_c$,$\delta u_0 = u_d - u_c$,$\delta M_0 = M_d - M_c$ 为定轨偏差的最大值。$\delta r_0 = r_d - r_c$,$r_c = (r_c\ 0\ 0)^T$ 为卫星相对地心的位置向量在卫星轨道坐标系的分量表示,$r_d = (x_d\ y_d\ z_d)^T$ 为安全区域边界点相对地心的位置向量在卫星轨道坐标系的分量表示。

设定轨结果用 a、e、i、Ω、ω、M 表示，定轨误差用 $\pm\delta a$、$\pm\delta e$、$\pm\delta i$、$\pm\delta\Omega$、$\pm\delta\omega$、$\pm\delta M$ 表示。对于近地轨道的卫星来说，读取定轨结果中半长轴每天衰减率，$\dfrac{\mathrm{d}a}{\mathrm{d}Day}$，符号为负，单位为 m/d。

因此半长轴每秒衰减率为

$$\dot{a} = \frac{\mathrm{d}a}{\mathrm{d}Day}/86400 \tag{9-1}$$

半长轴定轨偏差及大气阻力引起的半长轴衰减率两个量引起的 y 方向的偏差按照下式计算：

$$\begin{cases} y^{+} = -3\pi\delta a_0 \dfrac{t}{T} - 1.5\pi\dfrac{\dot{a}}{T}t^2 \\ y^{-} = 3\pi\delta a_0 \dfrac{t}{T} - 1.5\pi\dfrac{\dot{a}}{T}t^2 \end{cases} \tag{9-2}$$

初始轨道外推，以外推的轨道为参考基准。y^{+} 和 y^{-} 为安全区域两边。$6\pi\delta a_0 \dfrac{t}{T}$ 为安全区域长度，$-1.5\pi\dfrac{\dot{a}}{T}t^2$ 为安全区域中心偏离基准轨道的量。

初始轨道也可以代入瞬根数外推，考虑 10×10 阶（或者 20×20 等其他阶）引力场模型、日月引力、太阳光压，不考虑大气阻力。以瞬根为参考值进行外推。由于计算安全区域中心偏离已经考虑了大气阻力，因此在外推时不再考虑大气阻力。

目前已知区域长度，还需要知道区域宽度。

卫星轨道为太阳同步轨道或准太阳同步轨道，则由于共振影响导致太阳引力摄动作用下的卫星轨道倾角长期变化率为

$$\frac{\mathrm{d}i}{\mathrm{d}t} = -\frac{3n_s^2}{16n}\sin i(1+\cos i_s)^2 \sin(2\beta_s - 2\Omega) \tag{9-3}$$

式中：t 为时间；i_s 为黄道倾角；n_s 为地球绕太阳公转的角速率；β_s 为太阳视运动的黄经。此时星座卫星轨道倾角的长期变化率与卫星的升交点赤经无关，而与卫星降交点地方时有关。$(\beta_s - \Omega)$ 是由降交点地方时决定的量，与升交点赤经 Ω 无直接关系。如果准太阳同步轨道星座中某卫星的降交点地方平太阳时为 12:00，则 $\beta_s - \Omega$ 的值转到区间 [0,360) 后等于 180°。

月球引力摄动引起的卫星轨道倾角长期变化率为

$$\frac{\mathrm{d}i}{\mathrm{d}t} = \frac{3}{8}n\sigma\left(\frac{n_m}{n}\right)^2 \sin(\Omega - \Omega_m)[2\cos(\Omega - \Omega_m)\sin i + \sin 2i_m \cos i - 2\cos^2 i_m \sin i \cos(\Omega - \Omega_m)] \tag{9-4}$$

式中：$\sigma = \dfrac{m_m}{m_e + m_m} = \dfrac{1}{82.3}$，$m_m$ 为月球质量，m_e 为地球质量；$n_m^2 = \dfrac{Gm_m}{\sigma r_{em}^3}$；$i_m$ 为月

球轨道的倾角；Ω_m 为月球轨道的升交点赤经；n_m 为月球绕地球运动的角速率；r_{em} 为地月平均距离。

由于定轨偏差、大气阻力引起的半长轴衰减率、日月引力引起的倾角摄动，这些量引起的卫星法向的漂移为

$$\delta\Omega(\text{rad}) = -\frac{7\pi}{365\times86400a}(\delta a_0 t + 0.5\dot{a}t^2) - \frac{2\pi}{365\times86400}\tan i\left(\delta i_0 t + 0.5\frac{di}{dt}t^2\right) \quad (9\text{-}5)$$

计算单位为弧度。

从法向看，区域偏离初始参考轨道（采用二体加 J_2 项外推）为

$$z = -\frac{2\pi}{365\times86400}[(3.5\delta a_0 + a\tan i\delta i_0)t + \left(1.75\dot{a} + 0.5a\tan i\frac{di}{dt}\right)t^2] \quad (9\text{-}6)$$

因此区域法向半径为

$$|R_p| = \frac{2\pi}{365\times86400}|(3.5\delta a_0 + a\tan i\delta i_0)t| \quad (9\text{-}7)$$

安全区域中心法向方向偏离基准轨道的量为

$$z = -\frac{2\pi}{365\times86400}\left(1.75\dot{a} + 0.5a\tan i\frac{di}{dt}\right)t^2 \quad (9\text{-}8)$$

令 $K=2.0$ 为区域隔离系数，$\begin{cases}y^+ = Ky^+ \\ y^- = Ky^-\end{cases}$，$d = Kd$，安全区域进行了适当放大，区域曲率半径为 $\frac{1}{a}$，安全区域示意图如图 9-1 所示。

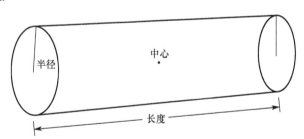

图 9-1 安全区域示意图

控制后安全区域计算采用本方案。不同的是，此前的定轨误差，变为控制执行误差。下面给出不同的计算模式对应的计算流程（表 9-1）。

表 9-1 计算模式

序 号	轨道根数	外 推 模 型
1	瞬根数	地球非球形、高精度大气阻力、日月引力、太阳光压摄动
2	瞬根数	地球非球形、低精度大气阻力、日月引力、太阳光压摄动
3	瞬根数	地球非球形、日月引力、太阳光压摄动
4	平根数	地球非球形、日月引力、太阳光压摄动

9.2.1 瞬根数全模型高精度外推

输入：任意时刻定轨结果、定轨半长轴最大偏差范围 δa_0、定轨倾角最大偏差范围 δi_0、卫星轨道周期 T、安全区域计算时长、区域隔离系数取 $K=2.0$。

安全区域计算方案的具体步骤如下：

（1）按照下式计算安全区域长度：

$$\begin{cases} y^+ = -3\pi\delta a_0 \dfrac{t}{T} - 1.5\pi\dfrac{\dot{a}}{T}t^2 \\ y^- = 3\pi\delta a_0 \dfrac{t}{T} - 1.5\pi\dfrac{\dot{a}}{T}t^2 \end{cases}$$

式中：y^+ 和 y^- 为安全区域两边。$6\pi K \delta a_0 \dfrac{t}{T}$ 为安全区域长度，即安全区域长度方向两边在轨道外推计算出的卫星位置的 $\pm 3\pi K \delta a_0 \dfrac{t}{T}$。

（2）按照下式计算太阳引力引起的卫星轨道倾角变化率：

$$\frac{\mathrm{d}i}{\mathrm{d}t} = -\frac{3n_s^2}{16n}\sin i(1+\cos i_s)^2 \sin(2\beta_s - 2\Omega)$$

式中：t 为时间；i_s 为黄道倾角；n_s 为地球绕太阳公转的角速率；β_s 为太阳视运动的黄经。此时星座卫星轨道倾角的长期变化率与卫星的升交点赤经无关，而与卫星降交点地方时有关。$(\beta_s - \Omega)$ 是由降交点地方时决定的量，与升交点赤经 Ω 无直接关系。如果准太阳同步轨道星座中某卫星的降交点地方平太阳时为 12:00，则 $\beta_s - \Omega$ 的值转到区间 $[0,360)$ 后等于 $180°$。

（3）按照下式计算月球引力引起的卫星轨道倾角变化率：

$$\frac{\mathrm{d}i}{\mathrm{d}t} = \frac{3}{8}n\sigma\left(\frac{n_m}{n}\right)^2 \sin(\Omega-\Omega_m)[2\cos(\Omega-\Omega_m)\sin i + \sin 2i_m \cos i - 2\cos^2 i_m \sin i \cos(\Omega-\Omega_m)]$$

式中：$\sigma = \dfrac{m_m}{m_e + m_m} = \dfrac{1}{82.3}$，$m_m$ 为月球质量，m_e 为地球质量；$n_m^2 = \dfrac{Gm_m}{\sigma r_{em}^3}$；$i_m$ 为月球轨道的倾角；Ω_m 为月球轨道的升交点赤经；n_m 为月球绕地球运动的角速率；r_{em} 为地月平均距离。

（4）计算日月引力引起的卫星轨道倾角变化率：根据步骤 2 和步骤 3 的结果进行求和。

（5）按照下式计算区域法向偏离初始参考轨道：

$$z = -\frac{2\pi}{365 \times 86400}\left[(3.5\delta a_0 + a\tan i \delta i_0)t + \left(1.75\dot{a} + 0.5a\tan i \frac{\mathrm{d}i}{\mathrm{d}t}\right)t^2\right]$$

（6）按照下式计算区域 Pipeline 法向半径：

$$|R_\mathrm{p}| = \frac{2\pi K}{365 \times 86400}|(3.5\delta a_0 + a\tan i \delta i_0)t|$$

（7）按照下式计算安全区域中心法向方向偏离基准轨道的量：

$$C_\mathrm{drift} = -\frac{2\pi}{365 \times 86400}\left(1.75\dot{a} + 0.5a\tan i\frac{\mathrm{d}i}{\mathrm{d}t}\right)t^2$$

（8）按照下式计算以弧度表示区域长度两边在卫星沿迹方向的偏差：

$$\delta l = \pm 3\pi K\delta a_0 \frac{t}{aT}$$

（9）按照下式计算以弧度表示的区域截面方向在卫星轨道法向平面内的偏差：

$$\delta\Omega(\mathrm{rad}) = -\frac{7\pi\delta a_0 t}{365 \times 86400 a} - \frac{2\pi}{365 \times 86400}\tan i\left(\delta i_0 t + 0.5\frac{\mathrm{d}i}{\mathrm{d}t}t^2\right)$$

（10）输出区域两边 y^+ 和 y^-，区域中心 $\frac{y^+ + y^-}{2}$，区域长度 $|y^+ - y^-|$，区域半径 R_p，区域中心法向偏离 C_drift。

9.2.2 瞬根数全模型中精度外推

当大气阻力的预报精度不够高，在轨道外推过程中考虑了大气阻力。然而由于半长轴衰减率的计算偏差可能导致对卫星真实位置的计算偏差，此时需要考虑半长轴衰减率的偏差对卫星安全区域的影响。

输入：任意时刻定轨结果、定轨半长轴最大偏差范围 δa_0、半长轴衰减率最大误差 $\dot{a}_\mathrm{max\_error}$（单位：$\mathrm{s}^{-1}$）、定轨倾角最大偏差范围 δi_0、卫星轨道周期 T、安全区域计算时长、区域隔离系数取 $K = 2.0$。

安全区域计算方案的具体步骤如下：

（1）按照下式计算安全区域长度：

$$y^+ = -K\left(3\pi\delta a_0\frac{t}{T} + 1.5\pi\frac{\dot{a}_\mathrm{max\_error}}{T}t^2\right)$$

$$y^- = K\left(3\pi\delta a_0\frac{t}{T} - 1.5\pi\frac{\dot{a}_\mathrm{max\_error}}{T}t^2\right)$$

式中，y^+ 和 y^- 为安全区域两边。$6\pi K\delta a_0\frac{t}{T}$ 为安全区域长度，$-1.5\pi\frac{\dot{a}_\mathrm{max\_error}}{T}t^2$ 为安全区域中心偏离基准轨道的量。即安全区域长度方向两边在轨道外推计算出的卫星位置的 $\pm 3\pi K\delta a_0\frac{t}{T}$。

（2）按照下式计算太阳引力引起的卫星轨道倾角变化率：

$$\frac{\mathrm{d}i}{\mathrm{d}t} = -\frac{3n_s^2}{16n}\sin i(1+\cos i_s)^2 \sin(2\beta_s - 2\Omega)$$

式中：t 为时间；i_s 为黄道倾角；n_s 为地球绕太阳公转的角速率；β_s 为太阳视运动的黄经。此时星座卫星轨道倾角的长期变化率与卫星的升交点赤经无关，而与卫星降交点地方时有关。$(\beta_s - \Omega)$ 是由降交点地方时决定的量，与升交点赤经 Ω 无直接关系。如果准太阳同步轨道星座中某卫星的降交点地方平太阳时为 12:00，则 $\beta_s - \Omega$ 的值转到区间 $[0,360)$ 后等于 $180°$。

（3）按照下式计算月球引力引起的卫星轨道倾角变化率：

$$\frac{\mathrm{d}i}{\mathrm{d}t} = \frac{3}{8}n\sigma\left(\frac{n_\mathrm{m}}{n}\right)^2 \sin(\Omega-\Omega_\mathrm{m})[2\cos(\Omega-\Omega_\mathrm{m})\sin i + \sin 2i_\mathrm{m}\cos i - 2\cos^2 i_\mathrm{m}\sin i\cos(\Omega-\Omega_\mathrm{m})]$$

式中：$\sigma = \dfrac{m_\mathrm{m}}{m_\mathrm{e}+m_\mathrm{m}} = \dfrac{1}{82.3}$，$m_\mathrm{m}$ 为月球质量，m_e 为地球质量；$n_\mathrm{m}^2 = \dfrac{Gm_\mathrm{m}}{\sigma r_\mathrm{em}^3}$；$i_\mathrm{m}$ 为月球轨道的倾角；Ω_m 为月球轨道的升交点赤经；n_m 为月球绕地球运动的角速率；r_em 为地月平均距离。

（4）计算日月引力引起的卫星轨道倾角变化率：根据步骤 2 和步骤 3 的结果进行求和。

（5）按照下式计算区域法向偏离初始参考轨道：

$$z = -\frac{2\pi}{365\times 86400}\left[(3.5\delta a_0 + a\tan i\delta i_0)t + \left(1.75\dot{a}_{\max\_\mathrm{error}} + 0.5a\tan i\frac{\mathrm{d}i}{\mathrm{d}t}\right)t^2\right]$$

（6）按照下式计算区域 Pipeline 法向半径：

$$|R_\mathrm{p}| = \frac{2\pi K}{365\times 86400}|(3.5\delta a_0 + a\tan i\delta i_0)t|$$

（7）按照下式计算安全区域中心法向方向偏离基准轨道的量：

$$C_\mathrm{drift} = -\frac{2\pi}{365\times 86400}\left(1.75\dot{a}_{\max\_\mathrm{error}} + 0.5a\tan i\frac{\mathrm{d}i}{\mathrm{d}t}\right)t^2$$

（8）按照下式计算以弧度表示区域长度两边在卫星沿迹方向的偏差：

$$\delta l = \pm 3\pi K\delta a_0 \frac{t}{aT}$$

（9）按照下式计算以弧度表示的区域截面方向在卫星轨道法向平面内的偏差：

$$\delta\Omega(\mathrm{rad}) = -\frac{7\pi\delta a_0 t}{365\times 86400 a} - \frac{2\pi}{365\times 86400}\tan i\left(\delta i_0 t + 0.5\frac{\mathrm{d}i}{\mathrm{d}t}t^2\right)$$

（10）输出区域两边 y^+ 和 y^-，区域中心 $\dfrac{y^+ + y^-}{2}$，区域长度 $|y^+ - y^-|$，区域半径 R_p，区域中心法向偏离 C_drift。

9.2.3 瞬根数不含大气阻力的中精度外推

有时为了快速地外推轨道，在外推时模型中不含大气阻力，但读取半长轴衰减率。此种模式下，安全区域的计算和此前有所不同。

输入：任意时刻定轨结果、定轨半长轴最大偏差范围 δa_0、半长轴衰减率 $\dot{a}$（单位：s^{-1}）、半长轴衰减率最大误差 $\dot{a}_{\mathrm{max\_error}}$（单位：$s^{-1}$）、定轨倾角最大偏差范围 δi_0、卫星轨道周期 T、安全区域计算时长、区域隔离系数取 $K=2.0$。

安全区域计算方案的具体步骤如下：

（1）按照下式计算安全区域长度：

$$y^+ = -K\left(3\pi\delta a_0 \frac{t}{T} + 1.5\pi\frac{\dot{a}-\dot{a}_{\mathrm{max\_error}}}{T}t^2\right) \text{和} -K\left(3\pi\delta a_0 \frac{t}{T} + 1.5\pi\frac{\dot{a}+\dot{a}_{\mathrm{max\_error}}}{T}t^2\right) \text{的模最大者}$$

$$y^- = K\left(3\pi\delta a_0 \frac{t}{T} - 1.5\pi\frac{\dot{a}-\dot{a}_{\mathrm{max\_error}}}{T}t^2\right) \text{和} K\left(3\pi\delta a_0 \frac{t}{T} - 1.5\pi\frac{\dot{a}+\dot{a}_{\mathrm{max\_error}}}{T}t^2\right) \text{的模最大者}$$

式中：y^+ 和 y^- 为安全区域两边。$|y^+ - y^-|$ 为安全区域长度。

（2）按照下式计算太阳引力引起的卫星轨道倾角变化率：

$$\frac{\mathrm{d}i}{\mathrm{d}t} = -\frac{3n_s^2}{16n}\sin i(1+\cos i_s)^2 \sin(2\beta_s - 2\Omega)$$

式中：t 为时间；i_s 为黄道倾角；n_s 为地球绕太阳公转的角速率；β_s 为太阳视运动的黄经。此时星座卫星轨道倾角的长期变化率与卫星的升交点赤经无关，而与卫星降交点地方时有关。$(\beta_s - \Omega)$ 是由降交点地方时决定的量，与升交点赤经 Ω 无直接关系。如果准太阳同步轨道星座中某卫星的降交点地方平太阳时为12:00，则 $\beta_s - \Omega$ 的值转到区间 $[0,360)$ 后等于 $180°$。

（3）按照下式计算月球引力引起的卫星轨道倾角变化率：

$$\frac{\mathrm{d}i}{\mathrm{d}t} = \frac{3}{8}n\sigma\left(\frac{n_\mathrm{m}}{n}\right)^2 \sin(\Omega-\Omega_\mathrm{m})[2\cos(\Omega-\Omega_\mathrm{m})\sin i + \sin 2i_\mathrm{m}\cos i - 2\cos^2 i_\mathrm{m}\sin i\cos(\Omega-\Omega_\mathrm{m})]$$

式中：$\sigma = \dfrac{m_\mathrm{m}}{m_\mathrm{e}+m_\mathrm{m}} = \dfrac{1}{82.3}$，$m_\mathrm{m}$ 为月球质量，m_e 为地球质量；$n_\mathrm{m}^2 = \dfrac{Gm_\mathrm{m}}{\sigma r_\mathrm{em}^3}$；$i_\mathrm{m}$ 为月球轨道的倾角；Ω_m 为月球轨道的升交点赤经；n_m 为月球绕地球运动的角速率；r_em 为地月平均距离。

（4）计算日月引力引起的卫星轨道倾角变化率：根据步骤2和步骤3的结果进行求和。

（5）计算 $\dot{a}_1 = \dot{a} - |\dot{a}_{\mathrm{max\_error}}|$。

（6）按照下式计算区域 Pipeline 法向偏离初始参考轨道：

$$z = -\frac{2\pi}{365 \times 86400}\left[(3.5\delta a_0 + a\tan i\delta i_0)t + \left(1.75\dot{a}_1 + 0.5a\tan i\frac{\mathrm{d}i}{\mathrm{d}t}\right)t^2\right]$$

(7) 按照下式计算区域法向半径：

$$|R_\mathrm{p}| = \frac{2\pi K}{365 \times 86400}|(3.5\delta a_0 + a\tan i\delta i_0)t|$$

(8) 按照下式计算安全区域中心法向方向偏离基准轨道的量：

$$C_\mathrm{drift} = -\frac{2\pi}{365 \times 86400}\left(1.75\dot{a}_1 + 0.5a\tan i\frac{\mathrm{d}i}{\mathrm{d}t}\right)t^2$$

(9) 按照下式计算以弧度表示区域长度两边在卫星沿迹方向的偏差：

$$\frac{y^+}{a} \text{ 和 } \frac{y^-}{a}$$

(10) 按照下式计算以弧度表示的区域截面方向在卫星轨道法向平面内的偏差：

$$\delta\Omega(\mathrm{rad}) = -\frac{7\pi\delta a_0 t}{365 \times 86400 a} - \frac{2\pi}{365 \times 86400}\tan i\left(\delta i_0 t + 0.5\frac{\mathrm{d}i}{\mathrm{d}t}t^2\right)$$

(11) 输出区域两边 y^+ 和 y^-，区域中心 $\frac{y^+ + y^-}{2}$，区域长度 $|y^+ - y^-|$，区域半径 R_p，区域中心法向偏离 C_drift。

9.2.4 平根数全模型中精度外推

当采用平根数外推时，如果外推模型中不考虑大气阻力。则按照本方案计算安全区域。

输入：任意时刻定轨结果、定轨半长轴最大偏差范围 δa_0、半长轴衰减率最大误差 $\dot{a}$（单位：s^{-1}）、定轨倾角最大偏差范围 δi_0、卫星轨道周期 T、安全区域计算时长、区域隔离系数取 $K = 4.0$。

安全区域计算的具体步骤如下：

(1) 如果外推模型中不考虑大气阻力，按照下式计算安全区域长度：

$$y^+ = -K\left(3\pi\delta a_0\frac{t}{T} + 1.5\pi\frac{\dot{a}}{T}t^2\right)$$

$$y^- = K\left(3\pi\delta a_0\frac{t}{T} - 1.5\pi\frac{\dot{a}}{T}t^2\right)$$

式中：y^+ 和 y^- 为安全区域两边。$6\pi K\delta a_0\frac{t}{T}$ 为安全区域长度，$-1.5\pi\frac{\dot{a}}{T}t^2$ 为安全区域中心偏离基准轨道的量。即安全区域长度方向两边在轨道外推计算出的卫星位置的 $\pm 3\pi K\delta a_0\frac{t}{T}$。

如果外推模型中考虑了大气阻力，则按照下式计算安全区域长度：

$$y^+ = -K\left(3\pi\delta a_0 \frac{t}{T}\right)$$

$$y^- = K\left(3\pi\delta a_0 \frac{t}{T}\right)$$

此时安全区域中性无偏移。

（2）按照下式计算太阳引力引起的卫星轨道倾角变化率：

$$\frac{\mathrm{d}i}{\mathrm{d}t} = -\frac{3n_s^2}{16n}\sin i(1+\cos i_s)^2 \sin(2\beta_s - 2\Omega)$$

式中：t 为时间；i_s 为黄道倾角；n_s 为地球绕太阳公转的角速率；β_s 为太阳视运动的黄经。此时星座卫星轨道倾角的长期变化率与卫星的升交点赤经无关，而与卫星降交点地方时有关。$(\beta_s - \Omega)$ 是由降交点地方时决定的量，与升交点赤经 Ω 无直接关系。如果准太阳同步轨道星座中某卫星的降交点地方平太阳时为 12:00，则 $\beta_s - \Omega$ 的值转到区间 [0,360) 后等于 180°。

（3）按照下式计算月球引力引起的卫星轨道倾角变化率：

$$\frac{\mathrm{d}i}{\mathrm{d}t} = \frac{3}{8}n\sigma\left(\frac{n_m}{n}\right)^2 \sin(\Omega-\Omega_m)[2\cos(\Omega-\Omega_m)\sin i + \sin 2i_m \cos i - 2\cos^2 i_m \sin i \cos(\Omega-\Omega_m)]$$

式中：$\sigma = \frac{m_m}{m_e + m_m} = \frac{1}{82.3}$，$m_m$ 为月球质量，m_e 为地球质量；$n_m^2 = \frac{Gm_m}{\sigma r_{em}^3}$；$i_m$ 为月球轨道的倾角；Ω_m 为月球轨道的升交点赤经；n_m 为月球绕地球运动的角速率；r_{em} 为地月平均距离。

（4）计算日月引力引起的卫星轨道倾角变化率：根据步骤2和步骤3的结果进行求和。

（5）按照下式计算区域法向偏离初始参考轨道：

$$z = -\frac{2\pi}{365\times 86400}\left[(3.5\delta a_0 + a\tan i\delta i_0)t + \left(1.75\dot{a} + 0.5a\tan i\frac{\mathrm{d}i}{\mathrm{d}t}\right)t^2\right]$$

（6）按照下式计算区域 Pipeline 法向半径：

$$R_p = \frac{2\pi K}{365\times 86400}|(3.5\delta a_0 + a\tan i\delta i_0)t|$$

（7）按照下式计算安全区域中心法向方向偏离基准轨道的量：

$$C_{\mathrm{drift}} = -\frac{2\pi}{365\times 86400}\left(1.75\dot{a} + 0.5a\tan i\frac{\mathrm{d}i}{\mathrm{d}t}\right)t^2$$

（8）按照下式计算以弧度表示区域长度两边在卫星沿迹方向的偏差：

$$\delta l = \pm 3\pi K\delta a_0 \frac{t}{aT}$$

（9）按照下式计算以弧度表示的区域截面方向在卫星轨道法向平面内的偏差：

$$\delta\Omega(\text{rad}) = -\frac{7\pi\delta a_0 t}{365\times 86400 a} - \frac{2\pi}{365\times 86400}\tan i\left(\delta i_0 t + 0.5\frac{\mathrm{d}i}{\mathrm{d}t}t^2\right)$$

（10）输出区域两边 y^+ 和 y^-，区域中心 $\dfrac{y^+ + y^-}{2}$，区域长度 $|y^+ - y^-|$，区域半径 R_p，区域中心法向偏离 C_drift。

9.3 计算结果

9.3.1 算例

某太阳同步轨道卫星的降交点地方时为当地时间 6 点 30 分，卫星轨道半长轴为 7180000m，轨道倾角为 98.6°，初始时刻升交点赤经为 120°，半长轴衰减率为每天 10m，设卫星定轨的半长轴最大偏差为 6m，定轨的倾角最大偏差为 0.001°，白赤交角为 18.3°，白道升交点赤经为 -12°，区域隔离系数为 2.0。计算 1 天后，安全区域的大小、形状与区域中心位置。

根据 9.2.4 节的计算流程，得到安全区域长度为 1.6139km，安全区域长度方向沿卫星运行方向，两边分别为 9.2.4 节模式的轨道外推位置的沿迹方向 -2.9588km 和 0.269m 处。安全区域法向半径 27.8045m，安全区域法向漂移为 -0.1570m（面向卫星运行方向，向右为正，向左为负）。图 9-2 给出了 1 天后安全区域的示意图。为了直观起见，图 9-2 中不同坐标轴的刻度大小不一致。由 9-2 可见，区域是非常细长的一个圆柱体。从下一节的分析还可知，随着时间的增加，区域越来越长，区域半径也逐渐增大。

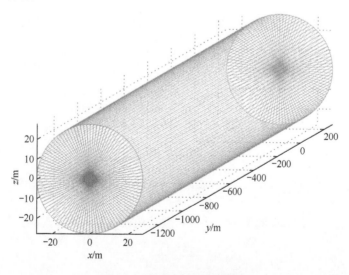

图 9-2 本算例对应的安全区域

由于每个瞬间，安全区域都是一个三维的柱状物体；考虑时间的变化，则安全区域是一个四维的物体，无法在三维坐标图中表示出来。但可通过每个时刻安全区域的大小和形状来更直观地理解其随时间演化的四维情形。图 9-3 给出了上述算例参数情况下，计算 1 天内，安全区域长度和半径随时间的演化情况，可见其他参数固定的情况下，安全区域的长度和半径随时间线性增加。

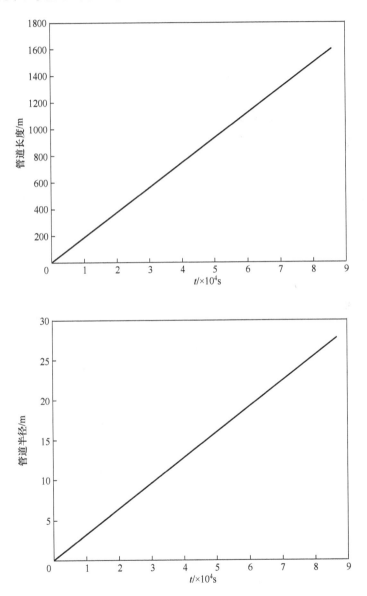

图 9-3　安全区域长度和半径随时间的演化情况，最大预报时间长度为 **86400** 秒，即 **1** 天。

9.3.2 安全区域分析

太阳同步轨道的碰撞规避安全区域长度和卫星的半长轴定轨偏差、半长轴衰减率、预报时间长度有关。在卫星受到的各种摄动力中,只有大气阻力摄动对安全区域长度产生影响,其他摄动如地球非球形摄动和日月引力摄动对安全区域长度没有影响。

安全区域沿迹方向的漂移只和半长轴衰减率、预报时间长度有关。在卫星受到的各种摄动力中,只有大气阻力摄动对安全区域沿迹方向的漂移产生影响,其他摄动如地球非球形摄动和日月引力摄动对安全区域沿迹方向的漂移没有影响。安全区域沿迹方向的漂移是预报时间长度的二次函数,随着预报时间长度的增加,安全区域沿迹方向的漂移量迅速增加。

太阳同步轨道的碰撞规避安全区域的区域粗细,即安全区域法向半径和轨道半长轴、倾角、半长轴定轨偏差、倾角定轨偏差、预报时间长度有关。从原理上讲,区域粗细和日月引力、大气阻力没有关系,区域粗细和地球非球形摄动有关。

安全区域中心法向方向偏离基准轨道的量同轨道半长轴、倾角、半长轴衰减率、日月引力引起的倾角摄动、预报时间长度有关,和半长轴定轨偏差、倾角定轨偏差无关。特别是,安全区域中心法向方向偏离基准轨道的量是预报时间长度的二次函数,可见随着预报时间长度的增加,安全区域中心法向方向偏离基准轨道的量迅速增加。

下面我们画出安全区域随参数的变化情况,以给出更加直观的认识。

某太阳同步轨道卫星的降交点地方时为当地时间 6 点 30 分,卫星轨道半长轴为 7180000m,轨道倾角为 98.6°,初始时刻升交点赤经为 120°,白赤交角为 18.3°,白道升交点赤经为−12°,区域隔离系数为 2.0。考虑半长轴衰减率、定轨的半长轴最大偏差、定轨的倾角最大偏差这三个参数变化情况下 1 天后,安全区域的大小、形状与区域中心位置。

设定轨的倾角最大偏差为 0.001°,半长轴衰减率从每天 0~10m 离散,定轨的半长轴最大偏差从 0~10m 离散。图 9-4 给出了安全区域边界 y^+ 和半长轴衰减率及半长轴定轨的最大偏差之间的关系。图 9-5 给出了安全区域边界 y^- 和半长轴衰减率及半长轴定轨的最大偏差之间的关系。

从图 9-4 和图 9-5 可见,在预报时间等其他参数固定的情况下,安全区域两边界同半长轴衰减率、半长轴定轨的最大偏差之间是线性关系。

如果其他参数不变,设定轨的倾角最大偏差为 0.001°,半长轴衰减率为每天 10m,定轨的半长轴最大偏差从 0~10m 离散。图 9-6 给出了安全区域两边界、安全区域中心沿轨迹方向漂移和半长轴定轨的最大偏差之间的关系。从图 9-6 可见,在其他参数不变的情况下,定轨的半长轴偏差越大,安全区域的两边界越大。而安全区域中心偏移不受半长轴定轨最大偏差变化的影响。

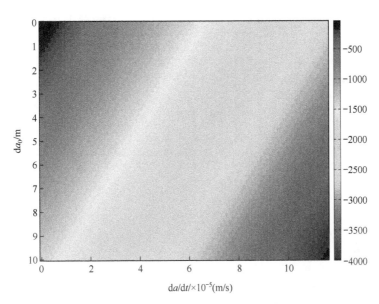

图 9-4 安全区域边界 y^+ 和半长轴衰减率及半长轴定轨的最大偏差之间的关系

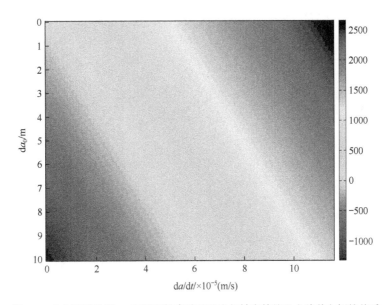

图 9-5 安全区域边界 y^- 和半长轴衰减率及半长轴定轨的最大偏差之间的关系

下面我们考虑安全区域长度随着时间的变化情况。设其他参数不变,而定轨的倾角最大偏差为 0.001°,半长轴衰减率为每天 10m,定轨的半长轴最大偏差 6m。预报时间 0～10 天离散。图 9-7 给出了安全区域两边界、安全区域中心沿轨迹方向漂移和预报时间之间的关系。可见,随着预报时间的增加,安全区域两边界、安全区域中心沿轨迹方向漂移都会迅速增大，10 天后，安全区域两边界已增大至上百千米量级。

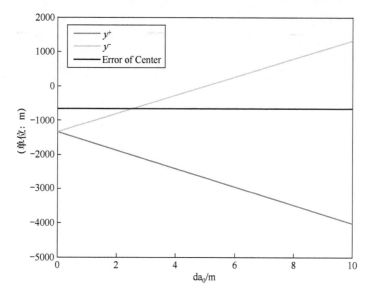

图 9-6　安全区域两边界、安全区域中心沿轨迹方向漂移和半长轴定轨的最大偏差之间的关系

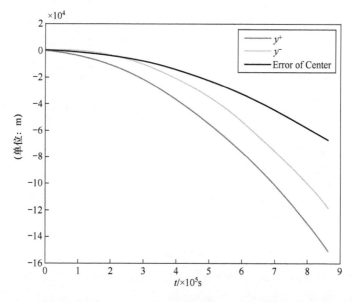

图 9-7　安全区域两边界、安全区域中心沿轨迹方向漂移和预报时间之间的关系

下面我们分析安全区域粗细受到半长轴定轨偏差、倾角定轨偏差的影响。其他参数不变，设半长轴衰减率为每天 10m，半长轴定轨偏差从 0~10m 离散，倾角定轨偏差从 0°~0.0001°离散。图 9-8 给出了安全区域粗细和倾角定轨偏差、半长轴

定轨偏差之间的关系。可见，安全区域粗细和倾角定轨偏差、半长轴定轨偏差之间是线性关系。为了查看倾角定轨偏差和半长轴定轨偏差哪一个的对安全区域粗细的影响程度更大，我们将倾角定轨偏差从 0°～0.001°离散，图 9-9 给出了此时安全区域粗细和倾角定轨偏差、半长轴定轨偏差之间的关系。从图 9-9 和图 9-8 对比可见，倾角定轨偏差和半长轴定轨偏差何者对安全区域粗细起主导作用，是由它们的量级决定的。

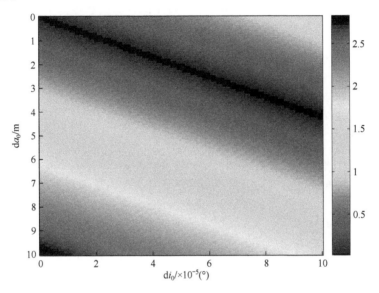

图 9-8 安全区域粗细和倾角定轨偏差、半长轴定轨偏差之间的关系（倾角偏差从 0°到 0.0001°）

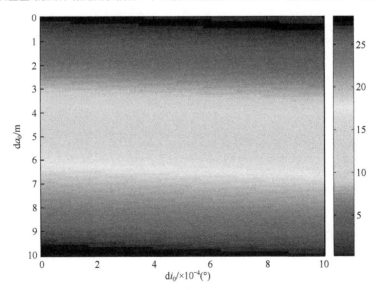

图 9-9 安全区域粗细和倾角定轨偏差、半长轴定轨偏差之间的关系（倾角偏差从 0°到 0.001°）

9.4 空间目标进入卫星安全区域的预报算法

本节首先给出空间目标进入卫星安全区域的判别准则，然后对空间目标初步筛选给出建议。

外推至 t_k 时刻，此时空间目标轨道根数、惯性系位置用下标 m 来表示，卫星的轨道根数、惯性系位置用下面 s 来表示。设空间目标在地心惯性系的位置向量为 $(x_m, y_m, z_m)^T$，卫星在地心惯性系的位置向量为 $(x_s, y_s, z_s)^T$。卫星此时的轨道根数为 $\Omega_s, i_s, u_s = \omega_s + f_s$。

如果
$$d^2 = (x_m - x_s)^2 + (y_m - y_s)^2 + (z_m - z_s)^2 > \max\{(R_p + C_{\text{drift}})^2 + (y^-)^2, (R_p + C_{\text{drift}})^2 + (y^+)^2\}$$
则 t_k 时刻空间目标未进入卫星的安全区域。

如果
$$d^2 = (x_m - x_s)^2 + (y_m - y_s)^2 + (z_m - z_s)^2 \leqslant \max\{(R_p + C_{\text{drift}})^2 + (y^-)^2, (R_p + C_{\text{drift}})^2 + (y^+)^2\}$$
则需要进一步计算空间目标相对于卫星的位置在卫星轨道坐标系 $Cxyz$ 的分量，通过相对位置在轨道坐标系分量进一步判别，空间目标相对于卫星的位置在卫星轨道坐标系 $Cxyz$ 的分量为

$$\begin{pmatrix} x \\ y \\ z \end{pmatrix} = A_{313}(\Omega_s, i_s, u_s) \begin{pmatrix} x_m - x_s \\ y_m - y_s \\ z_m - z_s \end{pmatrix} = R_Z(u_s) R_X(i_s) R_Z(\Omega_s) \begin{pmatrix} x_m - x_s \\ y_m - y_s \\ z_m - z_s \end{pmatrix}$$

$$= \begin{pmatrix} \cos u_s \cos \Omega_s - \cos i_s \sin u_s \sin \Omega_s & \cos u_s \sin \Omega_s + \cos i_s \sin u_s \cos \Omega_s & \sin i_s \sin u_s \\ -\sin u_s \cos \Omega_s - \cos i_s \cos u_s \sin \Omega_s & -\sin u_s \sin \Omega_s + \cos i_s \cos u_s \cos \Omega_s & \sin i_s \cos u_s \\ \sin i_s \sin \Omega_s & -\sin i_s \cos \Omega_s & \cos i_s \end{pmatrix} \begin{pmatrix} x_m - x_s \\ y_m - y_s \\ z_m - z_s \end{pmatrix}$$

已经根据本章方法计算了 t_k 时刻卫星的安全区域，根据下面的准则判别空间目标是否进入卫星安全区域：

当 $\begin{cases} |x| < R_p + C_{\text{drift}} \\ (y - y^-)(y - y^+) < 0 \\ |x| < R_p + C_{\text{drift}} \end{cases}$ 三个条件同时满足，则空间目标在 t_k 时刻进入了卫星的安全区域；否则只要三个条件中任意一个条件未满足，则空间目标在 t_k 时刻未进入卫星的安全区域。

在使用上述判别准则进行空间目标是否进入卫星安全区域的计算前，先需要对编目的空间目标进行筛选。

如果用瞬根计算，则对于空间目标轨道近地点距离比卫星远地点距离大 20km 以上的空间目标予以排除，对于空间目标轨道远地点距离比卫星近地点距离小

20km 以上的空间目标予以排除。

如果用平根计算，则对于空间目标轨道近地点距离比卫星远地点距离大 0.5km 以上的空间目标予以排除，对于空间目标轨道远地点距离比卫星近地点距离小 0.5km 以上的空间目标予以排除。

9.5 小结

本章给出了太阳同步轨道碰撞规避的安全区域计算方法。本章给出的方法适用于各类太阳同步轨道的安全区域计算，包括太阳同步轨道、准太阳同步轨道、准太阳同步回归轨道、准太阳同步回归冻结轨道等。当卫星轨道确定误差、轨道控制误差、摄动等确定后，安全区域长度和半径随时间线性增加，安全区域中心沿迹向和沿法向随时间以二次函数形式迅速增加。

参考文献

[1] VEDDER J D, TABOR J L. New method for estimating low-earth-orbit collision probabilities[J]. Journal of Spacecraft & Rockets, 2015, 28(2):210-215.

[2] LETIZIA F, COLOMBO C, LEWIS H G. Collision probability due to space debris clouds through a continuum approach[J]. Journal of Guidance, Control, and Dynamics, 2016, 39(10):2240-2249.

[3] KRAG H, SERRANO M, BRAUN V et al. A 1 cm space debris impact onto the Sentinel-1A solar array[J]. Acta Astronautica, 2017, 137: 434-443.

[4] WANG T. Analysis of debris from the collision of the Cosmos 2251 and the Iridium 33 satellites[J]. Science & Global Security, 2010, 18(2):87-118.

[5] JIANG Y. Debris cloud of India anti-satellite test to Microsat-R satellite[J]. Heliyon, 2020, 6(8): e04692.

[6] JIANG Y, LI H N, YANG Y. Evolution of space debris for spacecraft in the Sun-Synchronous orbit[J]. Open Astronomy, 2020, 29(1): 265-274.

[7] BOMBARDELLI C. Analytical formulation of impulsive collision avoidance dynamics[J]. Celestial Mechanics and Dynamical Astronomy, 2014, 118: 99-114.

[8] CHANNUMSIN S, SREESAWET S, SAROJ T, et al. Collision avoidance strategies and conjunction risk assessment analysis tool at GISTDA[J]. Journal of Space Safety Engineering, 2020, 7(3): 268-273.

[9] HUANG S, COLOMBO C, BERNELLI-ZAZZERA F. Low-thrust planar transfer for co-planar low Earth orbit satellites considering self-induced collision avoidance[J]. Aerospace Science and Technology, 2020, 106: 106198.

内 容 简 介

本书从工程技术需求和动力学机理的角度介绍卫星编队飞行与星座动力学的内在机制，侧重考虑在复杂摄动力作用下的编队构形与星座构形漂移，在此基础上介绍作者在卫星编队控制与星座构形维持方面的研究成果。

第 1 章概述了卫星编队飞行与星座的动力学与控制技术需求与挑战。第 2 章介绍了卫星编队与星座的构形描述模型。第 3 章介绍了卫星编队构形的设计算法。第 4 章给出了各类太阳同步轨道星座的设计方法，并结合实际算例给出了连续覆盖通信卫星星座和快速重访对地观测卫星星座的设计方法。第 5 章介绍了卫星编队稳定性分析与构形演化。第 6 章介绍了卫星星座稳定性与构形演化，针对 Walker 星座、太阳同步轨道星座、倾角偏置太阳同步轨道星座、回归轨道星座等几种典型星座，给出了星座稳定性与构形演化相关理论结果。第 7 章介绍了卫星星座控制策略。第 8 章介绍了卫星编队绕飞控制策略。第 9 章介绍了太阳同步轨道防碰撞安全区域计算方法。

本书可作为从事航天任务分析与设计、航天动力学与控制、天体力学、深空探测、导航与制导、卫星操控与长期管理、巨型星座运行维护等专业方向的研究人员、工程技术人员以及高校师生的参考书籍。

Introduction

This book introduces the internal mechanism of satellite formation flying and constellation dynamics from the perspective of engineering technology requirements and dynamics mechanism, focusing on the formation and constellation configuration drift under the action of complex perturbation forces. On this basis, the author introduces the configuration drift of formation flying and constellation, and research results on formation control and constellation configuration maintenance.

Chapter 1 outlines the dynamics and control technology requirements and challenges of satellite formation flying and constellation. Chapter 2 introduces the configuration description model of satellite formations and constellations. Chapter 3 introduces the design algorithms of formation configurations. Chapter 4 gives the design methods of Sun-Synchronous orbit constellations, and combines the actual calculation examples to give the design methods of communication satellite constellation for continuous coverage as well as satellite constellation for fast revisit and reconnaissance. Chapter 5 introduces the stability and configuration evolution of satellite formations. Chapter 6 introduces the stability and configuration evolution of the satellite constellation. For several typical constellations such as the Walker constellation, the Sun-Synchronous orbit constellation, inclination-biased Sun-Synchronous orbit constellations, and the repeat orbit constellations. Related theoretical results of the stability and configuration evolution of the constellation are presented. Chapter 7 introduces the control strategy of satellite constellation. Chapter 8 introduces the control strategy of satellite formation. Chapter 9 introduces the calculation of anti-collision safety area in Sun-Synchronous orbits.

This book is applicable for researchers, technicians, professors and postgraduates of aerospace mission analysis and design, astrodynamics and control, celestial mechanics, deep space exploration, navigation and guidance, satellite control and long-term management, as well as operation and maintenance of mega constellations.